开发者书库·Python

Python

编程从入门到实战

轻松过二级 教材+练习册+实践操作+微课视频

江 红 余青松◎ 主编
Jiang Hong   Yu Qingsong

清华大学出版社
北京

内 容 简 介

本书集教材、练习册、上机指导于一体，基于 Python 3.8 版本，介绍了 Python 语言的基础知识，以及使用 Python 语言开发的应用实例。本书全面覆盖计算机等级考试二级 Python 语言的知识范围，具体内容包括程序设计导论、Python 语言基础、程序流程控制、函数和代码复用、组合数据和数据结构基础、输入输出和文件处理、数值和日期处理、字符串和文本处理、面向对象的程序设计、模块化程序设计、数据库访问以及 Python 计算生态(Python 第三方库)等。本书还提供计算机等级考试(二级 Python 语言程序设计)题库(真题和模拟题)自测平台，作为学习和考级的辅助学习资源。

本书作者结合多年的程序设计、系统开发以及授课经验，由浅入深、循序渐进地介绍 Python 程序设计语言，让读者能够较为系统、全面地掌握程序设计的理论和应用。本书还提供了教学课件、程序源码、微课视频等资源。

本书可作为高等学校各专业计算机程序设计课程的教材，也可作为广大程序设计开发者、爱好者、Python 计算机等级考试考生的自学参考书。

图书在版编目(CIP)数据

Python 编程从入门到实战·轻松过二级：教材＋练习册＋实践操作＋微课视频/江红，余青松主编.—北京：清华大学出版社，2021.5(2024.8重印)
(清华开发者书库·Python)
ISBN 978-7-302-57296-1

Ⅰ.①P… Ⅱ.①江… ②余… Ⅲ.①软件工具—程序设计 Ⅳ.①TP311.561

中国版本图书馆 CIP 数据核字(2021)第 006063 号

策划编辑：魏江江
责任编辑：王冰飞
封面设计：刘　键
责任校对：徐俊伟
责任印制：丛怀宇

出版发行：清华大学出版社
　　　网　　　址：https://www.tup.com.cn，https://www.wqxuetang.com
　　　地　　　址：北京清华大学学研大厦 A 座　　　　　　邮　　编：100084
　　　社 总 机：010-83470000　　　　　　　　　　　　　邮　　购：010-62786544
　　　投稿与读者服务：010-62776969，c-service@tup.tsinghua.edu.cn
　　　质量反馈：010-62772015，zhiliang@tup.tsinghua.edu.cn
　　　课件下载：https://www.tup.com.cn，010-83470236
印 装 者：三河市铭诚印务有限公司
经　　销：全国新华书店
开　　本：185mm×260mm　　印　张：20.5　　　　　　字　　数：509 千字
版　　次：2021 年 5 月第 1 版　　　　　　　　　　　　印　　次：2024 年 8 月第 9 次印刷
　　　　　(附练习册一本)
印　　数：22501～24500
定　　价：59.80 元

产品编号：090630-01

前言
FOREWORD

党的二十大报告中指出：教育、科技、人才是全面建设社会主义现代化国家的基础性、战略性支撑。必须坚持科技是第一生产力、人才是第一资源、创新是第一动力，深入实施科教兴国战略、人才强国战略、创新驱动发展战略，这三大战略共同服务于创新型国家的建设。高等教育与经济社会发展紧密相连，对促进就业创业、助力经济社会发展、增进人民福祉具有重要意义。

程序设计是高校计算机、电子信息、工商管理等相关专业的必修课程。Python 语言是一种解释型、面向对象的计算机程序设计语言，广泛用于计算机程序设计教学语言、科学计算、数据分析、网络爬虫、人工智能、机器学习、大数据、Web 开发、游戏开发、系统管理编程脚本语言等，特别适用于快速开发应用程序。Python 语言深受开发者的喜爱，已经成为最受欢迎的程序设计语言之一。

本书集教材、练习册、上机指导于一体，基于 Python 3.8 版本，介绍了 Python 语言的基础知识，以及使用 Python 语言开发的应用实例。本书全面覆盖计算机等级考试二级 Python 语言的知识范围，具体内容包括程序设计导论、Python 语言基础、程序流程控制、函数和代码复用、组合数据和数据结构基础、输入输出和文件处理、数值和日期处理、字符串和文本处理、面向对象的程序设计、模块化程序设计、数据库访问以及 Python 计算生态（Python 第三方库）等。

为了更好地帮助读者理解和掌握知识点及应用技能，本书提供了 450 个知识点实例、430 道复习题（选择题、填空题和思考题）、350 个实践操作任务和综合应用案例。

本书配套资源丰富，包括教学大纲、教学课件、程序源码、电子教案等；本书还提供 300 分钟教学视频，方便读者反复观看和学习课程相关内容；本书还提供了计算机等级考试二级（Python 程序设计）题库（真题和模拟题）自测平台，作为学习和考级的辅助学习资源，该题库随时增补完善。

资源下载提示

课件等资源：扫描封底的"课件下载"二维码，在公众号"书圈"下载。

素材（源码）等资源：扫描目录上方的二维码下载。

视频等资源：扫描封底刮刮卡中的二维码，再扫描书中相应章节中的二维码，可以在线学习。

题库等资源：扫描封底刮刮卡中的二维码，登录网站，进入本书"题库"页面，选择相应章节进行练习。

本书由华东师范大学江红和余青松共同主编和统稿。衷心感谢本书的策划编辑魏江江分社长和王冰飞老师，敬佩他们的睿智和敬业。由于时间和编者学识有限，书中不足之处在所难免，敬请诸位同行、专家和读者指正。

编　者

2021 年 1 月

目 录
CONTENTS

源码下载

第 **1** 章

Python程序设计导论

Python 语言是一种解释型、面向对象的计算机程序设计语言。Python 语言广泛应用于计算机程序设计教学、系统管理编程、科学计算、人工智能、机器学习、大数据等领域,特别适用于快速开发应用程序。

 ## 1.1　程序设计语言

1.1.1　计算机和程序

计算机是可以连续快速执行一系列指令的机器。通用计算机系统由硬件和软件组成。物理计算机和外围设备统称为硬件,计算机执行的程序称为软件。软件一般分为系统软件和应用软件两大类。系统软件为计算机的使用提供最基本的功能,但是并不针对某一特定应用领域。而应用软件则恰好相反,不同的应用软件根据用户和所服务的领域提供不同的功能。

按照程序设计语言规则组织起来的一组计算机指令称为计算机程序,计算机程序指定计算机完成任务所需的一系列步骤。

1.1.2　程序设计和编程语言

设计和实现计算机程序的行为称为程序设计(program design),又称为编程(programming)。

编程语言,又称为程序设计语言,是一组用来定义计算机程序的语法规则。每一种语言都有一套独特的关键字和程序指令语法。编程语言随硬件的发展而发展。

编程语言分为低级语言和高级语言两类。

- 低级语言与特定的机器有关。每种低级语言都运行在特定的计算机上,与 CPU 的机器语言或者指令直接对应,很难移植到其他类型的计算机上。低级语言由于无须大量的编译即可被 CPU 运行,因此以该类编程语言编写的源代码一般比高级语言编写的源代码编译和运行效率高。
- 高级语言独立于机器,一种高级语言可以在多种计算机和操作系统上运行。高级语言是以人类的日常语言为基础的程序设计语言,使用一般人易于接受的文字来表示,使程序编写更容易,也具有较高的可读性。

机器语言和汇编语言属于低级语言。机器语言是第一代程序设计语言,使用二进制代码编写程序,可读性差,但能够直接被计算机识别和执行。不同类型的CPU都有自己独特的机器语言。汇编语言是第二代程序设计语言,使用简单的助记符来表示指令。汇编语言与特定的物理(或者虚拟)计算机体系结构相关,由汇编器将源代码转换为机器语言。

高级语言是独立于计算机体系结构的语言,其最大特点是类似自然语言的形式描述对问题的处理过程。通过编译器或者解释器将其翻译成机器语言。当前存在许多高级程序设计语言,包括C、C++、C♯、Java和Python等。

计算机语言可以根据其解决问题的方法进行分类,按照程序如何处理数据的模型或者框架(即范式,paradigm),编程语言通常分为以下几类。

(1) 面向过程的编程语言:在面向过程(procedural,也称为命令 imperative)的编程语言范式中,程序是一组命令。每个命令的执行都会更改与该问题相关的内存状态。FORTRAN、COBOL、Basic、Ada、Pascal、C等编程语言属于该范式。

(2) 面向对象的编程语言:在面向对象(objected-oriented)的编程语言范式中,特定类型的数据与操作封装在一起成为一个对象(object)。Java、C♯、C++、Smalltalk、Visual Basic等编程语言属于该范式。

(3) 函数式编程语言:在函数式(functional)编程语言范式中,程序是一个数学函数,将输入列表映射到输出列表。Lisp、Scheme、Haskell、F♯等编程语言属于该范式。

(4) 逻辑式编程语言:逻辑式(logic)编程语言范式使用一组事实和一组规则来回答查询,它基于希腊数学家定义的形式逻辑。Prolog等编程语言属于该范式。

Python属于多范式编程语言。本书前面章节主要阐述Python面向过程的编程语言范式(使用对象实现输入/输出除外),后续章节将阐述Python面向对象的编程语言范式。本书涉及但没有展开Python函数式编程语言范式。

1.1.3 计算思维和程序设计方法

人类在认识世界和改造世界过程中形成了以下三种基本的思维。

(1) 逻辑思维:以推理和演绎为特征,以数学学科为代表。

(2) 实验思维:以实验和验证为特征,以物理学科为代表。

(3) 计算思维:以设计和构造为特征,以计算机学科为代表。

计算思维的本质是抽象(abstraction)和自动化(automation)。随着计算机的发展,计算思维已经成为求解问题的主要思维。掌握一门程序设计语言,有助于使用计算思维求解日常学习、生活和工作中的各种各样问题。

程序设计方法属于计算思维的范畴,常见的程序设计方法主要包括两种,即结构化程序设计和面向对象的程序设计。

结构化程序设计通常采用自顶向下(top-down)、逐步求精(stepwise refinement)的程序设计方法。首先从主控程序开始,然后把每个功能分解成更小的功能模块。自顶向下是一种有序的问题分解和逐步求精的程序设计方法,其特点是层次清楚、编写方便、调试容易。

自顶向下程序设计的基本思想如下：

（1）问题分解：将求解问题分解为一系列的小问题，将小问题进一步分解，直到得到可以使用算法求解的简单问题。

（2）算法实现：为分解后的可求解的简单问题设计接口和算法，并编写各个模块函数的实现程序。

（3）组合程序：将各个模块函数组合起来，完成求解问题的最终程序设计。

采用自顶向下方法设计的程序，一般可以通过自底向上（bottom-up）的方法来实现。即先实现、运行和测试每一个基本函数，再测试由基本函数组成的整体函数，这样有助于定位错误。

1.1.4 程序的编写和执行

一般使用文本编辑器编写和编辑程序。文本编辑器包括通用的文本编辑器，例如Notepad、Vim、Emacs、Sublime等，以及专用的IDE开发环境，例如IDLE、Spyder、Visual Studio Code等。专用的程序编辑器提供代码提示和编译调试功能。

使用文本编辑器编写一个程序后，将文件保存到磁盘上，包含程序代码的文件称之为源文件（source file）。

不管使用什么程序设计语言，最终都需要将源文件转换成机器语言，计算机才能理解和执行程序。将源文件转换成机器语言有以下两种转换方法。

（1）编译：编译器（compiler）将源代码翻译成目标语言。源代码一般为高级程序设计语言，而目标语言则是汇编语言或者目标机器的目标代码（机器代码）。编译器一般执行语法分析、预处理、语义分析、代码生成、代码优化等操作。编译器的主要工作流程如下：

源代码（source code）$\xrightarrow{\text{编译器（compiler）}}$目标代码（object code）$\xrightarrow{\text{链接器（linker）}}$可执行程序（executables）

（2）解释：解释器（interpreter）直接解释执行高级程序设计语言。解释器不会一次把整个程序翻译出来。它每翻译一行程序语句就立刻执行，然后翻译下一行程序语句并执行，直至完成所有程序的执行。

高级编程语言根据执行机制的不同可以分成静态语言和脚本语言两类。

采用编译方式执行的语言属于静态语言，例如C、C++、C#、Java等。静态语言的优点在于：编译后的目标代码可以直接运行；编译所产生的目标代码执行速度通常更快。

采用解释方式执行的语言属于脚本语言，例如JavaScript、PHP、Python等。脚本语言的优点在于：源代码可以在任何操作系统上的解释器中运行，可移植性好；解释执行需要保留源代码，因此程序纠错和维护十分方便。

 1.2 Python 语言概述

1.2.1 Python 语言简介

本节将介绍Python语言的基础知识。

Python(英音/ˈpaɪθən/,美音/ˈpaɪθɑːn/)是一种解释型、面向对象的程序设计语言。由吉多·范罗苏姆(Guido van Rossum)于1989年底发明,被广泛应用于处理系统管理任务和科学计算。

Python是一个开源语言,拥有大量的库,可以高效地开发各种应用程序。

1.2.2 Python 语言的特点

Python 具有下列特点。

(1) 简单。Python 是一种解释型的编程语言,遵循"优雅""明确""简单"的设计哲学,语法简单,易学、易读、易维护。Python 已经成为商业、科学和学术应用领域的流行程序设计语言,并且非常适合初级程序员。

(2) 高级。Python 属于高级语言,无须考虑底层细节(例如内存分配和释放等)。Python 还包括了内置的高级数据结构(例如 list 和 dict)。

(3) 面向对象。Python 既支持面向过程的编程也支持面向对象的编程。Python 支持继承和重载,有易于源代码的复用性。

(4) 可扩展性(extensible)。Python 提供了丰富的 API 和工具,以便程序员能够轻松地使用 C、C++语言来编写扩充模块。

(5) 免费和开源。Python 是 FLOSS(自由/开放源码软件)之一,允许自由地发布此软件的拷贝,阅读和修改其源代码,并将其一部分用于新的自由软件中。

(6) 可移植性。基于其开源本质,Python 已经被移植到许多平台上,包括 Linux/UNIX、Windows、Macintosh 等。用户编写的 Python 程序,如果未使用依赖于系统的特性,无须修改就可以在任何支持 Python 的平台上运行。

(7) 丰富的库。Python 提供了功能丰富的标准库,包括正则表达式、文档生成、单元测试、数据库、GUI(图形用户界面)等。还有许多其他高质量的库,例如 Python 图像库等。目前,许多程序员选择 Python 的原因是存在大量适用于各种领域的 Python 包,例如计算生物学、机器学习、统计学、数据可视化和许多其他领域。专业开发人员制作并发布这些包,而且这些包通常都是免费的。

(8) 可嵌入性。可以将 Python 嵌入到 C、C++程序,从而为 C、C++程序提供脚本功能。

1.2.3 Python 语言的应用范围

Python 具有广泛的应用范围,常用的应用场景如下:

(1) 操作系统管理。Python 作为一种解释型的脚本语言,特别适合于编写操作系统管理脚本。Python 编写的系统管理脚本在可读性、性能、源代码重用度、扩展性等方面都优于普通的 shell 脚本。

(2) 科学计算。Python 程序员可以使用 NumPy、SciPy、Pandas、SymPy、Matplotlib 等模块编写科学计算程序。众多开源的科学计算软件包均提供了 Python 的调用接口,例如著名的计算机视觉库 OpenCV、三维可视化库 VTK、医学图像处理库 ITK 等。

(3) Web 应用。Python 经常被用于 Web 开发。通过 Web 框架库,例如 Django、Flask、Pyramid 等,可以快速开发各种规模的 Web 应用程序。通过 mod_wsgi 模块,Apache

等 Web 服务器可以运行 Python 编写的 Web 程序。

（4）图形用户界面（GUI）开发。Python 支持 GUI 开发，使用 Tkinter、wxPython 或者 PyQt 库，可以开发跨平台的桌面软件。

（5）其他。例如游戏开发，很多游戏使用 C++ 编写图形显示等高性能模块，而使用 Python 编写游戏的逻辑。

 ## 1.3 Python 语言版本和开发环境

1.3.1 Python 语言的版本

Python 目前包含两个主要版本，即 Python 2 和 Python 3。

Python 2.0 于 2000 年 10 月发布。目前的最新版本为 Python 2.7。Python 2 实现完整的垃圾回收，并且支持 Unicode。目前存在大量使用 Python 2 开发的程序和库。

Python 3.0 于 2008 年 12 月发布。相对于 Python 的早期版本，Python 3 是一个较大的升级。Python 3 在设计时，为了不带入过多的累赘，没有考虑向下兼容。

例如，Python 3 中不支持 print 语句，而使用新增的 print() 函数：

```
print('业精于勤荒于嬉')          ♯ Python 3 正确, Python 2 错误
print  '业精于勤荒于嬉'          ♯ Python 3 错误, Python 2 正确
```

因此，许多针对早期 Python 版本设计的程序都无法在 Python 3 上正常运行。使用 Python 3，一般也不能直接调用 Python 2 开发的库，而必须使用相应的 Python 3 版本的库。

1.3.2 Python 语言的实现

Python 2 和 Python 3 规定相应版本 Python 的语法规则。实现 Python 语法的解释程序就是 Python 的解释器。

Python 解释器用于解释和执行 Python 语句和程序。常用的 Python 解释器如下：

（1）CPython。使用 C 语言实现的 Python，即原始的 Python 实现。这是最常用的 Python 版本，也称之为 ClassicPython。通常 Python 就是指 CPython，需要区别的时候才使用 CPython。

（2）Jython。使用 Java 语言实现的 Python，原名 JPython。Jython 可以直接调用 Java 的类库，适用于 Java 平台的开发。

（3）IronPython。面向 .NET 的 Python 实现。IronPython 能够直接调用 .NET 平台的类，适用于 .NET 平台的开发。

（4）PyPy。使用 Python 语言实现的 Python。

1.3.3 Python 语言的集成开发环境

Python 是跨平台的脚本语言，在不同平台上提供了众多的集成开发环境（IDE），可以提高编程效率。Python 常用的集成开发环境如下。

（1）IDLE。Python 内置的集成开发工具。

（2）Spyder。使用 Python 编程语言进行科学计算的集成开发环境。

（3）PyCharm。由 JetBrains 公司开发的商业 Python IDE。支持企业级的开发。

（4）Eclipse ＋Pydev 插件。在通用集成开发环境 Eclipse 上安装 Pydev 插件,可以实现 Python 集成开发环境,方便调试程序。

（5）Visual Studio ＋ Python Tools for Visual Studio。在 Visual Studio 基础上安装 Python Tools for Visual Studio,可以使用功能完善的 Visual Studio 开发 Python 程序。

（6）Visual Studio Code。使用开源的 Visual Studio Code,可以配置完善的 Python 集成开发调试环境。

（7）PythonWin。适用于 Windows 环境的 Python 集成开发工具。

1.3.4 下载 Python

Python 支持多平台,不同平台的安装和配置大致相同。本书基于 Windows 10 和 Python 3.8 构建 Python 开发平台。

【例 1.1】 下载 Python 安装程序。

（1）打开 Python 官网 Windows 环境下载页面。在浏览器地址栏中输入 https://www.python.org/downloads/windows/,按 Enter 键,如图 1-1 所示。

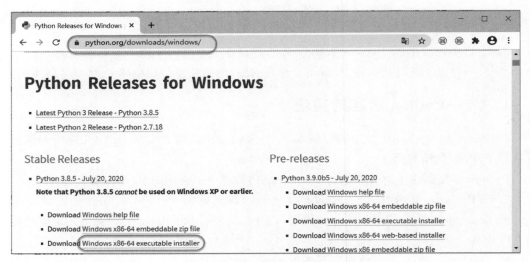

图 1-1 下载 Python

（2）下载 Python 安装程序。单击图 1-1 中的超链接 Windows x86-64 executable installer,下载目前最新版本 Python 3.8.5(64 位)的安装程序 python-3.8.5-amd64.exe (26.6MB)。

1.3.5 安装 Python

Python 的安装过程与其他的 Windows 安装过程类似。

Python默认的安装路径为用户本地应用程序文件夹下的Python目录(例如,C:\Users\jh\AppData\Local\Programs\Python\Python38),该目录下包括Python解释器python.exe,以及Python库目录和其他文件。

在安装Python后,会自动安装IDLE。IDLE(Integrated DeveLopment Environment,集成开发环境,或者Integrated Development and Learning Environment,集成开发和学习环境)是Python的集成开发环境。

【例1.2】　安装Python应用程序。

(1) 运行Python安装程序。双击下载的Windows格式安装文件python-3.8.5-amd64.exe,打开安装程序向导。

(2) 设定安装选项。根据安装向导安装Python。在定制Python对话框窗口中,注意需要选中"Add Python 3.8 to PATH"复选框,如图1-2所示。

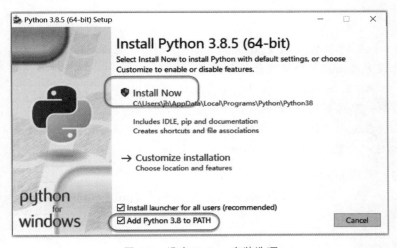

图1-2　设定Python安装选项

(3) 安装程序。单击Install Now超链接,安装Python程序。

1.3.6　安装和管理Python扩展包

Python 3.4以后的版本包含pip和setuptools库。pip用于安装管理Python扩展包,setuptools用于发布Python包。

使用pip和setuptools前,建议先更新到其最新版本。

pip的典型应用是从PyPI(Python Package Index)上安装或者卸载Python第三方包。其命令行的基本语法如下。

(1) 安装包的最新版本(例如,SomeProject的最新版本)。

- python -m pip install SomeProject
- pip install SomeProject

(2) 安装包的某个版本。

- python -m pip install SomeProject==3.7
- pip install SomeProject==3.7

（3）更新安装包（例如，更新 SomeProject 到最新版本）。

- python -m pip install -U SomeProject
- pip install -U SomeProject

（4）卸载安装包（例如，卸载 SomeProject）。

- python -m pip uninstall SomeProject
- pip uninstall SomeProject

（5）查看 pip 常用的帮助信息。

- python -m pip -h
- python -m pip --help
- pip -h
- pip --help

 说 明

（1）在 Python 的安装目录 Python38\Scripts 中，还包含 pip. exe、pip3. exe、pip3. 8. exe，它们与上述基于 pip 模块安装包等价。

（2）pip 支持安装（install）、下载（download）、卸载（uninstall）、罗列（list）、查看（show）、查询（search）等一系列安装、维护和管理子命令。

（3）如果安装包时 Python 产生错误"［WinError 5］拒绝访问"，可以使用管理员权限打开命令行窗口进行安装，或者使用--user 选项安装到个人目录中。

【例 1.3】 更新 pip 包。

在 Windows 命令提示符窗口中，输入命令行命令"pip install --upgrade pip"，以更新 pip 包，如图 1-3 所示。

图 1-3　更新 pip 包

【例 1.4】 安装 NumPy 包。Python 扩展模块 NumPy 提供了数组和矩阵处理，以及傅立叶变换等高效的数值处理功能。

在 Windows 命令提示符窗口中，输入命令行命令"pip install NumPy"，以安装 NumPy 包，如图 1-4 所示。

图 1-4　安装 NumPy 包

【例 1.5】 安装 Matplotlib 包。Matplotlib 是 Python 最著名的绘图库之一,提供了一整套和 MATLAB 相似的命令 API,既适合交互式地进行制图,也可以作为绘图控件方便地嵌入 GUI 应用程序中。

在 Windows 命令提示符窗口中,输入命令行命令"pip install Matplotlib",以安装 Matplotlib 包,如图 1-5 所示。

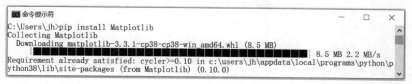

图 1-5　安装 Matplotlib 包

 # 1.4　开发和运行 Python 程序

1.4.1　开发和运行 Python 程序的两种方式

开发和运行 Python 程序一般包括以下两种方式。

(1) 交互式。在 Python 解释器命令行窗口中,输入 Python 代码,解释器及时响应并输出结果。交互式一般适用于调试少量代码。Python 解释器包括 Python、IDLE shell、IPython(第三方包)等。

(2) 文件式。将 Python 程序编写并保存在一个或者多个源代码文件中,然后通过 Python 解释器来编译执行。文件式适用于较复杂应用程序的开发。

1.4.2　使用 Python 解释器解释执行 Python 程序

在 Python 解释器中交互式执行 Python 代码的过程一般称之为 REPL(Read-Eval-Print Loop,"读取-求值-输出"循环),是学习 Python 语言的重要组成部分,读者可以使用这种方式来学习 Python 基本语法,运行测试新的库函数功能。

用户可以使用命令行窗口,也可以通过 Windows 开始菜单运行 python.exe。

Python 解释器的提示符默认为>>>,在提示符后输入代码然后按 Enter 键可以解释执行输入的代码,并响应输入结果(没有>>>的行表示运行结果)。输入 exit()或者 quit()可以退出 Python 解释器。

【例 1.6】 运行 Python 解释器。

执行 Windows 菜单命令"开始"|"所有应用"|Python 3.8|Python 3.8 (64-bit),打开 Python 解释器命令行窗口,如图 1-6 所示。

图 1-6　Python 解释器命令行窗口

【例1.7】　输出"Hello,world!"。

Python解释器的提示符为>>>。在提示符下输入语句，Python解释器将解释执行，并输出结果。例如，输入print('Hello，world!')，则Python解释器将调用print()函数，打印输出字符串"Hello，world!"，如图1-7所示。

图1-7　Python解释器输出"Hello，world！"

【例1.8】　使用Python解释器进行数学运算。

在Python解释器的提示符下，可以输入数学公式，Python解释器将解析执行，实现计算器的功能。例如输入1.1+2.2+3.3+4.4+5.5后按Enter键，得到计算结果16.5；输入 $2**10$ 后按Enter键，得到计算结果1024，如图1-8所示。

图1-8　使用Python解释器进行数学运算

【例1.9】　使用解释器环境中的特殊变量"_"。

Python解释器环境中，存在一个特殊变量"_"，用于表示上一次运算的结果。例如：

```
>>> 11 + 22          # 输出：33
>>> _                # 输出：33
>>> _ + 33           # 输出：66
```

【例1.10】　同时运行多个表达式。

同时运行多个以逗号分隔的表达式，返回结果为元组。例如：

```
>>> 2,2 ** 10        # 输出：(2, 1024)
```

【例1.11】　关闭Python解释器。

通过组合键Ctrl+Z及Enter键；或者输入quit()命令；或者直接关闭命令行窗口，均可以关闭Python解释器。

1.4.3　使用IDLE集成开发环境解释执行Python程序

Python内置了集成开发环境IDLE。相对于Python解释器命令行，集成开发环境IDLE提供图形开发用户界面，可以提高Python程序的编写效率。

启动IDLE后，所显示的环境是Python交互式运行环境（Python 3.8.5 Shell）。

【例 1.12】 运行 Python 内置集成开发环境 IDLE。

执行 Windows 菜单命令"开始"|"所有应用"|Python 3.8|IDLE (Python 3.8 64-bit)，打开 Python 内置集成开发环境 IDLE 窗口，如图 1-9 所示。

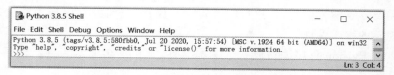

图 1-9　Python 内置集成开发环境 IDLE 窗口

【例 1.13】 使用集成开发环境 IDLE 解释执行 Python 语句。

在 Python 集成开发环境 IDLE 中输入 print('Good!' * 5)，则打印输出字符串"Good! Good! Good! Good! Good!"。注意，print('Good!' * 5)的结果为打印输出 5 个'Good!'的拼接，如图 1-10 所示。

图 1-10　使用 IDLE 解释执行 Python 语句

【例 1.14】 使用 IDLE 执行多行代码。

复杂的 Python 语句包含多行代码。例如，如下的循环语句用于打印 0～9 范围的数字，数字之间的分隔符为空格：

```
for x in range(10):
    print(x, end = ' ')
```

在 Python 解释器的提示符下，输入"for x in range(10):"后（注：冒号代表复合语句），按 Enter 键，Python 解释器在下一行自动缩进，等待输入；输入"print(x, end = ' ')"后，按 Enter 键，Python 解释器在下一行等待输入（注：for 循环语句块可以包含多条语句）。直接按 Enter 键（本例中 for 循环语句块只包含一条语句），结束 for 循环语句，Python 解释器解释执行各语句并输出结果，如图 1-11 所示。

图 1-11　使用 Python 解释器执行多行代码

【例 1.15】 关闭 IDLE。

输入 quit()命令，或者直接关闭 IDLE 窗口，均可以关闭 Python 解释器。

1.4.4 使用文本编辑器和命令行编写和执行 Python 源文件

Python 解释器命令行采用交互方式执行 Python 语句,其优点是方便、直接。但是在交互式环境下需要逐条输入语句,且执行的语句没有保存到文件中,因而不能重复执行,故不适合于复杂规模的程序设计。

用户可以把 Python 程序编写成一个文本文件,其扩展名通常为.py,然后通过 Python 解释器编译执行。

使用文本编辑器和命令行编写和执行 Python 源文件的过程包括以下三个步骤。

(1) 创建 Python 源文件,即扩展名为.py 的文件,例如 hello.py。

(2) 把 Python 源文件编译成字节码程序文件,即扩展名为.pyc 的文件,例如 hello.pyc。Python 的编译是一个自动过程,用户一般不会在意它的存在。编译成字节码可以节省加载模块的时间,提高效率。

(3) 加载并解释执行 Python 程序。

编写 Python 源文件,通过 Python 编译器/解释器执行程序,流程如图 1-12 所示(以 hello.py 为例)。

图 1-12 编写、编译和执行 Python 程序

使用文本编辑软件(例如 Windows 记事本 Notepad.exe)在"C:\pythonb\ch01"目录下,创建程序文件 hello.py。

准备工作:创建用于保存源文件的目录。打开资源管理器,在 C 盘根目录中创建子目录 pythonb,然后在"C:\pythonb"下创建子目录 ch01。

⚠️**注意** 本书正文源文件保存在 C:\pythonb 中的各章节子目录下,例如,第 1 章的源文件保存在"C:\pythonb\ch01"中,以此类推。

在 Windows 命令提示符窗口中,通过输入命令行命令"python C:\Pythonb\ch01\hello.py",直接调用 Python 解释器,执行程序 hello.py,并输出结果。

用户也可以在 Windows 命令提示符窗口中,通过输入命令行命令"C:\Pythonb\ch01\hello.py",间接调用 Python 解释器,执行程序 hello.py,并输出结果。

⚠️**注意** 安装 Python 后,Windows 关联扩展名为.py 的文件的默认打开程序为 Python Launcher for Windows(Console)。

【例 1.16】　使用文本编辑器(记事本)编写"Hello,World!"程序。

(1) 运行 Windows 记事本程序。

(2) 输入程序源代码。在记事本中,输入程序源代码,如图 1-13 所示。

图 1-13　使用记事本编写"Hello,World!"程序

说明　第一行为注释。Python 注释以符号 # 开始,到行尾结束。第二行调用内置库的函数 print(),输出"Hello,World!"。

(3) 将文件另存为 hello.py。通过选择记事本的"文件"|"另存为"菜单命令,将源文件 hello.py 保存到"C:\pythonb\ch01"中。

注意　"保存类型"选择"所有文件","编码"选择 UTF-8,如图 1-14 所示。

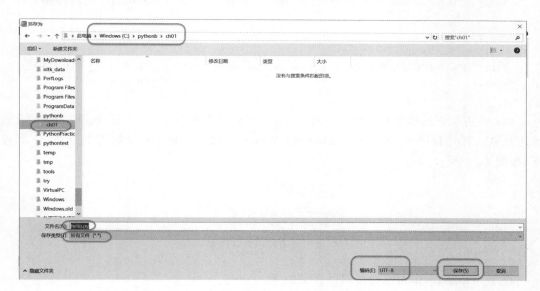

图 1-14　保存源文件到 C:\pythonb\ch01\hello.py

【例 1.17】　使用 Windows 命令提示符窗口运行 hello.py。

(1) 打开 Windows 命令提示符窗口。执行 Windows 菜单命令"开始"|"所有应用"|"Windows 系统"|"命令提示符",打开 Windows 命令提示符窗口,如图 1-15 所示。

(2) 直接调用 Python 解释器执行程序 hello.py。输入命令行命令"python c:\pythonb\ch01\hello.py",按 Enter 键执行程序。

(3) 间接调用 Python 解释器执行程序 hello.py。输入命令行命令"c:\pythonb\ch01\hello.py",按 Enter 键执行程序。

(4) 切换到工作目录,即输入"cd c:\pythonb\ch01",输入命令行命令"python hello.

py",按 Enter 键执行程序。

（5）切换到工作目录"c:\pythonb\ch01",然后输入命令行命令"hello.py",按 Enter 键执行程序。

图 1-15　使用 Windows 命令提示符窗口运行 hello.py

【例 1.18】　使用资源管理器运行 hello2.py。

（1）运行 Windows 记事本程序,编写 hello2.py 程序。程序 hello2.py 的内容如下。

```
import random                                        ＃导入库模块
print("Hello, World")                                ＃输出：Hello, World
print("你今天的幸运随机数是：", random.choice(range(10)))  ＃输出从 0 到 9 之间随机选择的数
input()                                              ＃等待用户输入
```

（2）在资源管理器中双击"C:\pythonb\ch01"目录下的 hello2.py 文件,Windows 自动调用其默认打开程序 Python Launcher for Windows(Console),解释执行 hello2.py 源程序,如图 1-16 所示。

图 1-16　使用资源管理器运行 hello2.py

程序 hello2.py 中每一行代码的含义如下：

- 第 1 行代码导入库模块 random。Python 可以导入和使用功能丰富的标准库或扩展库。
- 第 2 行代码调用内置库函数 print()输出"Hello，World"。
- 第 3 行代码使用 random 库中的 choice()函数,在 0～9 范围中随机选择一个数并输出。
- 第 4 行代码调用内置库函数 input()。用户按 Enter 键,程序结束运行。

说明　hello2.py 文件最后包含一个函数 input(),用于等待用户输入,按 Enter 键后,程序结束运行,并关闭窗口。如果不包含该语句,则双击 hello2.py,程序运行后会自动关闭 Windows 命令提示符窗口,从而无法观察到程序运行的结果。

random 是 Python 标准库,具体请参见本书第 7 章中的相关内容。

1.4.5　使用集成开发环境编写和执行 Python 源文件

集成开发环境(IDLE)提供了编写和执行 Python 源文件的图形界面,可以提高 Python 程序编写效率。

在 IDLE 中,通过按 Ctrl＋N 组合键,可以打开源代码编辑器,并输入程序源代码。按 Ctrl＋S 组合键可以保存源文件。按 F5 键可以编译并执行源文件。

在 IDLE 中,通过按 Ctrl＋O 组合键,可以打开已经存在的 Python 源文件进行编辑、调试和运行。

【例 1.19】　使用 IDLE 编写求解 2 的 1024 次方的程序。

(1) 运行 Python 内置集成开发环境 IDLE。执行菜单命令"开始"|"所有应用"|Python 3.8|IDLE (Python 3.8 64-bit),打开内置集成开发环境 IDLE。

(2) 新建源文件。执行 IDLE 菜单命令 File|New File(或者按 Ctrl＋N 组合键),新建 Python 源文件,并打开 Python 源代码编辑器。

(3) 输入程序源代码。在 Python 源代码编辑器中输入程序源代码,如图 1-17 所示。

图 1-17　IDLE 源代码编辑器

(4) 文件保存为 bigint. py。执行 IDLE 菜单命令 File|Save(或者按 Ctrl＋S 组合键),保存文件到目录 C:\pythonb\ch01,文件名为 bigint. py。

(5) 运行程序 bigint. py。执行 IDLE 菜单命令 Run|Run Module(或者按 F5 键),打开 Python 3.8.5 Shell,输出程序运行结果,如图 1-18 所示。

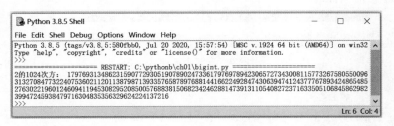

图 1-18　在 IDLE 环境中运行源代码程序

【例 1.20】　使用 IDLE 编辑 hello2. py 程序。

(1) 运行 Python 内置集成开发环境 IDLE。

(2) 打开程序 hello2. py。按 Ctrl＋O 组合键,在随后出现的"打开"窗口中选择 "C:\pythonb\ch01\"下的 hello2. py,单击"打开"按钮,打开文件。

(3) 编辑文件。在 Python 源代码编辑器中,编辑修改程序源代码,将输出"Hello, World"改为输出"Good Luck!",如图 1-19 所示。

(4) 保存文件 hello2. py。通过按 Ctrl＋S 组合键保存文件。

图 1-19　编辑 hello2. py 程序

（5）运行程序 hello2. py。通过按 F5 键输出程序运行结果。

 ## 1.5　程序的打包和发布

有时候需要将 Python 源代码打包变成可执行文件，以在没有安装 Python 解释器的操作系统中直接运行 Python 程序，这个过程称为"程序发布"。

Python 程序打包和发布最常用的是第三方的扩展包 PyInstaller，它是用于将 Python 源程序生成直接运行的程序。生成的可执行程序可以分发到对应的 Windows 或者 Mac OS X 平台上运行。

1.5.1　安装 PyInstaller

Python 默认并不包含 PyInstaller 模块，因此需要使用 pip 命令进行安装。

【例 1. 21】　安装 PyInstaller 包。

在 Windows 命令提示符窗口中，输入命令行命令"pip install pyinstaller"，以安装 PyInstaller 包，如图 1-20 所示。

图 1-20　安装 PyInstaller 包

1.5.2　使用 PyInstaller 生成可执行程序

在 PyInstaller 模块安装成功之后，Python 安装目录下的 Scripts（例如，C：\Users\jh\AppData\Local\Programs\Python\Python38\Scripts）目录中会增加一个 pyinstaller. exe 程序，用户可以使用该工具将 Python 源代码程序生成可执行的 EXE 文件。

使用 pyinstaller. exe 程序将 Python 源代码程序生成可执行文件的语法如下：

```
pyinstaller 选项 Python 源文件
```

PyInstaller 支持如下常用的选项。

- -h 或者--help：查看帮助信息。
- -F 或者--onefile：生成单个的可执行文件。
- -D 或者--onedir：生成一个目录，其中包含可执行文件以及多个相关的支撑文件和子目录。
- --clean：清理 PyInstaller 缓存，删除打包和发布过程中的临时文件。

当生成可执行文件后，将会在当前目录中生成一个 dist 目录，该目录下包含所生成的 EXE 可执行文件。

【例 1.22】 使用 PyInstaller 生成可执行文件。

（1）打开 Windows 命令行窗口。在 Windows 命令提示符窗口中，切换到 C:\pythonb\ch01 目录。

（2）生成可执行文件。输入命令行命令"pyinstaller -F hello2.py"，生成可执行文件。

（3）运行可执行文件。切换到 C:\pythonb\ch01\dist 目录下，运行生成的 hello2.exe 文件。

 1.6 在线帮助和相关资源

1.6.1 Python 交互式帮助系统

Python 包含许多内置函数，可以实现交互式帮助。

在 Python 交互式环境中，输入内置函数 help()可以进入交互式帮助系统；输入 help(object)可以获取关于 object 对象的帮助信息。

在 Python 交互式环境中，输入内置函数 dir()可以返回当前范围内的变量、方法和定义的类型列表；输入 dir(object)可以返回 object 的属性、方法列表。

【例 1.23】 使用 Python 交互式帮助系统示例。

（1）进入交互式帮助系统。输入 help()，按 Enter 键。结果如图 1-21 所示。

图 1-21 进入交互式帮助系统

（2）显示安装的所有模块。输入 modules，然后按 Enter 键。结果如图 1-22 所示。

（3）显示与 random 相关的模块。输入 modules random，然后按 Enter 键。结果如图 1-23 所示。

图 1-22   显示安装的所有模块

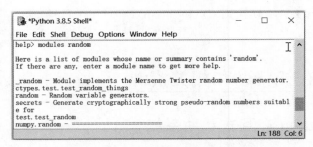

图 1-23   显示与 random 相关的模块

（4）显示模块 random 的帮助信息。输入 random，然后按 Enter 键。结果如图 1-24 所示。可以按空格键或者 Enter 键查看下一页帮助信息，通过输入 Q 或者 q 结束 random 帮助信息的显示，返回 help 交互式帮助系统界面。

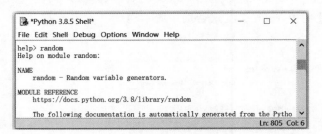

图 1-24   显示模块 random 的帮助信息

（5）显示 random 模块 random()函数的信息。输入 random.random，然后按 Enter 键。结果如图 1-25 所示。

图 1-25   显示 random 模块 random()函数的信息

（6）退出帮助系统。输入 quit，然后按 Enter 键。

【例 1.24】　使用 Python 内置函数获取帮助信息。

（1）查看 Python 内置对象列表。输入下列命令：

```
>>> dir(__builtins__)
['ArithmeticError', 'AssertionError', …, 'str', 'sum', 'super', 'tuple', 'type', 'vars', 'zip']
```

（2）查看 float 的信息。输入下列命令：

```
>>> float   # 输出：<class 'float'>
```

（3）查看内置类 float 的帮助信息。输入 help(float)，然后按 Enter 键。结果如图 1-26 所示。

图 1-26　查看内置类 float 的帮助信息

1.6.2　Python 文档

Python 文档提供了有关 Python 语言及标准库的详细参考信息，是学习和使用 Python 语言编程的不可或缺的工具。

【例 1.25】　使用 Python 文档。

（1）打开 Python 文档。执行 Windows 菜单命令"开始"|"所有应用"|Python 3.8|Python 3.8 Manuals（64-bit）（用户也可以在 IDLE 环境按 F1 键），打开 Python 文档，如图 1-27 所示。

图 1-27　打开 Python 文档

（2）浏览 random 模块的帮助信息。在左侧的目录树中依次展开，浏览 random 模块的帮助信息，如图 1-28 所示。

图 1-28　浏览 random 模块的帮助信息

（3）查找有关 math 模块的帮助信息。在左侧单击"搜索"选项卡，输入 math，然后按 Enter 键，在左侧的目录树中双击查看有关 math 的帮助信息，如图 1-29 所示。

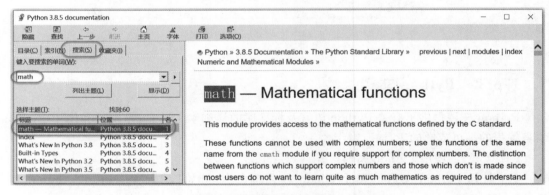

图 1-29　查找有关 math 模块的帮助信息

1.6.3　Python 官网

Python 官网地址为"https://www.python.org/"，如图 1-30 所示，用户可以下载各种版本的 Python 程序或者查看帮助文档等。

1.6.4　Python 扩展库索引（PyPI）

PyPI（Python Package Index）是 Python 官方的扩展库索引，所有人都可以下载第三方库或上传自己开发的库到 PyPI。PyPI 推荐使用 pip 包管理器来下载第三方库。

PyPI 的官网地址为"https://pypi.python.org/"，如图 1-31 所示。

图 1-30 Python 官网

图 1-31 PyPI 的官网

本章小结

第 ② 章

Python语言基础

Python 程序由模块（即扩展名为.py 的源文件组成）。模块包含语句,语句是 Python 程序基本构成元素。语句通常包含表达式,而表达式由操作数和运算符构成,用于创建和处理对象。本章简要概述 Python 语言基础知识,后续章节将对其展开详细的阐述。

 ## 2.1　Python 程序概述

2.1.1　引例

【例 2.1】　已知三角形的三条边,求三角形的面积(area.py)。提示:假设三条边长分别为 a、b 和 c,则三角形的面积 $s=\sqrt{h*(h-a)*(h-b)*(h-c)}$,其中,h 为三角形周长的一半。

```
import math
a = 3.0
b = 4.0
c = 5.0
h = (a + b + c) / 2              # 三角形周长的一半
s = math.sqrt(h * (h - a) * (h - b) * (h - c))   # 三角形面积
print(s)
```

2.1.2　Python 程序构成

Python 程序可以分解为模块、语句、表达式和对象。从概念上理解,其对应关系如下:

(1) Python 程序由模块组成,模块对应于扩展名为.py 的源文件。一个 Python 程序由一个或者多个模块构成。例 2.1 程序由模块 area.py 和内置模块 math 组成。

(2) 模块由语句组成。模块即 Python 源文件。运行 Python 程序时,按模块中的语句顺序,依次执行其中的语句。在例 2.1 程序中,import math 为导入模块语句;print(s)为调用函数表达式语句;其余的为赋值语句。

（3）语句是 Python 程序的过程构造块，用于创建对象、变量赋值、调用函数、控制分支、创建循环、增加注释等。语句包含表达式。在例 2.1 程序中，语句 import math 用来导入 math 模块，并依次执行其中的语句；在语句"a＝3.0"中，字面量 3.0 创建一个值为 3.0 的 float 型对象，并绑定到变量 a；在语句"h＝(a＋b＋c)/2"中，算术表达式(a＋b＋c)/2 运算结果为一个新的 float 型对象，并绑定到变量 h；"♯"引导注释语句；在语句 print(s)中，调用内置函数 print()，输出对象 s 的值。

（4）表达式用于创建和处理对象。在例 2.1 程序的语句"s ＝ math. sqrt(h * (h－a) * (h－b) * (h－c))"中，表达式 h * (h－a) * (h－b) * (h－c)的运算结果为一个新的 float 对象，math. sqrt 调用模块 math 中的 sqrt()函数，计算参数对象的平方根。

2.2　Python 对象和引用

2.2.1　Python 对象概述

计算机程序通常用于处理各种类型的数据（即对象），不同的数据属于不同的数据类型，支持不同的运算操作。

在 Python 语言中，数据表示为对象。对象本质上是一个内存块，拥有特定的值，支持特定类型的运算操作。

在 Python 3 中，一切皆为对象。Python 语言的每个对象由标识（identity）、类型（type）和值（value）标识。

（1）标识用于唯一标识一个对象，通常对应于对象在计算机内存中的位置。使用内置函数 id(obj1)可以返回对象 obj1 的标识。

（2）类型用于表示对象所属的数据类型（类），数据类型（类）用于限定对象的取值范围，以及允许执行的处理操作。使用内置函数 type(obj1)可以返回对象 obj1 所属的数据类型。

（3）值用于表示对象的数据类型的值。使用内置函数 print(obj1)可以返回对象 obj1 的值。

对于内置对象类型，Python 通常提供使用字面量直接创建实例对象的语法。例如，使用字面量 123 可以创建一个整型对象；使用字面量 3.14 可以创建一个浮点数对象；使用字面量 True 可以创建一个布尔对象；使用字面量'Hello, World'可以创建一个字符串对象。

使用类的构造函数可以创建类的实例对象。例如，使用 int(12)创建一个整数数据类型的实例对象；使用 complex(1,2)创建一个复数类型的实例对象。

另外，表达式的运算结果也可以创建新的对象，例如，1＋2 创建一个值为 3 的整型对象；Python 语句 def 将创建函数对象；class 语句将创建类对象。详细阐述请参见本书后续章节。

【例 2.2】　使用内置函数 type()、id()和 print()查看对象。

```
>>> 123              ♯ 输出：123
>>> id(123)          ♯ 输出：140706558370656
>>> type(123)        ♯ 输出：< class 'int'>
>>> print(123)       ♯ 输出：123
```

字面量 123 创建一个实例对象,其标识 id 为 140706558370656,类型为 int 类型,其值为 123。

> **注意** 在 CPython 的实现中,id()返回对象的内存位置,不同机器运行结果可能不同。

在 Python 3 中,函数和类等也是对象,也具有相应的类型和 id。

【例 2.3】 查看 Python 内置函数对象。

```
>>> type(abs)      #输出:< class 'builtin_function_or_method'>
>>> id(abs)        #输出:2529313427104
>>> type(range)    #输出:< class 'type'>
>>> id(range)      #输出:140706557885440
```

2.2.2 变量、赋值语句和对象的引用

Python 对象是位于计算机内存中的一个内存数据块。为了引用对象,必须通过赋值语句,把对象赋值给变量(也称之为把对象绑定到变量)。指向对象的引用即变量。

变量的声明和赋值用于把一个变量绑定到某个对象,其语法格式如下:

```
变量名 = 字面量或者表达式
```

最简单的表达式是字面量,Python 基于字面量的值创建一个对象,并绑定到变量;对于复杂的表达式,Python 先对表达式求值,然后返回表达式结果对象,并绑定到变量。

Python 变量被访问之前必须被初始化,即赋值(绑定到某个对象);否则会报错。

【例 2.4】 使用赋值语句把对象绑定到变量。

```
>>> a = 1          #字面量表达式 1 创建值为 1 的 int 型实例对象,并绑定到变量 a
>>> b = 2          #字面量表达式 2 创建值为 2 的 int 型实例对象,并绑定到变量 b
>>> c = a + b      #表达式 a + b 创建值为 3 的 int 型实例对象,并绑定到变量 c
```

Python 使用字面量 1、2 和表达式 a+b 创建三个整型对象,并使用赋值语句把三个对象分别绑定到三个变量 a、b 和 c。

> **说明** Python 还支持以下赋值语句。

(1) 链式赋值(chained assignment)。

```
变量 1 = 变量 2 = 表达式
```

等价于:

```
变量 2 = 表达式
变量 1 = 变量 2
```

（2）复合赋值语句。例如，sum += item，等价于 sum = sum + item。

（3）系列解包赋值。例如，变量1，变量2＝值1，值2。

【例 2.5】　其他赋值语句举例。

```
>>> x = y = 123       #变量 x 和 y 均指向 int 对象 123
>>> i = 1             #变量 i 指向 int 对象 1
>>> i += 1            #先计算表达式 i+1 的值，然后创建一个值为 2 的 int 对象，并绑定到变量 i
>>> a,b = 1,2         #变量 a 指向 int 对象 1，变量 b 指向 int 对象 2
>>> a,b = b,a         #两个变量 a 和 b 的值进行交换
```

2.2.3　常量

Python 语言不支持常量，即没有语法规则限制改变一个常量的值。Python 语言使用约定，声明在程序运行过程中不会改变的变量为常量，通常使用全大写字母（可以使用下画线增加可阅读性）表示常量名。

【例 2.6】　常量示例。

```
>>> TAX_RATE = 0.17    #浮点类型常量 TAX_RATE
>>> PI = 3.14          #浮点类型常量 PI
>>> ECNU = '华东师范大学'   #字符串常量 ECNU
```

2.2.4　对象内存示意图

Python 程序运行时，在内存中会创建各种对象（位于堆内存中），通过赋值语句，可以将对象绑定到变量（位于栈内存中），从而通过变量引用对象，进行各种操作。

多个变量可以引用同一个对象。如果一个对象不再被任何有效作用域中的变量引用，则将通过自动垃圾回收机制，回收该对象占用的内存。

为了更好地理解 Python 对象和变量的作用机制，本书采用对象内存示意图进行演示。

【例 2.7】　变量增量运算示例以及相应的对象内存示意图。

```
>>> i = 100
>>> i = i + 1
```

第一条语句，创建一个值为 100 的 int 对象，并绑定到变量 i；第二条语句，先计算表达式 i+1 的值，然后创建一个值为 101 的 int 对象，并绑定到变量 i。

执行各条语句后，其对象内存示意图如图 2-1 所示。

图 2-1　变量增量运算示例的对象内存示意图

🛑**注意** 执行完第二条语句后,内存中存在三个 int 对象,100、1 和 101,变量 i 引用对象 101,其他两个对象没有被任何变量引用,将被自动垃圾回收器回收。

【例 2.8】 交换两个变量的示例以及相应的对象内存示意图。

```
>>> a = 123    #a 指向值为 123 的 int 型实例对象
>>> b = 456    #b 指向值为 456 的 int 型实例对象
>>> t = a      #变量 t 和 a 一样,指向(引用)对象实例 123
>>> a = b      #变量 a 和 b 一样,指向(引用)对象实例 456
>>> b = t      #变量 b 和 t 一样,指向(引用)对象实例 123
```

执行各条语句后,其对象内存示意图如图 2-2 所示。

图 2-2 两个变量交换示例的对象内存示意图

2.2.5 不可变对象和可变对象

Python 3 对象可以分为不可变对象(immutable)和可变对象(mutable)。不可变对象一旦创建,其值就不能被修改;可变对象的值可以被修改。Python 对象的可变性取决于其数据类型的设计,即是否允许改变其值。

Python 中的大部分对象都是不可变对象,例如 int、str、complex 等。对象本身值可以改变的对象称为可变对象(例如 list、dict 等)。

变量是指向某个对象的引用,多个变量可以指向同一个对象。给变量重新赋值,并不改变原始对象的值,只是创建一个新对象,并将变量指向新对象。

【例 2.9】 不可变对象示例。

```
>>> a = 18    #变量 a 指向 int 对象 18
>>> id(a)     #输出: 140706365363776.表示 a 指向的 int 对象 18 的 id
>>> a = 25    #变量 a 指向 int 对象 25
>>> id(a)     #输出: 140706365364000.表示 a 指向的 int 对象 25 的 id
```

其内存示意图如图 2-3 所示。

图 2-3   不可变对象内存示意图

【例 2.10】   可变对象示例。

```
>>> x = y = [1, 2, 3]    #变量 x 和 y 指向 list 对象[1, 2, 3]
>>> id(x)                #输出: 1656936944328.表示变量 x 指向的 list 对象[1, 2, 3]的 id
>>> id(y)                #输出: 1656936944328.表示变量 y 指向的 list 对象[1, 2, 3]的 id
>>> x[1] = 20            #将变量 x 指向的 list 对象的第 2 个元素设置为 20
>>> x                    #输出: [1, 20, 3].
>>> id(x)                #输出: 1656936944328.变量 x 指向的 list 对象的 id 未改变
>>> y                    #输出: [1, 20, 3].
>>> id(y)                #输出: 1656936944328.变量 y 指向的 list 对象的 id 未改变
```

其内存示意图如图 2-4 所示。

图 2-4   可变对象内存示意图

2.3   标识符及其命名规则

在 Python 语言中，包、模块、类、函数、变量等的名称必须为有效的标识符。

2.3.1   标识符

标识符是变量、函数、类、模块和其他对象的名称。标识符的第一个字符必须是字母、下画线（"_"），其后的字符可以是字母、下画线或数字。一些特殊的名称，例如 if、for 等，作为 Python 语言的保留关键字，不能作为标识符。

例如，a_int、a_float、str1、_strname、func1 为正确的变量名，而 99var、It'sOK、for（关键字）为错误的变量名。

注 意

（1）Python 标识符区分大小写。例如，ABC 和 abc 视为不同的名称。

（2）以双下画线开始和结束的名称通常具有特殊的含义。例如，_ _init_ _ 为类的构造函数，一般应避免使用。

（3）避免使用 Python 预定义标识符名作为自定义标识符名。例如，NotImplemented、Ellipsis、int、float、list、str、tuple 等。

2.3.2 保留关键字

关键字即预定义保留标识符。关键字有特殊的语法含义。各关键字的使用，将在后续章节陆续阐述。关键字不能在程序中用作标识符，否则会产生编译错误。Python 3 的关键字如表 2-1 所示。

表 2-1 Python 3 关键字

False	class	from	or
None	continue	global	pass
True	def	if	raise
and	del	import	return
as	elif	in	try
assert	else	is	while
async	except	lambda	with
await	finally	nonlocal	yield
break	for	not	

【例 2.11】 使用 Python 帮助系统查看关键字。

（1）运行 Python 内置集成开发环境 IDLE。

（2）进入帮助系统。输入下列命令进入帮助系统：

```
>>> help()
```

（3）查看 Python 关键字列表。输入下列命令查看 Python 关键字列表：

```
help> keywords
```

（4）查看关键字 if 的帮助信息。输入下列命令查看 if 的帮助信息：

```
help> if
```

（5）退出帮助系统。输入下列命令退出帮助系统：

```
help> quit
```

2.3.3 Python 预定义标识符

Python 语言包含许多预定义内置类、异常、函数等，例如 float、ArithmeticError、print 等。用户应该避免使用 Python 预定义标识符名作为自定义标识符名。

使用 Python 的内置函数 dir(_ _builtins_ _)，可以查看所有内置的异常名、函数名等。

使用"http://www.logilab.org/project/pylint"上提供的 pylint 工具可以检测 Python 源代码是否存在潜在的问题。

2.3.4　命名规则

Python 语言一般遵循的命名规则如表 2-2 所示。

表 2-2　Python 命名规则

类　　型	命　名　规　则	举　　例
模块/包名	全小写字母，简单有意义，如果需要可以使用下画线	math、sys
函数名	全小写字母，可以使用下画线增加可阅读性	foo()、my_func()
变量名	全小写字母，可以使用下画线增加可阅读性	age、my_var
类名	一般采用 PascalCase 命名规则，即多个单词组成名称，每个单词除第一个字母大写外，其余的字母均小写	MyClass
常量名	全大写字母，可以使用下画线增加可阅读性	LEFT、TAX_RATE

 说明　在编程语言中，小写单词加下画线的命名方式称为 snake_case，例如 tax_rate。多个单词组成且各单词首字母大写的命名方式称为 PascalCase，例如 TaxClass。多个单词组成且除第一个单词外的单词首字母大写的命名方式称为 camelCase，例如 taxRate。

2.4　表达式和运算符

2.4.1　表达式的组成

表达式是可以计算的代码片段，由操作数和运算符构成。操作数、运算符和圆括号按一定规则组成表达式。表达式通过运算后产生运算结果，返回结果对象。运算结果对象的类型由操作数和运算符共同决定。

运算符指示对操作数适用什么样的运算。运算符的示例包括＋、－、＊、/等。操作数包括文本常量（没有名称的常数值，例如 1、"abc"）、变量（例如 i＝123）、类的成员变量/函数（例如 math.pi、math.sin(x)）等，也可以包含子表达式（例如(2 ** 10)）。

表达式既可以非常简单，也可以非常复杂。当表达式包含多个运算符时，运算符的优先级控制各个运算符的计算顺序。例如，表达式 x＋y＊z 按 x＋(y＊z)计算，因为 ＊ 运算符的优先级高于＋运算符。

【例 2.12】 表达式示例。

```
>>> import math            #导入 math 模块
>>> a = 2                  #变量 a 指向 int 对象 2
>>> b = 10                 #变量 b 指向 int 对象 10
>>> a + b                  #输出：12(int 对象)
>>> math.pi                #输出：3.141592653589793(float 对象)
>>> math.sin(math.pi/2)    #输出：1.0(float 对象)
```

2.4.2 表达式的书写规则

Python 表达式遵循下列书写规则。

(1) 表达式从左到右在同一个基准上书写。例如,数学公式 $a^2 + b^2$ 应该写为 a ** 2 + b ** 2。

(2) 乘号不能省略,例如,数学公式 ab(表示 a 乘以 b)应该写为 a * b。

(3) 括号必须成对出现,而且只能使用圆括号;圆括号可以嵌套使用。

【例 2.13】 复杂表达式示例。

数学表达式 $\frac{1}{2}\sin[a(x+1)+b]$ 写成 Python 表达式为 math. sin(a * (x+1)+b)/2。

2.4.3 运算符概述

Python 运算符用于在表达式中对一个或多个操作数进行计算并返回结果值。接受一个操作数的运算符被称作一元运算符,例如正负号运算符+或−。接受两个操作数的运算符被称作二元运算符,例如算术运算符+、−、*、/等。

如果一个表达式中包含多个运算符,则计算顺序取决于运算符的结合顺序和优先级。

优先级高的运算符优先计算,例如,在 1+2 * 3 中, * 的优先级比+高,故先计算 2 * 3。同一优先级的运算符按结合顺序依次计算,例如+、−以及 * 、/为同一优先级左结合的运算符,故 1+2−3 等同于(1+2)−3;2 * 4/2 等同于(2 * 4)/2。注意,赋值运算符=为右结合运算符,故 a=b=c 等同于 a=(b=c)。用户可以使用圆括号"()"强制改变运算顺序。

【例 2.14】 表达式中运算符的优先级示例。

```
>>> 11 + 22 * 3        # 输出：77
>>> (11 + 22) * 3      # 输出：99
```

2.4.4 Python 运算符及其优先级

Python 语言定义了许多运算符,按优先顺序排列(从低到高),如表 2-3 所示。本书后续章节也将陆续阐述。通过运算符重载(overload)可以为用户自定义的类型定义新的运算符。

表 2-3 Python 运算符及其优先级

运 算 符	描 述
lambda	Lambda 表达式
or	布尔"或"
and	布尔"与"
not x	布尔"非"
in, not in	成员测试
is, is not	同一性测试
<, <=, >, >=, !=, ==	比较

续表

运　算　符	描　述
|	按位或
^	按位异或
&	按位与
<<，>>	移位
+，−	加法与减法
*，/，%，//	乘法、除法、取余、整数除法
+x，−x	正负号
~x	按位翻转
**	指数/幂
x. attribute	属性参考
x[index]	索引访问
x[index:index]	切片操作
f(arguments...)	函数调用
(expression,...)	绑定或者元组显示
[expression,...]	列表显示
{key:datum,...}	字典显示
'expression,...'	字符串转换

2.5　语句

2.5.1　Python 语句

语句是 Python 程序的过程构造块，用于定义函数、定义类、创建对象、变量赋值、调用函数、控制分支、创建循环等。

Python 语句分为简单语句和复合语句。

简单语句包括表达式语句、赋值语句、assert 语句、pass 空语句、del 语句、return 语句、yield 语句、raise 语句、break 语句、continue 语句、import 语句、global 语句、nonlocal 语句等。

复合语句包括 if 语句、while 语句、for 语句、try 语句、with 语句、函数定义、类定义等。

Python 语句涉及许多程序构造要素，将在本书后续章节陆续阐述。

【例 2.15】　Python 语句示例（statement. py）：输入圆的半径 r，计算并输出圆的周长和面积。

```
import math                              # import 语句,用于导入 math 模块
r = float(input("请输入圆的半径 r: "))    # 赋值语句.输入圆的半径 r,并转换为 float 数据类型
p = 2 * math.pi * r                      # 赋值语句.计算圆的周长
s = math.pi * r ** 2                     # 赋值语句.计算圆的面积
print("圆的周长为: ", p)                  # 表达式语句.输出圆的周长
print("圆的面积为: ", s)                  # 表达式语句.输出圆的面积
```

程序运行结果如下：

```
请输入圆的半径 r: 5
圆的周长为: 31.41592653589793
圆的面积为: 78.53981633974483
```

2.5.2 Python 语句的书写规则

Python 语句书写规则如下。

（1）使用换行符分隔，一般情况下一行一条语句。

（2）从第一列开始，前面不能有任何空格，否则会产生语法错误。注意，注释语句可以从任意位置开始；复合语句构造体必须缩进。例如：

```
>>>                                        # 正确
>>>        print("欲穷千里目,更上一层楼")      # 报错.IndentationError: unexpected indent
```

（3）反斜杠（\）用于一个代码跨越多行的情况。如果语句太长，可以使用续行符（\）。但三引号定义的字符串（"""…"""）、元组（(…)）、列表（[…]）、字典（{…}），可以放在多行，而不用使用续行符（\），因为它们可以清晰地表示定义的开始和结束。例如：

```
>>> print("如果语句太长,可以使用续行符(\),\
续行内容.")
```

（4）分号（;）用于在一行书写多条语句。例如：

```
>>> a = 0; b = 0; c = 0           # 变量 a、b 和 c 均指向 int 对象 0
>>> s = "有志者事竟成"             # 变量 s 指向值为"有志者事竟成"的 str 型实例对象
>>> print(s)                      # 输出"有志者事竟成"
```

2.5.3 复合语句及其缩进书写规则

由多行代码组成的语句称之为复合语句。复合语句（条件语句、循环语句、函数定义和类定义，例如 if、for、while、def、class 等）由头部语句（header line）和构造体语句块（suites）组成。构造体语句块由一条或多条语句组成。复合语句和构造体语句块的缩进书写规则如下。

（1）头部语句由相应的关键字（例如 for）开始，构造体语句块则为下一行开始的一行或多行缩进代码。例如：

```
>>> total = 0
>>> for i in range(1,11):
        total = total + i
        print(i, end = ' ')      # 输出:1 2 3 4 5 6 7 8 9 10
>>> print(total)                 # 输出: 55
```

（2）通常缩进是相对头部语句缩进四个空格，也可以是任意空格，但同一构造体代码块的多条语句缩进的空格数必须一致对齐。如果语句不缩进，或者缩进不一致，将导致编译错误。注意，Python强制缩进，以保证源代码的规范性和可读性。另外，Python不建议使用制表符缩进，因为制表符在不同系统产生的缩进效果可能不一致。

（3）如果条件语句、循环语句、函数定义和类定义比较短，可以放在同一行。例如：

```
>>> for i in range(1,11): print(i, end = ' ')
```

2.5.4 注释语句

Python注释语句以符号"#"开始，到行末结束。Python注释语句可以出现在任何位置。Python解释器将忽略所有的注释语句，注释语句不会影响程序的运行结果。良好的注释可以帮助程序的阅读和理解。

【例2.16】 注释语句示例。

```
>>>                     # A "hello world!" program
>>>                     # 注释可以在任意位置，以 # 开始，到行末结束
>>> print("hello world")  # 输出: hello world
```

Python模块、类和函数可以定义规范的注释信息，以生成帮助文档。将在后续章节阐述。

2.5.5 空语句 pass

如果要表示一个空的代码块，可以使用 pass 语句。

【例2.17】 空语句示例。

```
>>> def do_nothing():
        pass
```

 ## 2.6 函数和模块

Python语言包括许多内置的函数，例如 print()、max() 等，用户也可以自定义函数。函数是可以重复调用的代码块。使用函数可以有效地组织代码，提高代码的重用率。

本节简要介绍函数的定义和调用，有关函数的展开阐述请参见第4章。

2.6.1 函数的创建和调用

Python使用复合语句 def 创建函数对象。其语法格式如下：

```
def 函数名([形参列表]):
    函数体
```

函数的调用格式如下:

```
函数名([实参列表])
```

在创建函数时可以声明函数的参数,即形式参数,简称形参;在调用函数时,需要提供函数需要的参数的值,即实际参数,简称实参。

函数可以使用 return 语句返回值。无返回值的函数相当于其他程序设计语言中的过程。

【例 2.18】 声明和调用函数示例(sayHello.py)。

```
def sayHello():                                     # 创建函数对象 sayHello
    print('Hello World!')                           # 函数体
    print('To be or not to be, this is a question!')  # 函数体
sayHello()                                          # 调用函数 sayHello()
```

程序运行结果如下:

```
Hello World!
To be or not to be, this is a question!
```

【例 2.19】 声明和调用函数 getValue(b,r,n),根据本金 b、年利率 r 和年数 n,计算最终收益 v。提示:$v = b(1 + r)^n$。

```
def getValue(b,r,n):                # 创建函数对象 getValue
    v = b * ((1 + r) ** n)          # 计算最终收益 v
    return v                        # 使用 return 返回值
total = getValue(1000,0.05,5)       # 调用函数 getValue()
print(total)                        # 打印结果
```

程序运行结果如下:

```
1276.2815625000003
```

2.6.2 内置函数

Python 语言包含若干常用的内置函数,例如 dir()、type()、id()、help()、len()、sum()、max()、min()等,用户可以直接使用。使用 Python 内置的输入函数 input()和输出函数 print(),可以实现用户交互。

【例2.20】 内置函数使用示例1。

```
>>> s = "To be or not to be, this is a question!"
>>> type(s)          ♯返回对象s所属的数据类型.输出: <class 'str'>
>>> len(s)           ♯返回字符串s的长度.输出: 39
>>> s1 = [1,2,3,4,5]
>>> max(s1)          ♯返回列表s1的最大值.输出: 5
>>> min(s1)          ♯返回列表s1的最小值.输出: 1
>>> sum(s1)/len(s1)  ♯返回列表s1的平均值.输出: 3.0
```

【例2.21】 内置函数使用示例2(hello2.py)。

```
name = input("what's your name:")
print("Hello,",name)
```

程序运行结果如下：

```
what's your name:pine
Hello, pine
```

2.6.3 模块函数

通过import语句可以导入模块module,然后使用module.function(arguments)的形式调用模块中的函数。

【例2.22】 模块的导入示例1。

```
>>> import math
>>> math.sin(2)    ♯输出: 0.9092974268256817
```

用户也可以通过"from…import…"形式直接导入包中的常量、函数和类,或者通过"from…import *"导入包中的所有元素,然后使用function(arguments)的形式直接调用模块中的函数。

【例2.23】 模块的导入示例2。

```
>>> from math import sin
>>> sin(2)         ♯输出: 0.9092974268256817
```

2.6.4 函数API

Python语言提供了海量的内置函数、标准库函数、第三方模块函数。使用这些函数的关键是了解其调用方法,函数的调用方法由应用程序编程接口(API)确定。常用函数的API如表2-4所示。

表 2-4 Python 常用函数的 API

模 块	函数调用方法(签名)	功 能 描 述
内置函数	print(x)	输出 x
	abs(x)	x 的绝对值
	type(o)	o 的类型
	len(a)	a 的长度
Python 标准库 math 模块中的函数	math. sin(x)	x 的正弦(参数以弧度为单位)
	math. cos(x)	x 的余弦(参数以弧度为单位)
	math. exp(x)	x 的指数函数(即 e^x)
	math. log(x, b)	x 的以 b 为底的对数(即 $\log_b x$)。底数 b 省略为 e,即自然对数(即 $\log_e x$)
	math. sqrt(x)	x 的平方根
Python 标准库 random 模块中的函数	random. random()	返回[0,1)数据区间的随机浮点数
	random. randrange(x, y)	返回[x,y)数据区间的随机整数,其中 x 和 y 均为整数

Python 典型的函数调用如表 2-5 所示。

表 2-5 Python 典型的函数调用

函 数 调 用	返 回 值	说 明
print('Hello')	在控制台输出字符串 Hello	内置函数
len('Hello')	5	内置函数
math. sin(1)	0.8414709848078965	math 模块中的函数
math. sqrt(−1.0)	运行时错误	负数的平方根
random. random()	0.3151503393010261	random 模块中的函数。注意,每次产生不同的随机数

 ## 2.7 数据类型

2.7.1 概述

在 Python 语言中,所有对象都有一个数据类型。Python 数据类型定义为一个值的集合以及定义在这个值集上的一组运算操作。

例如整数数据类型(int),其值的集合为所有的整数;支持的运算操作包括+(加法)、−(减法)、*(乘法)、//(整除)等;88、1024 等都是整数类型数据。

每个对象存储一个值,例如,int 类型的对象可以存储值 1234、99 或者 1333。不同的对象可以存储同一个值,例如,一个 str 类型的对象可以存储值'hello',另一个 str 类型的对象也可以存储值'hello'。一个对象上可执行且只允许执行其对应数据类型定义的操作,例如,两个 int 对象可执行乘法运算,但两个 str 对象则不允许执行乘法运算。

Python 数据类型包括内置数据类型和自定义数据类型,用于有效地处理各种类型的数据。

本节简要概述 Python 提供的内置数据类型,后续章节将展开阐述内置数据类型和自定义数据类型。

2.7.2 整数类型

整数数据类型（int）是表示整数的数据类型。与其他计算机语言有精度限制不同，Python的整数位数可以为任意长度位数（只受限制于计算机内存）。整型对象是不可变对象。

数字字符串（前面可以带负号"－"）即整型字面量。Python解释器自动创建int型对象实例。

数字字符串通常解释为十进制（基数为10）数制，可以用前缀表示其他进制的整数，跟在前缀后面的数字必须适合于数制。整型字面量如表2-6所示。

表2-6　整型字面量

数　　制	前　缀	基 本 数 码	示　　例
十进制（以 10 为基）		0～9	0、1、2、7、999、－12（负数）、＋12（正数）
十六进制（以 16 为基）	0x（或 0X）	0～9 和 A～F（或 a～f）	0x0、0X1、0x2、0X7、0x3e7
八进制（以 8 为基）	0o（或 0O）	0～7	0o0、0O1、0o2、0O7、0o1747
二进制（以 2 为基）	0b（或 0B）	0～1	0b0、0B1、0b10、0B111、0b1100011

【例2.24】 整型字面量示例。

```
>>> a = 123
>>> type(a)                      ♯输出：< class 'int'>
>>> 1_000_000_000_000_000        ♯输出：1000000000000000
>>> 0x_FF_FF_FF_FF               ♯输出：4294967295
```

说明　Python 3.8 支持使用下画线作为整数或者浮点数的千分位标记，以增强大数值的可阅读性。二进制、八进制、十六进制则使用下画线区分 4 位标记。

整数对象支持关系运算、算术运算、位运算符、内置函数、math 模块中的数学运算函数等运算操作。

Python 语言中，常用的 int 整数数据类型对象的运算表达式如表2-7所示。

表2-7　常用的 int 整数数据类型表达式

表　达　式	结　　果	说　　明
123	123	整数字面值
＋123	123	正号
－123	－123	负号
7 ＋ 4	11	加法
7 － 4	3	减法
7 * 4	28	乘法
7 // 4	1	整除
7 % 4	3	取余
7 ** 4	2401	乘幂
7 // 0	运行时错误	整除，除数不能为 0
3 * 4 － 3	9	* 优先级比－优先级高

续表

表 达 式	结 果	说 明
3 + 4 // 3	4	//优先级比＋优先级高
3 − 4 − 2	−3	左结合运算
2 ** 2 ** 3	256	右结合运算
2 ** 10	1024	乘幂
pow(2,10)	1024	乘幂

2.7.3　浮点类型

浮点类型(float)是表示实数的数据类型。与其他计算机语言的双精度(double)和单精度对应。Python 浮点类型的精度与系统相关。浮点对象是不可变对象。

浮点类型字面量可以为带小数点的数字字符串，或者使用科学计数器表示的数字字符串(前面可以带负号"−")，即浮点型字面量。Python 解释器自动创建 float 型对象实例。

浮点类型字面量的示例如表 2-8 所示。

表 2-8　浮点类型常量

举 例	说 明
1.23、−24.5、1.0、0.2	带小数点的数字字符串
1. 、.2	小数点的前后 0 可以省略
3.14e−12、4E15，4.0e+15	科学计数法(e 或 E 表示底数 10)，例如 $3.14e−12=3.14*10^{-12}$

【例 2.25】　浮点类型字面量示例。

```
>>> 3.14          ＃输出：3.14
>>> type(3.14)    ＃输出：< class 'float'>
```

浮点数对象支持关系运算、算术运算、位运算符、内置函数、math 模块中的数学运算函数以及 float 对象方法等运算操作。

Python 语言中，常用的 float 数据类型对象的运算表达式如表 2-9 所示。

表 2-9　Python 常用的浮点数运算表达式

表 达 式	结 果	说 明
3.14	3.14	浮点数字面值
6.67e-11	6.67e-11	浮点数字面值
3.14＋ 2.0	5.140000000000001	加法
3.14− 2.0	1.1400000000000001	减法
3.14 * 2.0	6.28	乘法
3.14/ 2.0	1.57	除法
4.0/ 3.0	1.3333333333333333	除法
3.14 ** 2.0	9.8596	乘幂
2.0/ 0.0	运行时错误	除法。除数不能为 0

续表

表 达 式	结 果	说 明
20.0 ** 1000.0	运行时错误	结果太大无法表示
math. sqrt(2.0)	1.4142135623730951	平方根
math. sqrt(−2.0)	运行时错误	负数的平方根

注意 浮点数运算会产生误差。

2.7.4　复数类型

当数值字符串中包含虚部(j 或 J)时,即为复数(complex)字面量。complex 是 Python 的内置数据类型,Python 解释器自动创建 complex 型对象实例。其基本形式为:

```
complex(real[, imag])    ♯创建 complex 对象(虚部可选)
```

【例 2.26】 复数字面量和 complex 对象示例。

```
>>> 1 + 2j              ♯输出: (1 + 2j)
>>> type(1 + 2j)        ♯输出: < class 'complex'>
>>> c = complex(4, 5)
>>> c                   ♯输出: (4 + 5j)
```

complex 对象包含的属性和方法如表 2-10 所示。

表 2-10　complex 对象包含的属性和方法

属性/方法	说 明	示 例
real	复数的实部	>>> (1+2j). real　♯结果: 1.0
imag	复数的虚部	>>> (1+2j). imag　♯结果: 2.0
conjugate()	共轭复数	>>> (1+2j). conjugate() ♯结果: (1−2j)

复数在 Python 内部使用正交笛卡儿坐标表示,所以,$z == z.\text{real} + z.\text{imag} * 1j$。

复数对象支持算术运算、cmath 模块中的数学运算函数、complex 对象方法等运算操作。

Python 语言中,常用的 complex 数据类型对象的运算表达式如表 2-11 所示。

表 2-11　Python 常用的复数运算表达式

表 达 式	结 果	说 明
1+2j	(1+2j)	复数字面量
(1+2j) + (3+4j)	(4+6j)	加法
(1+2j) − (3+4j)	(−2−2j)	减法
(1+2j) * (3+4j)	(−5+10j)	乘法
(1+2j) / (3+4j)	(0.44+0.08j)	除法

续表

表　达　式	结　　　果	说　　　明
(1+2j) ** 2.0	(−3+4j)	乘幂
cmath. sqrt(1+2j)	(1.272019649514069+0.7861513777574233j)	平方根(调用数学模块函数)
cmath. sqrt(−2.0)	1.4142135623730951j	复数的平方根

【例 2.27】 复数运算示例。

```
>>> a = 1 + 2j
>>> b = complex(4, 5)      # 复数 4 + 5j
>>> a + b                  # 复数相加. 输出: (5 + 7j)
>>> import cmath
>>> cmath. sqrt(b)         # 复数的平方根
(2.280693341665298 + 1.096157889501519j)
```

2.7.5　布尔类型

Python 的 bool 数据类型用于逻辑运算。bool 数据类型包含两个值：True(真)或 False(假)。布尔对象是不可变对象。

【例 2.28】 布尔值字面量示例。

```
>>> True,False            # 输出: (True, False)
>>> type(True),type(False)  # 输出: (<class 'bool'>, <class 'bool'>)
```

用户可以创建 bool 类型的对象实例,其基本形式如下。

```
bool(x)
```

通过创建 bool 对象可以把数值或任何符合格式的字符串或其他对象转换为 bool 对象。

【例 2.29】 bool 对象示例。

```
>>> bool(0)                                        # 输出: False
>>> bool(1)                                        # 输出: True
>>> bool("盛年不再来,一日难再晨,及时当勉励,岁月不待人")    # 输出: True
```

2.7.6　混合运算和数值类型转换

如果一个表达式中包含不同类型的操作数,则 Python 会进行类型转换。布尔类型会隐式转换(自动转换)为整数类型,整数类型会隐式转换为浮点类型。

【例 2.30】　隐式类型转换示例。

```
>>> f = 123 + 1.23
>>> f              #输出：124.23
>>> type(f)        #输出：< class 'float'>
>>> 123 + True     #True 转换为1.输出：124
>>> 123 + False    #False 转换为0.输出：123
```

 注 意　在混合运算中，True 自动转换为 1，False 自动转换为 0。

用户也可以使用数据类型的对象构造函数，把其他数据类型显式转换（强制转换）为某种类型。例如，int(x)、float(x)、bool(x)、str(x)分别把对象转换为整数、浮点数、布尔值和字符串。

【例 2.31】　显式类型转换示例。

```
>>> int(1.23)              #输出：1
>>> float(10)              #输出：10.0
>>> bool("学而不厌诲人不倦")  #输出：True
>>> float("123xyz")        #报错.ValueError: could not convert string to float: '123xyz'
```

显式数值转换可能导致精度损失，也可能引发异常（例如溢出异常 OverflowError）。例如：

```
>>> i = 9999 ** 9999
>>> float(i)  #报错.OverflowError: long int too large to convert to float
```

2.7.7　字符串类型

字符串(str)是一个有序的字符集合。Python 中没有独立的字符数据类型，字符即长度为 1 的字符串。字符串对象是不可变对象。

使用单引号或双引号括起来的内容是字符串字面量，Python 解释器自动创建 str 型对象实例。Python 字符串字面量可以使用以下四种方式定义。

(1) 单引号(' ')。包含在单引号中的字符串，其中可以包含双引号。

(2) 双引号(" ")。包含在双引号中的字符串，其中可以包含单引号。

(3) 三单引号(''' ''')。包含在三单引号中的字符串，可以跨行。

(4) 三双引号(""" """)。包含在三双引号中的字符串，可以跨行。

Python 3 字符默认为 16 位 Unicode 编码，ASCII 码是 Unicode 编码的子集。例如，字符'A'的 ASCII 码为 65，对应的八进制为 101，对应的十六进制为 41。

使用 u''或 U''的字符串称之为 Unicode 字符串。Python 3 默认为 Unicode 字符串。

```
>>> u'abc'        #输出：'abc'
```

使用内置函数 ord()可以把字符转换为对应的 Unicode 码；使用内置函数 chr()可以把十进制数转换为对应的字符。例如：

```
>>> ord('A')            # 输出：65
>>> chr(65)             # 输出：'A'
>>> ord('张')           # 输出：24352
>>> chr(24352)          # 输出：'张'
```

特殊符号(不可打印字符)可以使用转义序列表示。转义序列以反斜杠开始，紧跟一个字母，例如"\n"(新行)和"\t"(制表符)。如果字符串中希望包含反斜杠，则它前面必须还有另一个反斜杠。使用 r''或 R''的字符串称之为原始字符串，其中包含的任何字符都不进行转义。

```
>>> s = r'换\t行\t符\n'
>>> s                   # 输出：'换\t行\t符\n'
```

【例 2.32】 字符串字面量示例。

```
>>> '天行健,君子以自强不息'      # 输出：'天行健,君子以自强不息'
>>> print("志不强者智不达\n")    # 输出：'志不强者智不达'并换行
```

注意 对于两个紧邻的字符串，如果中间只有空格分隔，则自动拼接为一个字符串。例如：

```
>>> '欲穷千里目''更上一层楼'      # 输出：'欲穷千里目更上一层楼'
```

字符串实际上是字符序列，因此支持序列数据类型的基本操作，包括索引访问、切片操作、连接操作、重复操作、成员关系操作、以及求字符串长度、最大值、最小值等。例如，通过 len(s)可以获取字符串 s 的长度；如果其长度为 0，则为空字符串。具体可以参见第 5 章。

用户可以使用运算符"+"拼接两个字符串。字符串对象支持关系运算、内置函数、str 对象方法等运算操作。

Python 语言中，常用的字符串数据类型对象的运算表达式如表 2-12 所示。

表 2-12　Python 常用的字符串表达式

表 达 式	结 果	说 明
'Hello, ' + 'World'	'Hello, World'	字符串拼接
'123' + '456'	'123456'	字符串拼接(不是两数相加)
'1234' + ' ' + '99'	'1234 99'	两次字符串拼接
'123' + 456	运行时错误	第二个操作数不是 str 数据类型
"#" * 10 或 10 * "#"	'##########'	字符串重复
"abc"=="ABC"	False	比较字符串是否相等
len('World')	5	返回字符串的长度
"abc".upper()	ABC	调用字符串对象的方法

2.7.8 字符串的格式化

通过字符串格式化可以输出特定格式的字符串。Python 字符串格式化包括以下几种方式：

- 字符串.format(值 1, 值 2, …)
- str.format(格式字符串 1, 值 1, 值 2, …)
- format(值, 格式字符串)
- 格式字符串 % (值 1, 值 2, …)   # 兼容 Python 2 的格式, 不建议使用

有关字符串格式化的详细信息, 请参见本书第 8.3 节。

例如：

```
>>> "学生人数{0},平均成绩{1}".format(15, 81.2)
'学生人数 15,平均成绩 81.2'
>>> str.format("学生人数{0},平均成绩{1:2.2f}", 15, 81.2)
'学生人数 15,平均成绩 81.20'
>>> format(81.2, "0.5f")          # 输出: '81.20000'
>>> "学生人数 % 4d,平均成绩 % 2.1f" % (15, 81)
'学生人数   15,平均成绩 81.0'
```

【例 2.33】 字符串示例(triangle.py)：格式化输出字符串堆积的三角形。其中, str.center()方法用于字符串两边填充；str.rjust(width[, fillchar])方法用于字符串右填充,具体可以参见本书 8.2 节。

```
print("1".center(20))              #1 行 20 个字符,居中对齐
print(format("121", "^20"))        #1 行 20 个字符,居中对齐
print(format("12321", "^20"))      #1 行 20 个字符,居中对齐
print("1".rjust(20," * "))         #1 行 20 个字符,右对齐,加 * 号
print(format("121", " * > 20"))    #1 行 20 个字符,右对齐,加 * 号
print(format("12321", " * > 20"))  #1 行 20 个字符,右对齐,加 * 号
```

程序运行结果如下：

```
         1
        121
       12321
***************** 1
*************** 121
************* 12321
```

2.7.9 列表类型

列表(list)是一组有序项目的数据结构,例如购物车列表、课程列表等。

在 Python 语言中,列表(list)对象是一个对象序列,对象可以是任何类型：数值、字符

串,甚至是其他列表。列表是可变对象。创建一个列表后,用户可以访问、修改、添加或删除列表中的项目,即列表是可变的数据类型。Python 没有数组,可以使用列表代替。

字面量列表是包括在方括号中以逗号分隔的对象序列。空列表表示为[]。列表的基本形式为:

```
[x1 [, x2, …, xn]]
```

【例 2.34】　列表类型示例。

```
>>> list1 = [10,20,30,40,50]    # 创建列表对象并绑定到变量 list1
>>> list1[0] = 110              # 修改列表 list1 的第 1 个元素(索引位置 0)
>>> list1.append(60)            # 在列表 list1 中添加元素 60.结果为: [110,20,30,40,50,60]
>>> sum(list1)                  # 使用内置函数 sum 返回 list1 中的元素之和.输出为: 310
>>> len(list1)                  # 使用内置函数 len 返回 list1 中的元素个数.输出为: 6
>>> max(list1)                  # 使用内置函数 max 返回 list1 中的最大元素.输出为: 110
```

2.7.10　元组类型

元组(tuple)是一组有序序列,包含零个或多个对象引用。元组和列表十分类似,但元组是不可变的对象,即不能修改、添加或删除元组中的项目(但可以访问元组中的项目)。

元组字面量采用圆括号中用逗号分隔的项目定义。圆括号可以省略。元组的基本形式如下:

```
x1, [x2, …, xn]   或者   (x1, [x2, …, xn])
```

【例 2.35】　使用元组字面量创建元组实例对象示例。

```
>>> t1 = 1,2,3          # 创建包含 3 个元素的元组对象,并绑定到变量 t1
>>> t1[2]               # 返回 t1 的第 3 个元素(索引位置 2),输出: 3
>>> t2 = ()             # 创建包含 0 个元素的元组对象,并绑定到变量 t2
>>> t3 = (1,)           # 创建包含 1 个元素的元组对象,并绑定到变量 t3
>>> t4 = (1)            # 创建一个整数对象,并绑定到变量 t4
>>> print(t1,t2,t3,t4)  # 输出: (1, 2, 3) () (1,) 1
```

注意　如果元组中只有一个项目时,后面的逗号不能省略,这是因为 Python 解释器把(1)解释为 1,(1,)解释为元组。

2.7.11　字典类型

字典(dict,或称映射 map)是一组键/值对的数据结构。每个键对应于一个值。在字典中,键不能重复。根据键可以查询到值。

字典通过花括号中用逗号分隔的项目(键/值。键/值对使用冒号分隔)定义。其基本形式如下：

```
{键 1:值 1 [, 键 2:值 2, …, 键 n:值 n]}
```

键必须为可 hash(哈希)对象，因此不可变对象(bool、int、float、complex、str、tuple 等)可以作为键；值则可以为任意对象。字典中的键是唯一的，不能重复。

【例 2.36】　字典对象示例。

```
>>> d1 = {}                                         ＃创建空字典对象，并绑定到变量 d1
>>> d2 = {'baidu':'baidu.com','bing':'bing.com'}    ＃创建字典对象，并绑定到变量 d2
>>> d2['baidu']                                      ＃返回字典 d2 中键为'baidu'的值，输出：'baidu.com'
```

 2.8　类和对象

使用 Python 类可以定义自定义数据类型。类和对象是面向对象程序设计的两个主要方面。有关面向对象的展开阐述，请参见第 9 章。

2.8.1　创建类对象

Python 使用复合语句 class 创建类对象。其语法格式如下：

```
class 类名：
    类体
```

类体中可以定义属于类的属性、方法等。

2.8.2　实例对象的创建和调用

基于类对象可以创建其实例对象，然后访问其方法或属性。其语法格式如下：

```
anObject = 类名(参数列表)
anObject.对象方法 或者 anObject.对象属性
```

【例 2.37】　类和对象示例(Person. py)：定义类 Person，创建其对象，并调用对象方法。

```
class Person:              ＃定义类 Person
    def sayHello(self):    ＃定义类 Person 的函数 sayHello()
        print('Hello, how are you?')
p = Person()               ＃创建对象
p.sayHello()               ＃调用对象的方法
```

程序运行结果如下：

```
Hello, how are you?
```

 2.9　模块和包

2.9.1　概述

在 Python 语言中，包含 Python 代码的源文件（通常包含用户自定义的变量、函数和类）称之为模块，其扩展名为 .py。功能相近的模块可以组织成包，包是模块的层次性组织结构。有关模块和包的展开阐述请参见第 10 章。

2.9.2　导入和使用模块

Python 标准库和第三方库中提供了大量的模块，通过 import 语句可以导入模块，并使用其定义的功能。导入和使用模块功能的基本形式如下：

```
import 模块名              ♯导入模块
模块名.函数名              ♯使用包含模块的全限定名称,调用导入的模块中的函数
模块名.变量名              ♯使用包含模块的全限定名称,访问导入的模块中的变量
```

还可以使用 from … import 语句直接导入模块中的成员。其基本形式如下：

```
from 模块名 import 成员名   ♯导入模块中的具体成员
from 模块名 import *        ♯导入模块中的所有成员
成员名                       ♯可以直接使用导入的模块成员
```

【例 2.38】 模块和包示例（module1.py）：求解一元二次方程 $x^2 + 5x + 6 = 0$。

```
import math                              ♯导入标准库 math
a = 1; b = 5; c = 6                      ♯变量 a、b 和 c 分别指向 int 对象 1、5 和 6
x1 = (−b + math.sqrt(b * b − 4 * a * c))/(2 * a)   ♯使用模块 math 中的函数 sqrt()求解平方根
x2 = (−b − math.sqrt(b * b − 4 * a * c))/(2 * a)
print('方程 x * x + 5 * x + 6 = 0 的解为: ', x1, x2)     ♯输出一元二次方程的两个解
```

程序运行结果如下：

```
方程 x * x + 5 * x + 6 = 0 的解为: −2.0 −3.0
```

2.10　综合应用：turtle 模块和海龟绘图

2.10.1　海龟绘图概述

所谓的海龟绘图，即假定一只海龟（海龟带着一支笔）在一个屏幕上来回移动，当它移动时会绘制直线。海龟可以沿直线移动指定的距离，也可以旋转一个指定的角度。

通过编写代码可以控制海龟移动和绘图，从而绘制出图形。使用海龟作图，不仅能够使用简单的代码创建出令人印象深刻的视觉效果，而且还可以跟随海龟，动态查看程序代码如何影响到海龟的移动和绘制，从而帮助理解代码的逻辑。

Python 标准库中的 turtle 模块实现了海龟绘图的功能。使用 turtle 模块绘图，一般遵循如下步骤。

（1）导入 turtle 模块。

```
from turtle import *              # 将 turtle 模块中的所有方法导入
```

（2）创建海龟对象（turtle 模块同时实现了函数模式，故也可以不创建海龟对象，直接调用函数，直接绘图）。

```
p = Turtle()                     # 创建海龟对象
```

（3）设置海龟的绘图属性（画笔的属性、颜色、画线的宽度等）。

```
pensize(width)/width(width)      # 绘制图形时的宽度
color(colorstring)               # 绘制图形时的画笔颜色和填充颜色
pencolor(colorstring)            # 绘制图形的画笔颜色
fillcolor(colorstring)           # 绘制图形的填充颜色
```

（4）控制和操作海龟绘图。

```
pendown()/pd()/down()                           # 移动时绘制图形,缺省时为绘制
penup()/pu()/up()                               # 移动时不绘制图形
forward(distance)/fd(distance)                  # 向前移动 distance 指定的距离
backward(distance)/bk(distance)/back(distance)  # 向后移动 distance 指定的距离
right(angle)/rt(angle)                          # 向右旋转 angle 指定的角度
left(angle)/lt(angle)                           # 向左旋转 angle 指定的角度
goto(x,y)/setpos(x,y)/setposition(x,y)          # 将画笔移动到坐标为(x,y)的位置
dot(size = None, * color)                       # 绘制指定大小的圆点
circle(radius, extent = None, steps = None)     # 绘制指定大小的圆
write(arg, move = False, align = 'left', font = ('Arial', 8, 'normal'))    # 绘制文本
```

```
stamp()                              ＃复制当前图形
speed(speed)                         ＃画笔绘制的速度([0,10]之间的整数)
showturtle()/st()                    ＃显示海龟
hideturtle()/ht()                    ＃隐藏海龟
clear()                              ＃清除海龟绘制的图形
reset()                              ＃清除海龟绘制的图形并重置海龟属性
```

2.10.2 绘制正方形

【例2.39】 使用海龟绘图绘制一个正方形(square.py)。运行最终结果如图 2-5 所示。

图 2-5 使用海龟绘图绘制一个正方形

```
import turtle                        ＃导入 turtle 模块
p = turtle.Turtle()                  ＃创建海龟对象
p.color("red")                       ＃设置绘制时画笔的颜色
p.pensize(3)                         ＃定义绘制时画笔的线条宽度
turtle.speed(1)                      ＃定义绘图的速度("slowest"或者1)
p.goto(0,0)                          ＃移动海龟到坐标原点(0,0)
p.forward(100)                       ＃向前移动100
p.right(90)                          ＃向右旋转90°
p.forward(100)                       ＃向前移动100
p.right(90)                          ＃向右旋转90°
p.forward(100)                       ＃向前移动100
p.right(90)                          ＃向右旋转90°
p.forward(100)                       ＃向前移动100
p.right(90)                          ＃向右旋转90°
```

说明

(1) 海龟绘图时,其原点(0,0)位于画布区域中央位置。

(2) 绘制正方形四条边的 8 行代码重复了 4 次。我们将在第 3 章中利用循环结构重复执行代码的功能来优化程序。

本章小结

视频讲解

第 **3** 章

程序流程控制

在 Python 程序中,对于语句的执行有三种基本的控制结构,即顺序结构、选择结构、循环结构。另外,当程序出错时,Python 使用异常处理流程进行处理。

 ## 3.1 程序的流程

3.1.1 输入、处理和输出(IPO)

无论程序的规模如何,每个程序都可以分为以下三个部分:程序通过输入接收待处理的数据(input));执行相应的处理(process);通过输出(output)返回处理的结果。该过程通常称为 IPO 程序编写方法。其示意图如图 3-1 所示。

图 3-1 程序的输入、处理和输出示意图

(1)输入数据。输入是一个程序的开始。程序要处理的数据有多种来源,形成了多种输入方式,包括交互输入、参数输入、随机数据输入、文件输入、网络输入等。

(2)处理数据。处理是程序对输入数据进行计算产生输出结果的过程。计算问题的处理方法统称为"算法"。

(3)输出结果。输出是程序输出结果的方式。程序的输出方式包括控制台输出、图形输出、文件输出、网络输出等。

【例 3.1】 计算球体的表面积和体积的程序的 IPO 描述。

输入(I):输入 r(球体的半径)

处理(P):计算球体的表面积 s = 4 * math.pi * r * r

计算球体的体积 v = 4 * math.pi * r * r * r / 3

输出(O):输出 s 和 v

3.1.2　算法和数据结构

程序还可以使用以下公式描述：

$$程序 = 算法 + 数据结构$$

算法是执行特定任务的方法。数据结构是一种存储数据的方式，有助于求解特定的问题。算法通常与数据结构紧密相关。算法可以描述为："建立一个特定的数据结构，然后采用某种方式使用该数据结构"。

描述算法的最简单方法是使用自然语言描述。对于较复杂的算法，为了描述其细节，往往采用伪代码进行描述。伪代码是一种类似于程序设计语言的文本，其目的是为读者提供在代码中实现算法所需的结构和细节，而无须将算法局限于特定的程序设计语言。

【例 3.2】　求解两个整数最大公约数的算法的自然语言描述。

求解两个整数的最大公约数（Great Common Divisor，GCD）的一种算法是辗转相除法，又称欧几里得算法。辗转相除法算法的自然语言描述如下。

（1）对于已知的两个正整数 m 和 n，使得 m＞n。

（2）m 除以 n 得到余数 r。

（3）若 r≠0，则令 m←n，n←r，重复步骤（2），继续 m 除以 n 得到新的余数 r。若仍然 r≠0，则重复此过程，直到 r＝0 为止。最后的 m 就是最大公约数。

【例 3.3】　求解两个整数最大公约数的辗转相除算法的伪代码描述。

```
//求解 m 和 n 的最大公约数.GCD(m, n) = GCD(n, m Mod n).
GCD(m, n)
    While (n != 0)
        remainder = m Mod n      //计算余数
        m = n
        n = remainder
    End While
    Return m
End Gcd
```

说明　伪代码没有特定对应的语言规则。本书采用本例中类似 Python 缩进规则的伪代码描述。

【例 3.4】　求解两个整数的最大公约数的辗转相除算法的 Python 代码实现（gcd.py）。

```
#求解 m 和 n 的最大公约数.GCD(m, n) = GCD(n, m Mod n)
def gcd(m,n):
    if (m < n):
        m, n = n, m
    while (n != 0):
        remainder = m % n         #计算余数
        m = n
        n = remainder
    return m
```

```
if __name__ == '__main__':
    print(24,36,"的最大公约数为: ",gcd(24,36))
```

程序运行结果如下：

```
24 36 的最大公约数为: 12
```

3.1.3 程序流程图

程序流程图(flow chart)又称为程序框图,是描述程序运行具体步骤的图形表示。通过标准符号详细描述程序的输入、处理和输出过程,可以作为程序设计的最基本依据。

流程图的基本元素主要包括以下几种。

(1) 开始框和结束框(◯)。表示程序的开始和结束。

(2) 输入/输出框(▱)。表示输入和输出数据。

(3) 处理框(▭)。表示要执行的流程或处理。

(4) 判断框(◇)。表示条件判断,根据判断的结果执行不同的分支。

(5) 箭头线(↓)。表示程序或算法的走向。

【例3.5】 使用程序流程图(如图3-2所示)描述计算所输入数据 a 的平方根的程序。

图 3-2 计算所输入数据平方根的流程图

常用的程序结构包括顺序结构、选择结构和循环结构。本章将陆续展开阐述。

3.2　顺序结构

程序中语句执行的基本顺序按各语句出现位置的先后次序执行,称之为顺序结构,参见图 3-3。在图 3-3 中先执行语句块 1,再执行语句块 2,最后执行语句块 3。三个语句块之间是顺序执行关系。

【例 3.6】　顺序结构示例(area.py):输入三角形三条边的边长(为简单起见,假设这三条边可以构成三角形),计算三角形的面积。提示:三角形面积 $=\sqrt{h*(h-a)*(h-b)*(h-c)}$,其中,a、b、c 是三角形三边的边长,h 是三角形周长的一半。

图 3-3　顺序结构示意图

```python
import math
a = float(input("请输入三角形的边长 a: "))
b = float(input("请输入三角形的边长 b: "))
c = float(input("请输入三角形的边长 c: "))
h = (a + b + c) / 2                              #三角形周长的一半
area = math.sqrt(h * (h - a) * (h - b) * (h - c));     #三角形面积
print(str.format("三角形三边分别为: a = {0},b = {1},c = {2}", a, b, c))
print(str.format("三角形的面积 = {0}", area))
```

程序运行结果如下:

```
请输入三角形的边长 a: 3
请输入三角形的边长 b: 4
请输入三角形的边长 c: 5
三角形三边分别为: a = 3.0,b = 4.0,c = 5.0
三角形的面积 = 6.0
```

 ## 3.3　选择结构

选择结构可以根据条件来控制代码的执行分支,也称为分支结构。Python 使用 if 语句来实现分支结构。

3.3.1　分支结构的形式

分支结构包含单分支、双分支和多分支等多种形式,流程如图 3-4(a)～(c)所示。

3.3.2　条件表达式

条件表达式通常用于选择语句中,用于判断是否满足某种条件。在分支结构中,根据条件表达式的求值结果(True 或 False)执行程序不同的分支。

图 3-4　if 语句的选择结构

最简单的条件表达式可以是一个常量或变量,复杂的条件表达式包含关系比较运算符、测试运算符和逻辑运算符。条件表达式的最后评价为 bool 值 True(真)或者 False(假)。

Python 评价方法如下:如果条件表达式的结果为数值类型(0)、空字符串("")、空元组(())、空列表([])、空字典({}),则其 bool 值为 False(假);否则其 bool 值为 True(真)。例如,123、"abc"、(1,2)均为 True。

3.3.3　关系和测试运算符与关系表达式

关系运算符用于比较两个对象的大小,测试运算符用于测试两个对象的关系。包含关系和测试运算符的表达式称之为关系表达式。若关系成立,则关系表达式的结果为 True,否则为 False。

关系和测试运算符是二元运算符。Python 支持连写多个比较运算符的关系表达式。例如:

```
>>> 2 > 1              # 输出: True
>>> 1 < 2 < 3          # 输出: True
```

原则上,关系运算符应该是两个相同类型对象之间的比较。不同类型的对象也允许进行比较,但可能会导致错误。数值类型(包括布尔型,True 自动转换为 1,False 自动转换为

0)之间可以进行比较。例如：

```
>>> 1 > 1.23        # 输出：False
>>> 2 > True        # 输出：True
>>> 123 >"abc"      # 报错.TypeError: '>' not supported between instances of 'int' and 'str'
```

Python 语言的关系和测试运算符如表 3-1 所示。

表 3-1　Python 语言的关系和测试运算符

运算符	表达式	含　义	实　　例	结　果
==	x== y	x 等于 y	"ABCDEF" == "ABCD"	False
!=	x! = y	x 不等于 y	"ABCD" ! = "abcd"	True
>	x> y	x 大于 y	"ABC" > "ABD"	False
>=	x>= y	x 大于等于 y	123 >= 23	True
<	x< y	x 小于 y	"ABC" < "上海"	True
<=	x<= y	x 小于等于 y	"123" <= "23"	True
is	x is y	x 和 y 是同一个对象	x=y=1; x is y x=1; y=2; x is y	True False
is not	x is not y	x 和 y 不是同一个对象	x=1; y=2; x is not y	True
in	x in y	x 是 y 的成员(y 是容器,例如元组)	1 in (1, 2, 3) "A" in "ABCDEF"	True True
not in	x not in y	x 不是 y 的成员(y 是容器,例如元组)	1 not in (1, 2, 3)	False

!注意

(1) 关系运算符的优先级相同。

(2) 对于两个预定义的数值类型,关系运算符按照操作数的数值大小进行比较。

(3) 对于字符串类型,关系运算符比较字符串的值,即按字符的 ASCII 码值从左到右一一比较：首先比较两个字符串的第一个字符,其 ASCII 码值大的字符串大,若第一个字符相等,则继续比较第二个字符,以此类推,直至出现不同的字符为止。

3.3.4　逻辑运算符和逻辑表达式

逻辑运算符,即布尔运算符。用于检测两个以上条件的情况,即多个 bool 值的逻辑运算,其结果为 bool 类型值。

逻辑运算符除逻辑非(not)是一元运算符,其余均为二元运算符,用于将操作数进行逻辑运算,结果为 True 或 False。表 3-2 按优先级从高到低的顺序列出了 Python 中的逻辑运算符。

表 3-2　Python 中的逻辑运算符

运算符	含义	说　明	优先级	实　例	结果
not	逻辑非	当操作数为 False 时返回 True, 当操作数为 True 时返回 False	1	not True not False	False True

续表

运算符	含义	说　明	优先级	实　例	结果
and	逻辑与	两个操作数均为 True 时,结果才为 True,否则为 False	2	True and True True and False False and True False and False	True False False False
or	逻辑或	两个操作数中有一个为 True 时,结果即为 True,否则为 False	3	True or True True or False False or True False or False	True True True False

⚠ **注 意**

(1) Python 的任意表达式都可以评价为布尔逻辑值,故均可以参与逻辑运算。例如:

```
>>> not 0          # 输出: True
>>> not 'a'        # 输出: False
```

(2) C = A or B。如果 A 不为 0 或者不为空或者为 True,则返回 A;否则返回 B。仅在必要时才计算第二个操作数,即如果 A 不为 0 或者不为空或为 True,则不用计算 B。即"短路"计算。例如:

```
>>> 1 or 2         # 输出: 1
>>> 0 or 2         # 输出: 2
>>> False or True  # 输出: True
>>> True or False  # 输出: True
```

(3) C = A and B。如果 A 为 0 或者为空或者为 False,则返回 A;否则返回 B。仅在必要时才计算第二个操作数,即如果 A 为 0 或者为空或者为 False,则不用计算 B。即"短路"计算。例如:

```
>>> 1 and 2        # 输出: 2
>>> 0 and 2        # 输出: 0
>>> False and 2    # 输出: False
>>> True and 2     # 输出: 2
```

这种写法常用于不确定 A 是否为空值时把 B 作为候补来赋值给 C。

3.3.5 单分支结构

if 语句单分支结构的语法形式如下:

```
if (条件表达式):
    语句/语句块
```

其中：

(1) 条件表达式：可以是关系表达式、逻辑表达式、算术表达式等。

(2) 语句/语句块：可以是单个语句，也可以是多个语句。多个语句的缩进必须对齐一致。

当条件表达式的值为真(True)时，执行 if 后的语句(块)，否则不做任何操作，控制将转到 if 语句的结束点。其流程如图 3-4(a)所示。

【例 3.7】 单分支结构示例(if_2desc.py)：输入两个整数 a 和 b，比较两者大小，使得 a 大于 b。

```
a = int(input("请输入第 1 个整数："))
b = int(input("请输入第 2 个整数："))
print(str.format("输入值：{0}, {1}", a, b))
if (a < b):          #a 和 b 交换
    t = a
    a = b
    b = t
print(str.format("降序值：{0}, {1}", a, b))
```

程序运行结果如下：

```
请输入第 1 个整数：23
请输入第 2 个整数：34
输入值：23, 34
降序值：34, 23
```

说明　如果 a 和 b 不满足降序关系，本程序中还可以使用如下更简单的语句实现数据交换。

```
if (a < b): a,b = b,a
```

3.3.6　双分支结构

if 语句双分支结构的语法形式如下：

```
if (条件表达式):
    语句/语句块 1
else:
    语句/语句块 2
```

当条件表达式的值为真(True)时，执行 if 后的语句(块)1，否则执行 else 后的语句(块) 2，其流程如图 3-4(b)所示。

Python 提供了下列条件表达式来实现等价于其他语言的三元条件运算符((条件)? 语

句1：语句2）的功能：

条件为真时的值 if（条件表达式）else 条件为假时的值

例如，如果 x＞＝0，则 y＝x，否则 y＝0，可以表述为：

y = x if (x >= 0) else 0

【例3.8】　计算分段函数：$y=\begin{cases} \sin x + 2\sqrt{x+e^4} - (x+1) & x \geqslant 0 \\ \ln(-5x) - \dfrac{|x^2-8x|}{7x} + e & x < 0 \end{cases}$

此分段函数有以下几种实现方式，请读者自行编程测试。
（1）利用单分支结构实现。

```
if (x >= 0):
    y = math.sin(x) + 2 * math.sqrt(x + math.exp(4)) - math.pow(x + 1, 3)
if (x < 0):
    y = math.log(-5 * x) - math.fabs(x * x - 8 * x) / (7 * x) + math.e
```

（2）利用双分支结构实现。

```
if (x >= 0):
    y = math.sin(x) + 2 * math.sqrt(x + math.exp(4)) - math.pow(x + 1, 3)
else:
    y = math.log(-5 * x) - math.fabs(x * x - 8 * x) / (7 * x) + math.e
```

（3）利用条件运算语句实现。

```
y = (math.sin(x) + 2 * math.sqrt(x + math.exp(4)) - math.pow(x + 1, 3))\
    if ((x >= 0)) else (math.log(-5 * x) - math.fabs(x * x - 8 * x) / (7 * x) + math.e)
```

3.3.7　多分支结构

if 语句多分支结构的语法形式如下：

```
if (条件表达式 1):
    语句/语句块 1
elif (条件表达式 2):
    语句/语句块 2
…
elif (条件表达式 n):
```

```
        语句/语句块 n
    [else:
        语句/语句块 n＋1;]
```

该语句的作用是根据不同条件表达式的值确定执行哪个语句(块)，其流程如图 3-4(c)所示。

【例 3.9】 已知某课程的百分制分数 mark，将其转换为五级制(优、良、中、及格、不及格)的评定等级 grade。评定条件如下：

$$成绩等级 = \begin{cases} 优 & mark >= 90 \\ 良 & 80 \leqslant mark < 90 \\ 中 & 70 \leqslant mark < 80 \\ 及格 & 60 \leqslant mark < 70 \\ 不及格 & mark < 60 \end{cases}$$

根据评定条件，有以下四种不同的方法实现。

方法一：	方法二：

`mark = int(input("请输入分数："))`
`if (mark >= 90):`
`    grade = "优"`
`elif (mark >= 80):`
`    grade = "良"`
`elif (mark >= 70):`
`    grade = "中"`
`elif (mark >= 60):`
`    grade = "及格"`
`else:`
`    grade = "不及格"`
	`mark = int(input("请输入分数："))`
	`if (mark >= 90):`
	`    grade = "优"`
	`elif (mark >= 80 and mark < 90):`
	`    grade = "良"`
	`elif (mark >= 70 and mark < 80):`
	`    grade = "中"`
	`elif (mark >= 60 and mark < 70):`
	`    grade = "及格"`
	`else:`
	`    grade = "不及格"`

方法三：	方法四：

`mark = int(input("请输入分数："))`
`if (mark >= 90):`
`    grade = "优"`
`elif (80 <= mark < 90):`
`    grade = "良"`
`elif (70 <= mark < 80):`
`    grade = "中"`
`elif (60 <= mark < 70):`
`    grade = "及格"`
`else:`
`    grade = "不及格"`
	`mark = int(input("请输入分数："))`
	`if (mark >= 60):`
	`    grade = "及格"`
	`elif (mark >= 70):`
	`    grade = "中"`
	`elif (mark >= 80):`
	`    grade = "良"`
	`elif (mark >= 90):`
	`    grade = "优"`
	`else:`
	`    grade = "不及格"`

其中，方法一中使用关系运算符"＞＝"，按分数从大到小依次比较；方法二和方法三使用关系运算符和逻辑运算符表达完整的条件，即使语句顺序不按分数从大到小依次书写，也可以得到正确的等级评定结果；方法四使用关系运算符"＞＝"，但按分数从小到大依次

比较。

上述四种方法中,方法一、方法二、方法三正确,而且方法一最简捷明了,方法二和方法三虽然正确,但是存在冗余条件;方法四虽然语法没有错误,但是判断结果错误:根据mark 分数所得等级评定结果只有"及格"和"不及格"两种,请读者根据程序流程自行分析原因。

【例 3.10】 已知坐标点(x,y),判断其所在的象限(if_coordinate.py)。

```
x = int(input("请输入 x 坐标："))
y = int(input("请输入 y 坐标："))
if (x == 0 and y == 0): print("位于原点")
elif (x == 0): print("位于 y 轴")
elif (y == 0): print("位于 x 轴")
elif (x > 0 and y > 0): print("位于第一象限")
elif (x < 0 and y > 0): print("位于第二象限")
elif (x < 0 and y < 0): print("位于第三象限")
else: print("位于第四象限")
```

程序运行结果如下:

```
请输入 x 坐标：1
请输入 y 坐标：2
位于第一象限
```

3.3.8 if 语句的嵌套

在 if 语句中又包含一个或多个 if 语句称为 if 语句的嵌套。一般形式如下:

```
if (条件表达式 1):
    if (条件表达式 11):
        语句 1
    [else:                    内嵌 if
        语句 2]
[else:
    if (条件表达式 21):
        语句 3
    [else:                    内嵌 if
        语句 4]]
```

【例 3.11】 计算分段函数：$y=\begin{cases}1 & x>0\\0 & x=0\\-1 & x<0\end{cases}$

此分段函数有以下几种实现方式,请读者判断哪些是正确的？并自行编程测试正确的实现方式。

方法一(多分支结构):

```
if (x > 0): y = 1
elif (x == 0): y = 0
else: y = -1
```

方法二(if 语句嵌套结构)：

```
if (x >= 0):
    if (x > 0): y = 1
    else: y = 0
else: y = -1
```

方法三：

```
y = 1
if (x != 0):
    if (x < 0): y = -1
else: y = 0
```

方法四：

```
y = 1
if (x != 0):
    if (x < 0): y = -1
    else: y = 0
```

　　请读者画出每种方法相应的流程图，并进行分析测试。其中，方法一、方法二和方法三是正确的，而方法四是错误的。

3.3.9　if 语句典型示例代码

　　if 语句的典型示例代码如表 3-3 所示。当 if 或 else 的语句块仅包含一条语句时，该语句也可以直接写在关键字 if 或者 else 语句的同一行后面，以实现紧凑代码。

表 3-3　if 语句的典型示例代码

程 序 功 能	代 码 片 段
求绝对值	if a < 0: 　　a = -a
a 和 b 按升序排序	if a > b: 　　a,b = b,a
求 a 和 b 的最大值	if a > b: maximum = a else:　maximum = b
计算两个数相除的余数，如果除数为 0，则给出报错信息	if b == 0:print("除数为 0") else:print("余数为：" + a % b)

续表

程序功能	代码片段

计算并输出一元二次方程的两个根。如果判别式 $b^2-4ac<0$，则显示"方程无实根"的提示信息	```
	delta = b * b - 4.0 * a * c
	if delta < 0.0:
	    print("方程无实根")
	else:
	    d = math.sqrt(delta)
	    print((-b + d)/(2.0 * a))
	    print((-b - d)/(2.0 * a))
	``

3.3.10　选择结构综合举例

【例 3.12】　输入三个整数，要求按从大到小的顺序排序(if_3desc.py)。

先 a 和 b 比较，使得 a>b；然后 a 和 c 比较，使得 a>c，此时 a 最大；最后 b 和 c 比较，使得 b>c。

```
a = int(input("请输入整数 a: "))
b = int(input("请输入整数 b: "))
c = int(input("请输入整数 c: "))
if (a < b):a,b = b,a           # 使得 a > b
if (a < c):a,c = c,a           # 使得 a > c
if (b < c):b,c = c,b           # 使得 b > c
print("排序结果(降序): ", a, b, c)
```

程序运行结果如下：

```
请输入整数 a: 3
请输入整数 b: 2
请输入整数 c: 5
排序结果(降序): 5 3 2
```

【例 3.13】　编程判断某一年是否为闰年(leapyear.py)。判断闰年的条件是年份能被 4 整除但不能被 100 整除，或者能被 400 整除，其判断流程参见图 3-5 所示。

图 3-5　闰年的判断条件

方法一。使用一个逻辑表达式包含所有的闰年条件,相关语句如下:

```
if ((y % 4 == 0 and y % 100 != 0) or y % 400 == 0):
    print("是闰年")
else: print("不是闰年")
```

方法二。使用嵌套的 if 语句,相关语句如下:

```
if (y % 400 == 0): print("是闰年")
else:
    if (y % 4 == 0):
        if (y % 100 == 0): print("不是闰年")
        else: print("是闰年")
    else: print("不是闰年")
```

方法三。使用 if-elif 语句,相关语句如下:

```
if (y % 400 == 0): print("是闰年")
elif (y % 4 != 0): print("不是闰年")
elif (y % 100 == 0): print("不是闰年")
else: print("是闰年")
```

方法四。使用 calendar 模块的 isleap()函数来判断闰年,相关语句如下:

```
if (calendar.isleap(y)): print("是闰年")
else: print("不是闰年")
```

 3.4　循环结构

循环结构用来重复执行一条或多条语句。使用循环结构,可以减少源程序重复书写的工作量。许多算法需要使用到循环结构。Python 使用 for 语句和 while 语句来实现循环结构。

3.4.1　可迭代对象（iterable）

可迭代对象一次返回一个元素,因而适用于循环。Python 包括以下几种可迭代对象:序列（sequence）,例如字符串（str）、列表（list）、元组（tuple）等;字典（dict）;文件对象;迭代器对象（iterator）;生成器函数（generator）。

迭代器是一个对象,表示可迭代的数据集合,包括方法__iter__()和__next__(),可以实现迭代功能。

生成器是一个函数,使用 yield 语句,每次产生一个值,也可以用于循环迭代。

3.4.2　range 对象

Python 3 内置对象 range 是一个迭代器对象,迭代时产生指定范围的数字序列。其格式如下:

```
range(start, stop[, step])
```

range 返回的数值序列从 start 开始,到 stop 结束(不包含 stop)。如果指定了可选的步长 step,则序列按步长 step 增长。例如:

```
>>> for i in range(1,11): print(i, end = ' ')      # 输出:1 2 3 4 5 6 7 8 9 10
>>> for i in range(1,11,3): print(i, end = ' ')    # 输出:1 4 7 10
```

注意　Python 2 中 range 的类型为函数,是一个生成器;Python 3 中 range 的类型为类,是一个迭代器。

3.4.3　for 循环

for 语句用于遍历可迭代对象集合(例如列表、字典等)中的元素,并对集合中的每个元素执行一次相关的嵌入语句。当集合中的所有元素完成迭代后,控制传递给 for 之后的下一个语句。for 语句的格式如下:

```
for 变量 in 对象集合:
    循环体语句/语句块
```

【例 3.14】　利用 for 循环求 1~100 中所有奇数的和以及偶数的和(for_sum1_100.py)。

```
sum_odd = 0; sum_even = 0
for i in range(1, 101):
    if i % 2 != 0:          # 奇数
        sum_odd += i        # 奇数和
    else:                   # 偶数
        sum_even += i       # 偶数和
print("1~100 中所有奇数的和:", sum_odd)
print("1~100 中所有偶数的和:", sum_even)
```

程序运行结果如下:

```
1~100 中所有奇数的和:2500
1~100 中所有偶数的和:2550
```

3.4.4　while 循环

与 for 循环一样,while 也是一个预测试的循环,但是 while 在循环开始前,并不知道重

复执行循环语句序列的次数。while 语句按不同条件执行循环语句（块）零次或多次。while
循环语句的格式为：

```
while (条件表达式):
    循环体语句/语句块
```

while 循环的执行流程如图 3-6 所示。

图 3-6 **while 循环的执行流程**

说明

（1）while 循环语句的执行过程如下：

① 计算条件表达式。

② 如果条件表达式结果为 True，控制将转到循环语句（块），即进入循环体。当到达循
环语句序列的结束点时，转①，即控制转到 while 语句的开始，继续循环。

③ 如果条件表达式结果为 False，退出 while 循环，即控制转到 while 循环语句的后继语句。

（2）条件表达式是每次进入循环之前进行判断的条件，可以为关系表达式或逻辑表达
式，其运算结果为 True（真）或 False（假）。条件表达式中必须包含控制循环的变量。

（3）循环语句序列可以是一条语句，也可以是多条语句。

（4）在循环语句序列中至少应包含改变循环条件的语句，以使循环趋于结束，避免"死循环"。

【例 3.15】 利用 while 循环求 $\sum_{i=1}^{100} i$，以及 1～100 中所有奇数的和及偶数的和（while_
sum.py）。

```
i = 1; sum_all = 0; sum_odd = 0; sum_even = 0
while (i <= 100):
    sum_all += i          # 所有数之和
    if (i % 2 == 0):      # 偶数
        sum_even += i     # 偶数和
    else:                 # 奇数
        sum_odd += i      # 奇数和
```

```
        i += 1
    print("和 = %d、奇数和 = %d、偶数和 = %d" % (sum_all, sum_odd, sum_even))
```

程序运行结果如下：

```
    和 = 5050、奇数和 = 2500、偶数和 = 2550
```

【例 3.16】 用如下近似公式求自然对数的底数 e 的值，直到最后一项的绝对值小于 10^{-6} 为止(while_e.py)。

$$e \approx 1 + \frac{1}{1!} + \frac{1}{2!} + \cdots + \frac{1}{n!}$$

```
i = 1; e = 1; t = 1
while (1/t >= pow(10, -6)):
    t *= i
    e += 1 / t
    i += 1
print("e = ", e)
```

程序运行结果如下：

```
    e = 2.7182818011463845
```

3.4.5 循环的嵌套

在一个循环体内又包含另一个完整的循环结构，则称之为循环的嵌套。这种语句结构称为多重循环结构。内层循环中还可以包含新的循环，形成多层循环结构。

在多层循环结构中，两种循环语句(for 循环、while 循环)可以相互嵌套。多重循环的循环次数等于每一重循环次数的乘积。

【例 3.17】 利用嵌套循环打印运行结果如图 3-7 所示的九九乘法表(nest_for.py)。

```
1*1=1  1*2=2  1*3=3  1*4=4  1*5=5  1*6=6  1*7=7  1*8=8  1*9=9
2*1=2  2*2=4  2*3=6  2*4=8  2*5=10 2*6=12 2*7=14 2*8=16 2*9=18
3*1=3  3*2=6  3*3=9  3*4=12 3*5=15 3*6=18 3*7=21 3*8=24 3*9=27
4*1=4  4*2=8  4*3=12 4*4=16 4*5=20 4*6=24 4*7=28 4*8=32 4*9=36
5*1=5  5*2=10 5*3=15 5*4=20 5*5=25 5*6=30 5*7=35 5*8=40 5*9=45
6*1=6  6*2=12 6*3=18 6*4=24 6*5=30 6*6=36 6*7=42 6*8=48 6*9=54
7*1=7  7*2=14 7*3=21 7*4=28 7*5=35 7*6=42 7*7=49 7*8=56 7*9=63
8*1=8  8*2=16 8*3=24 8*4=32 8*5=40 8*6=48 8*7=56 8*8=64 8*9=72
9*1=9  9*2=18 9*3=27 9*4=36 9*5=45 9*6=54 9*7=63 9*8=72 9*9=81
```

图 3-7 九九乘法表运行结果图

```
for i in range(1, 10):                #外循环
    s = ""
    for j in range(1, 10):            #内循环
        s += str.format("{0:1} * {1:1} = {2:<2} ", i, j, i * j)
    print(s)
```

思考：请修改程序，分别打印如图3-8(a)和图3-8(b)所示的九九乘法表。

```
1*1=1
2*1=2  2*2=4
3*1=3  3*2=6  3*3=9
4*1=4  4*2=8  4*3=12 4*4=16
5*1=5  5*2=10 5*3=15 5*4=20 5*5=25
6*1=6  6*2=12 6*3=18 6*4=24 6*5=30 6*6=36
7*1=7  7*2=14 7*3=21 7*4=28 7*5=35 7*6=42 7*7=49
8*1=8  8*2=16 8*3=24 8*4=32 8*5=40 8*6=48 8*7=56 8*8=64
9*1=9  9*2=18 9*3=27 9*4=36 9*5=45 9*6=54 9*7=63 9*8=72 9*9=81
```

(a) 下三角

```
1*1=1  1*2=2  1*3=3  1*4=4  1*5=5  1*6=6  1*7=7  1*8=8  1*9=9
       2*2=4  2*3=6  2*4=8  2*5=10 2*6=12 2*7=14 2*8=16 2*9=18
              3*3=9  3*4=12 3*5=15 3*6=18 3*7=21 3*8=24 3*9=27
                     4*4=16 4*5=20 4*6=24 4*7=28 4*8=32 4*9=36
                            5*5=25 5*6=30 5*7=35 5*8=40 5*9=45
                                   6*6=36 6*7=42 6*8=48 6*9=54
                                          7*7=49 7*8=56 7*9=63
                                                 8*8=64 8*9=72
                                                        9*9=81
```

(b) 上三角

图 3-8 九九乘法表的另外两种显示效果

3.4.6 break 语句

break 语句用于退出 for、while 循环，即提前结束循环，接着执行循环语句的后继语句。

注意 当多个 for、while 语句彼此嵌套时，break 语句只应用于最里层的语句，即 break 语句只能跳出最近的一层循环。

【例3.18】 使用 break 语句终止循环（break.py）。

```
while True:
    s = input('请输入字符串(按Q或者q结束): ')
    if s.upper() == 'Q':
        break
    print('字符串的长度为: ', len(s))
```

程序运行结果如下：

```
请输入字符串(按Q或者q结束): Hello, World!
字符串的长度为: 13
请输入字符串(按Q或者q结束): 您好!
字符串的长度为: 3
请输入字符串(按Q或者q结束): q
```

【例3.19】 编程判断所输入的任意一个正整数是否为素数（prime1.py 和 prime2.py）。

所谓素数（或称质数），是指除了1和该数本身，不能被任何整数整除的正整数。判断一个正整数 m 是否为素数，只要判断 m 可否被 $2 \sim \sqrt{m}$ 之中的任何一个整数整除，如果 m 不能被此范围中任何一个整数整除，m 即为素数，否则 m 为合数。

方法一（利用 for 循环和 break 语句）：

```
import math
m = int(input("请输入一个整数(>1): "))
k = int(math.sqrt(m))
for i in range(2, k + 2):
    if m % i == 0:
        break                          #可以整除,肯定不是素数,结束循环
if i == k + 1 : print(m, "是素数!")
else: print(m, "是合数!")
```

方法二（利用 while 循环和 bool 变量）：

```
import math
m = int(input("请输入一个整数(>1): "))
k = int(math.sqrt(m))
flag = True                            #先假设所输整数为素数
i = 2
while (i <= k and flag == True):
    if (m % i == 0): flag = False      #可以整除,肯定不是素数,结束循环
    else: i += 1
if (flag == True): print(m, "是素数!")
else: print(m, "是合数!")
```

3.4.7　continue 语句

continue 语句类似于 break,也必须在 for、while 循环中使用。但它结束本次循环,即跳过循环体内自 continue 下面尚未执行的语句,返回到循环的起始处,并根据循环条件判断是否执行下一次循环。

continue 语句与 break 语句的区别在于：continue 语句仅结束本次循环,并返回到循环的起始处,循环条件满足的话就开始执行下一次循环；而 break 语句则是结束循环,跳转到循环的后继语句执行。

与 break 语句相类似,当多个 for、while 语句彼此嵌套时,continue 语句只应用于最里层的语句。

【例 3.20】　使用 continue 语句跳过循环（continue_score.py）。要求输入若干学生成绩（按 Q 或 q 结束）,如果成绩<0,则重新输入。统计学生人数和平均成绩。

```
num = 0; scores = 0;                   #初始化学生人数和成绩总分
while True:
    s = input('请输入学生成绩(按 Q 或 q 结束): ')
    if s.upper() == 'Q':
        break
    if float(s) < 0:                   #成绩必须>= 0
        continue
    num += 1                           #统计学生人数
```

```
    scores += float(s)                # 计算成绩总分
print('学生人数为：{0}，平均成绩为：{1}'.format(num,scores / num))
```

程序运行结果如下：

```
请输入学生成绩(按 Q 或 q 结束)：65
请输入学生成绩(按 Q 或 q 结束)：87
请输入学生成绩(按 Q 或 q 结束)：- 40
请输入学生成绩(按 Q 或 q 结束)：q
学生人数为：2，平均成绩为：76.0
```

【例 3.21】 显示 100～200 之间不能被 3 整除的数(continue_div3.py)。要求一行显示 10 个数。程序运行结果如图 3-9 所示。

```
100~200之间不能被3整除的数为：
100  101  103  104  106  107  109  110  112  113
115  116  118  119  121  122  124  125  127  128
130  131  133  134  136  137  139  140  142  143
145  146  148  149  151  152  154  155  157  158
160  161  163  164  166  167  169  170  172  173
175  176  178  179  181  182  184  185  187  188
190  191  193  194  196  197  199  200
```

图 3-9　显示 100～200 之间不能被 3 整除的数

```
j = 0                                   # 控制一行显示的数值个数
print('100～200 之间不能被 3 整除的数为：')
for i in range(100, 200 + 1):
    if (i % 3 == 0): continue           # 跳过能被 3 整除的数
    print(str.format("{0:<5}",i), end = "")  # 每个数占 5 个位置,不足后面加空格,并且不换行
    j += 1
    if (j % 10 == 0): print()           # 一行显示 10 个数后换行
```

3.4.8　死循环（无限循环）

如果 while 循环结构中循环控制条件一直为真，则循环将无限继续，程序将一直运行下去，从而形成死循环。

程序死循环时，会造成程序没有任何响应；或者造成不断输出（例如控制台输出、文件写入、打印输出等）。

在程序的循环体中插入调试输出语句 print，可以判断程序是否为死循环。

注意 有的程序算法十分复杂，可能需要运行很长时间，但并不是死循环。

在大多数计算机系统中，用户可以使用 Ctrl＋C 组合键中止当前程序的运行。

【例 3.22】 死循环示例(infinite.py)。

```
import math
while True:          # 循环条件一直为真
    num = float(input("请输入一个正数:"))
```

```
        print(str(num), "的平方根为: ", math.sqrt(num))
    print("Good bye!")
```

本程序因为循环条件为"while True",所以将一直重复提示用户输入一个正数,计算并输出该数的平方根,从而形成死循环。所以,最后一句"print("Good bye!")"语句将没有机会执行。

3.4.9 else 子句

for、while 语句可以附带一个 else 子句(可选)。如果 for、while 语句没有被 break 语句中止,则会执行 else 子句,否则不执行。其语法如下:

```
for 变量 in 对象集合:
    循环体语句(块)1
else:
    语句(块)2
```

或者:

```
while (条件表达式):
    循环体语句(块)1
else:
    语句(块)2
```

【例 3.23】 使用 for 语句的 else 子句(for_else.py)。

```
hobbies = ""
for i in range(1, 3 + 1):
    s = input('请输入爱好之一(最多三个,按 Q 或 q 结束): ')
    if s.upper() == 'Q':
        break
    hobbies += s + ' '
else:
    print('您输入了三个爱好.')
print('您的爱好为: ', hobbies)
```

程序运行结果如下:

```
>>>
请输入爱好之一(最多三个,按 Q 或 q 结束):旅游
请输入爱好之一(最多三个,按 Q 或 q 结束):音乐
请输入爱好之一(最多三个,按 Q 或 q 结束):运动
您输入了三个爱好.
您的爱好为:  旅游 音乐 运动
>>>
```

```
请输入爱好之一(最多三个,按Q或q结束):音乐
请输入爱好之一(最多三个,按Q或q结束):q
您的爱好为:  音乐
```

3.4.10　循环语句典型示例代码

使用 for 语句和 while 语句都能实现循环功能,选择不同的语法构造取决于程序员的偏好。循环语句的典型示例如表 3-4 所示。

表 3-4　for 语句和 while 语句的典型示例

功　能　示　例	实　现　代　码

输出 n 个数(0～n−1)的 2 的乘幂的值列表	`power = 1`
	`for i in range(n):`
	`    print(str(i) + " " + str(power))`
	`    power * = 2`

输出小于或等于 n 的最大的 2 的乘幂的值	`power = 1`
	`while 2 * power <= n:`
	`    power * = 2`
	`print(power)`

计算并输出 1 + 2 + … + n 的累积和	`total = 0`
	`for i in range(1, n + 1):`
	`    total += i`
	`print(total)`

计算并输出 n 的阶乘(n! = 1 × 2 × … × n)	`factorial = 1`
	`for i in range(1, n + 1):`
	`    factorial * = i`
	`print(factorial)`

输出半径为 1～n 的圆的周长列表	`for r in range(1, n + 1):`
	`    print("r = " + str(r), end = " ")`
	`    print("p = " + str(2.0 * math.pi * r))`

3.4.11　循环结构综合举例

【例 3.24】 使用牛顿迭代法求解平方根(sqrt.py)。运行结果如图 3-10 所示。

```
请输入正实数a: 2
1.414213562373095
```

图 3-10　使用牛顿迭代法求解平方根

计算一个正实数 a 的平方根可以使用牛顿迭代法实现:首先假设 t＝a,开始循环。如果 t＝a/t(或小于容差),则 t 等于 a 的平方根,循环结束并返回结果;否则,将 t 和 a/t 的平均值赋值给 t,继续循环。

```
EPSILON = 1e - 15                          # 容差
a = float(input("请输入正实数 a: "))         # 正实数 a
t = a                                      # 假设平方根 t = a
while abs(t - a/t) > (EPSILON * t):
    t = (a/t + t) / 2.0                    # 将 t 和 a/t 的平均值赋值给 t
print(t)                                   # 输出 a 的平方根
```

【例 3.25】 显示 Fibonacci 数列(for_fibonacci.py): 1、1、2、3、5、8、…的前 20 项。

即 $\begin{cases} F_1 = 1 & n = 1 \\ F_2 = 1 & n = 2 \\ F_n = F_{n-1} + F_{n-2} & n >= 3 \end{cases}$

要求每行显示 4 项。运行结果如图 3-11 所示。

```
   1     1     2     3
   5     8    13    21
  34    55    89   144
 233   377   610   987
1597  2584  4181  6765
```

图 3-11 显示 Fibonacci 数列

相关语句如下:

```
f1 = 1; f2 = 1
for i in range(1, 11):
    print(str.format("{0:6}{1:6}", f1, f2), end = " ")    # 每次输出 2 个数,每个数占 6 位
                                                          # 空格分隔
    if i % 2 == 0: print()                                # 显示 4 项后换行
    f1 += f2; f2 += f1
```

 # 3.5   错误和异常处理

3.5.1   程序的错误

Python 程序的错误通常可以分为三种类型,即语法错误、运行时错误和逻辑错误。

1. 语法错误

Python 程序的语法错误是指其源代码中拼写语法错误,这些错误导致 Python 编译器无法把 Python 源代码转换为字节码,故也称之为编译错误。程序中包含语法错误时,编译器将显示 SyntaxError 错误信息。

通过分析编译器抛出的运行时错误信息,仔细分析相关位置的代码,可以定位并修改程序错误。

【例 3.26】 Python 语法错误示例(syntax_error.py)。

```
print("Good Luck!")
print("你今天的幸运随机数是: ", random.choice(range(10)))
```

程序运行结果如图 3-12 所示。

```
■命令提示符                                    —    □    ×
C:\pythonb\ch03>python syntax_error.py
  File "syntax_error.py", line 2
    print("你今天的幸运随机数是: ", random.choice(range(10)))

SyntaxError: invalid syntax
```

图 3-12　Python 语法错误运行示意图

编译器显示错误行号为 2,这是因为第一行的 print()函数需要结束括号,编译器编译到第二行时发现错误。一般情况下,需要根据提示错误行号和信息,在其附近判断和定位具体的错误。

2. 运行时错误

Python 程序的运行时错误是在解释执行过程中产生的错误。例如,如果程序中没有导入相关的模块(例如,import random)时,解释器将在运行时抛出 NameError 错误信息;如果程序中包括零除运算,解释器将在运行时抛出 ZeroDivisionError 错误信息;如果程序中试图打开不存在的文件,解释器将在运行时抛出 FileNotFoundError 错误信息。

通过分析解释器抛出的运行时错误信息,仔细分析相关位置的代码,可以定位并修改程序错误。

【例 3.27】　Python 运行时错误(没有导入相关的模块)示例(name_error.py)。

```
print("Good Luck!")
print("你今天的幸运随机数是: ", random.choice(range(10)))
```

程序运行结果如图 3-13 所示。

```
■命令提示符                                    —    □    ×
C:\pythonb\ch03>python name_error.py
Good Luck!
Traceback (most recent call last):
  File "name_error.py", line 2, in <module>
    print("你今天的幸运随机数是: ", random.choice(range(10)))
NameError: name 'random' is not defined
```

图 3-13　Python 运行时错误(没有导入相关的模块)运行示意图

编译器显示错误行号为 2,这是因为程序中没有导入相关模块的语句(import random),编译器编译到第二行时发现错误。一般情况下,需要根据提示错误行号和信息,在其附近判断和定位具体的错误。

【例 3.28】　Python 运行时错误(零除错误)示例(zero_division_error.py)。

```
a = 1
b = 0
c = a/b
```

程序运行结果如图 3-14 所示。

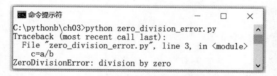

图 3-14　Python 运行时错误(零除错误)运行示意图

3. 逻辑错误

Python 程序的逻辑错误是程序可以执行(程序运行本身不报错),但运行结果不正确。对于逻辑错误,Python 解释器无能为力,需要读者根据结果来调试判断。

【例 3.29】　Python 逻辑错误示例(logic_error.py)。

```
import math
a = 1; b = 2; c = 1
x1 = - b + math.sqrt(b * b - 4 * a * c)/2 * a        #公式有误,故结果不正确
x2 = - b - math.sqrt(b * b - 4 * a * c)/2 * a        #公式有误,故结果不正确
print(x1, x2)                                        #输出: - 2.0 - 2.0
```

程序计算一元二次方程 $ax^2 + bx + c = 0$ 的两个根: $x = \dfrac{-b \pm \sqrt{b^2 - 4ac}}{2a}$。方程 $x^2 + 2x + 1 = 0$ 的正确解为 x1 = x2 = -1。但由于计算公式有误(正确公式为 (-b + math.sqrt(b * b - 4 * a * c))/(2 * a) 以及 (-b - math.sqrt(b * b - 4 * a * c))/(2 * a)),故结果不正确。

3.5.2　异常处理概述

Python 语言采用结构化的异常处理机制。在程序运行过程中,如果产生错误,则抛出异常;通过 try 语句来定义代码块,以运行可能抛出异常的代码;通过 except 语句,可以捕获特定的异常并执行相应的处理;通过 finally 语句,可以保证即使产生异常(处理失败),也可以在事后清理资源等。例如,读取文件内容的伪代码一般如下:

```
def readfile():
    打开文件                    #可能产生错误: 文件不存在
    读取文件内容                #可能产生错误: 无读取权限
    关闭文件
```

使用 Python 的结构化异常处理机制,其伪代码一般如下。

```
def read_file():
    try:
        打开文件                #可能产生错误: 文件不存在
        读取文件内容            #可能产生错误: 无读取权限
        关闭文件
```

```
        except FileNotFoundError:          ♯ 捕获异常：无法打开文件
            ♯ 异常处理逻辑
        except PermissionError:            ♯ 捕获异常：无读取权限
            ♯ 异常处理逻辑
```

从上面伪代码可以看出，异常处理机制可以把错误处理和正常代码逻辑分开，从而可以更加高效地实现错误处理，增加程序的可维护性。

异常处理机制已经成为许多现代程序设计语言处理错误的标准模式。

3.5.3　内置异常类和自定义异常类

在程序运行过程中，如果出现错误，Python 解释器会创建一个异常对象，并抛出给系统运行时(runtime)处理。即程序终止正常执行流程，转而执行异常处理流程。

在某种特殊条件下，代码中也可以创建一个异常对象，并通过 raise 语句，抛出给系统运行时处理。

异常对象是异常类的对象实例。Python 异常类均派生于 BaseException。常见的异常类包括 NameError、SyntaxError、AttributeError、TypeError、ValueError、ZeroDivisionError、IndexError、KeyError 等。

在应用程序开发过程中，有时候需要定义特定于应用程序的异常类，表示应用程序的一些错误类型。

【例 3.30】　常见异常示例。

（1）NameError。尝试访问一个未申明的变量。

```
>>> noname        ♯ 报错。NameError: name 'noname' is not defined
```

（2）SyntaxError。语法错误。

```
>>> int a         ♯ 报错。SyntaxError: invalid syntax
```

（3）AttributeError。访问未知对象属性。

```
>>> a = 1
>>> a.show()      ♯ 报错。AttributeError: 'int' object has no attribute 'show'
```

（4）TypeError。类型错误。

```
>>> 11 + 'abc'    ♯ 报错。TypeError: unsupported operand type(s) for + : 'int' and 'str'
```

（5）ValueError。数值错误。

```
>>> int('abc')    ♯ 报错。ValueError: invalid literal for int() with base 10: 'abc'
```

（6）ZeroDivisionError。零除错误。

```
>>> 1/0          #报错。ZeroDivisionError: division by zero
```

（7）IndexError。索引超出范围。

```
>>> a = [10,11,12]
>>> a[3]         #报错。IndexError: list index out of range
```

（8）KeyError。字典关键字不存在。

```
>>> m = {'1':'yes', '2':'no'}
>>> m['3']       #报错。KeyError: '3'
```

3.5.4　引发异常

大部分由程序错误而产生的错误和异常，一般由 Python 虚拟机自动抛出。另外，在程序中，如果判断某种错误情况，则可以创建相应的异常类的对象，并通过 raise 语句抛出。

【例 3.31】　Python 虚拟机自动抛出异常示例。

```
>>> 1/0          #报错。ZeroDivisionError: division by zero
```

【例 3.32】　程序代码中通过 raise 语句抛出异常示例。

```
>>> if a < 0: raise ValueError("数值不能为负数")
```

如果 a 小于 0，则程序运行后将显示"ValueError：数值不能为负数"的报错信息。

3.5.5　捕获和处理异常

当程序中的引发异常后，Python 虚拟机通过调用堆栈查找相应的异常捕获程序。如果找到匹配的异常捕获程序（即调用堆栈中某函数使用 try…except 语句捕获处理），则执行相应的处理程序（try…except 语句中匹配的 except 语句块）。

如果堆栈中没有匹配的异常捕获程序，则该异常最后会传递给 Python 虚拟机，Python 虚拟机通用异常处理程序在控制台打印出异常的错误信息和调用堆栈，并中止程序的执行。

【例 3.33】　Python 虚拟机捕获处理异常示例（pvmexcept.py）。

```
i1 = 1;i2 = 0
print(i1/i2)
```

程序运行后将显示"ZeroDivisionError：division by zero"报错信息。

Python 语言采用结构化的异常处理机制。try 语句定义代码块，运行可能抛出异常的代码；except 语句捕获特定的异常并执行相应的处理；else 语句执行无异常时的处理；finally 语句保证即使产生异常（处理失败），也可以在事后清理资源等。try…except…else…finally 语句的一般格式为：

```
try:
    可能产生异常的语句
except Exception1:               # 捕获异常 Exception1
    发生异常时执行的语句
except (Exception2, Exception3)  # 捕获异常 Exception2、Exception3
    发生异常时执行的语句
except Exception4 as e:          # 捕获异常 Exception4,其实例为 e
    发生异常时执行的语句
except:                          # 捕获其他所有异常
    发生异常时执行的语句
else:                            # 无异常
    无异常时执行的语句
finally:                         # 不管发生异常与否,保证执行
    不管发生异常与否,保证执行的语句
```

except 块可以捕获并处理特定的异常类型（此类型称为"异常筛选器"），具有不同异常筛选器的多个 except 块可以串联在一起。系统自动自上而下匹配引发的异常：如果匹配（引发的异常为"异常筛选器"的类型或子类型），则执行该 except 块中的异常处理代码；否则继续匹配下一个 except 块，故用户需要将带有最具体的（即派生程度最高的）异常类的except 块放在最前面。

【例 3.34】　try…except…else…finally 示例（try_except.py）。

```
try:
    f = open("testfile.txt", "w")
    f.write("这是一个测试文件,用于测试异常!!")
    f1 = open("testfile1.txt", "r")        # 报错：没有找到文件或读取文件失败
except IOError:
    print("没有找到文件或读取文件失败")
else:
    print("文件写入成功!")
finally:
    f.close()
```

 ## 3.6　综合应用：turtle 模块的复杂图形绘制

3.6.1　绘制正方形（改进版）

【例 3.35】　修改例 2.39 的代码,使用循环结构绘制正方形。

```
import turtle                  # 导入 turtle 模块
p = turtle.Turtle()           # 创建海龟对象
p.color("red")                # 设置绘制时画笔的颜色
p.pensize(3)                  # 定义绘制时画笔的线条宽度
turtle.speed(1)               # 定义绘图的速度("slowest"或者 1)
p.goto(0,0)                   # 移动海龟到坐标原点(0,0)
for i in range(4):            # 绘制正方形的四条边
    p.forward(100)            # 向前移动 100
    p.right(90)               # 向右旋转 90 度
```

3.6.2 绘制圆形螺旋

【例 3.36】 使用海龟绘图分别绘制红、蓝、绿、黄四种颜色的圆形螺旋(spiral.py)。运行最终结果如图 3-15 所示。

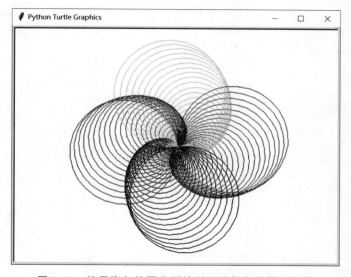

图 3-15 使用海龟绘图分别绘制四种颜色的圆形螺旋

```
import turtle                      # 导入 turtle 模块
p = turtle.Turtle()               # 创建海龟对象
p.speed(0)                        # 定义绘图的速度("fastest"或者 0 均表示最快)
colors = ["red", "blue", "green", "yellow"] #红、蓝、绿、黄四种颜色
for i in range(100):              #i = 0～99
    p.pencolor(colors[i % 4])     #设置画笔颜色(红或蓝或绿或黄)
    p.circle(i)                   #画圆
    p.left(91)                    #向左旋转 91 度
```

本章小结

视频讲解

第 4 章

函数和代码复用

函数是可重用的程序代码段。Python 包括常用的内置函数,例如 len( )、sum( )等。Python 模块和程序中也可以自定义函数。使用函数可以提高编程效率。

4.1 函数概述

4.1.1 函数的基本概念

函数用于在程序中分离不同的任务。在程序设计过程中,如果可以分离任务,则建议使用函数分别实现分离后的子任务。

函数为代码复用提供了一个通用的机制,定义和使用函数是 Python 程序设计的重要组成部分。

函数允许程序的控制在调用代码和函数代码之间切换,也可以把控制转换到自身的函数,即函数自己调用本身,此过程称之为递归(recursion)调用。

4.1.2 函数的功能

函数是模块化程序设计的基本构成单位,使用函数具有如下优点。

(1)实现结构化程序设计。通过把程序分割为不同的功能模块可以实现自顶向下的结构化设计。

(2)减少程序的复杂度。简化程序的结构,提高程序的可阅读性。

(3)实现代码的复用。一次定义多次调用,实现代码的可重用性。

(4)提高代码的质量。实现分割后子任务的代码相对简单,易于开发、调试、修改和维护。

(5)协作开发。大型项目分割成不同的子任务后,团队多人可以分工合作,同时进行协作开发。

(6)实现特殊功能。递归函数可以实现许多复杂的算法。

4.1.3　Python 函数的分类

在 Python 语言中函数可以分为以下四类。

（1）内置函数。Python 语言内置了若干常用的函数，例如 abs()、len()等，在程序中可以直接使用。

（2）标准库函数。Python 语言安装程序同时会安装若干标准库，例如 math、random 等。通过 import 语句可以导入标准库，然后用户可以使用其中定义的函数。

（3）第三方库函数。Python 社区提供了许多其他高质量的库，例如 Python 图像库等。下载安装这些库后，通过 import 语句可以导入库，然后用户可以使用其中定义的函数。

（4）用户自定义函数。本章将详细讨论函数的定义和调用方法。

 ## 4.2　函数的声明和调用

4.2.1　函数对象的创建

在 Python 语言中，函数也是对象，使用 def 语句创建，其语法格式如下：

```
def 函数名([形参列表]):
    函数体
```

说明

（1）函数使用关键字 def 声明，函数名为有效的标识符（命名规则为全小写字母，可以使用下画线增加可阅读性，例如 my_func），形参列表（用圆括号括起来，并用逗号隔开，可能为空）为函数的参数。函数定义的第一行称之为函数签名（signature），函数签名指定函数名称以及函数的每个形式参数变量名称。

（2）在声明函数时可以声明函数的参数，即形式参数，简称形参；形参在函数定义的圆括号对内指定，用逗号分隔。在调用函数时需要提供函数所需参数的值，即实际参数，简称实参。

（3）def 是复合语句，故函数体需采用缩进书写规则。

（4）函数可以使用 return 语句返回值。如果函数体中包含 return 语句，则返回值；否则不返回，即返回值为空（None）。无返回值的函数相当于其他程序设计语言中的过程。

（5）def 是执行语句，Python 解释执行 def 语句时会创建一个函数对象，并绑定到函数名变量。

【例 4.1】　函数的创建示例 1：定义返回两个数平均值的函数。

```
def my_average(a, b):
    return (a + b)/2
```

【例 4.2】　函数的创建示例 2：定义打印 n 个星号的无返回值的函数。

```
def print_star(n):
    print(("*" * n).center(50))   #打印 n 个星号,两边填充空格,总宽度 50
```

【例 4.3】 函数的创建示例 3:定义计算并返回第 n 阶调和数(1+1/2+1/3+…+1/n)的函数。

```
def harmonic(n):                  #计算 n 阶调和数(1 + 1/2 + 1/3 + … + 1/n)
    total = 0.0
    for i in range(1, n + 1):
        total += 1.0 / i
    return total
```

4.2.2 函数的调用

在进行函数调用时,根据需要可以指定实际传入的参数值。函数调用的语法格式如下。

```
函数名([实参列表]);
```

说明

(1) 函数名是当前作用域中可用的函数对象。即调用函数之前,程序必须先执行 def 语句,创建函数对象(内置函数对象会自动创建,import 导入模块时会执行模块中的 def 语句,创建模块中定义的函数)。函数的定义位置必须位于调用该函数的全局代码之前,故典型的 Python 程序结构顺序通常为:①import 语句;②函数定义;③全局代码。

(2) 实参列表必须与函数定义的形参列表一一对应。

(3) 函数调用是表达式。如果函数有返回值,可以在表达式中直接使用;如果函数没有返回值,则可以单独作为表达式语句使用。

【例 4.4】 函数的调用示例 1(triangle.py):先定义一个打印 n 个星号的无返回值的函数 print_star(n),然后从命令行第一个参数中获取所需打印的三角形的行数 lines,并循环调用 print_star()函数输出由星号构成的等腰三角形,每行打印 1、3、5、…、2 * lines−1 个星号。

```
import sys
def print_star(n):
    print(("*" * n).center(50))      #打印 n 个星号,两边填充空格,总宽度 50
lines = int(sys.argv[1])             #三角形行数
for i in range(1, 2 * lines, 2):     #每行打印 1、3、5、…、2 * lines−1 个星号
    print_star(i)
```

程序运行结果如图 4-1 所示。

【例 4.5】 函数的调用示例 2(harmonic.py):先定义一个计算并返回第 n 阶调和数(1+1/2+1/3+…+1/n)的函数,然后输出前 n 个调和数。

图 4-1　输出星号构成的三角形

```
import sys
def harmonic(n):          # 计算 n 阶调和数(1 + 1/2 + 1/3 + … + 1/n)
    total = 0.0
    for i in range(1, n + 1):
        total += 1.0 / i
    return total
n = int(sys.argv[1])      # 从命令行第一个参数中获取调和数阶数
for i in range(1, n + 1): # 输出前 n 个调和数的值
    print(harmonic(i))
```

程序运行结果如图 4-2 所示。

图 4-2　输出前 n 个调和数

4.2.3　函数的副作用

大多数函数接收一个或多个参数，通过计算返回一个值。这种类型的函数又称之为纯函数（pure function），即给定同样的实际参数，其返回值唯一，且不会产生其他的可观察到的副作用，例如读取键盘输入、产生输出、改变系统的状态等。

相对于纯函数，产生副作用的函数也有一定的应用场景。一般情况下，产生副作用的函数相当于其他程序设计语言中的过程。在这些函数中可以省略 return 语句：当 Python 执行完函数的最后一条语句后，将控制权返回给调用者。

例如，函数 print_star(n)的副作用是向标准输出写入若干星号。

编写同时产生副作用和返回值的函数通常被认为是不良编程风格。但有一个例外，即读取函数。例如，input()函数既返回一个值，同时又产生副作用（从标准输入中读取并消耗

一个字符串）。

4.2.4 lamda 表达式和匿名函数

在 Python 语言中,用户可以使用 lamda 表达式直接定义匿名函数。匿名函数广泛用于需要函数对象作为参数、函数比较简单并且只使用一次的场合。例如,Python 内置函数 sorted(iterable, ＊, key＝None, reverse＝False),命名参数 key 用于指定排序大小规则的比较函数(默认为 None,按自然排序)。

lambda 是一种简便的、在同一行中定义函数的方法。lambda 实际上生成一个函数对象,即匿名函数。lamda 表达式的基本格式如下。

```
lambda arg1,arg2…:＜expression＞
```

其中,arg1、arg2…为函数的参数,＜expression＞为函数的语句,其结果为函数的返回值。例如,语句"lambda x,y：x ＋ y"生成一个函数对象,函数参数为"x, y",返回值为 x＋y。

【例 4.6】 匿名函数示例 1。

```
>>> f = lambda x,y: x + y
>>> type(f)      ＃输出：＜class 'function'＞
>>> f(12, 34)    ＃计算两数之和.输出：46
```

【例 4.7】 匿名函数示例 2。

```
>>> sorted([('Bob',75),('Adam',92),('Lisa',88)])              ＃默认按元组第一个元素排序
[('Adam', 92), ('Bob', 75), ('Lisa', 88)]
>>> sorted([('Bob',75),('Adam',92),('Lisa',88)],key = lambda t:t[1])   ＃按元组第二个元素排序
[('Bob', 75), ('Lisa', 88), ('Adam', 92)]
```

4.3 参数的传递

4.3.1 形式参数和实际参数

函数的声明可以包含一个[形参列表],而函数调用时则通过传递[实参列表],以允许函数体中的代码引用这些参数变量。

声明函数时所声明的参数,即为形式参数,简称形参;调用函数时,提供函数所需要的参数的值,即为实际参数,简称实参。

实际参数值默认按位置顺序依次传递给形式参数。如果参数个数不对,将会产生错误。

【例 4.8】 形式参数和实际参数示例(my_max1.py)。

```
def my_max1(a, b):
    if a > b:
        print(a, '>', b)
    elif a == b:
        print(a, ' = ', b)
    else:
        print(a, '<', b)
my_max1(1, 2)
x = 11; y = 8
my_max1(x, y)
my_max1(1)
```

程序运行结果如下：

```
1 < 2
11 > 8
Traceback (most recent call last):
  File "C:\pythonb\ch04\my_max1.py", line 11, in <module>
    my_max1(1)
TypeError: my_max1() missing 1 required positional argument: 'b'
```

4.3.2　形式参数变量和对象引用传递

声明函数时声明的形式参数等同于函数体中的局部变量，在函数体中的任何位置都可以使用。

局部变量和形式参数变量的区别在于局部变量在函数体中绑定到某个对象，而形式参数变量则绑定到函数调用代码传递的对应实际参数对象。

Python参数传递方法是传递对象引用，而不是传递对象的值。

在调用函数时，如果传递的是不可变对象（例如，int、float、str 和 bool 对象）的引用，则如果函数体中修改对象的值，其结果实际上是创建了一个新的对象。

【例 4.9】　传递不可变对象的引用示例（swap1.py）：错误的交换函数。

```
def swap(x, y):
    x, y = y, x
x = 1; y = 2
swap(x, y)
print(x, y)
```

在本示例中，x 指向整数对象 1，y 指向整数对象 2，当调用函数 swap(x, y) 后，在函数体内，执行了"x, y = y, x"语句，在函数体内的 x 指向整数对象 2，y 指向整数对象 1。但是，当函数调用完毕返回主程序时，x 仍然指向对象 1，y 仍然指向对象 2。在 Python 语言中，一个函数不能改变一个不可变对象（例如整数、浮点数、布尔值或字符串）的值（即函数无法产生副作用）。其内存示意图如图 4-3 所示。

图 4-3　传递不可变对象的引用示例

【例 4.10】　传递可变对象的引用示例(swap2.py)：正确的交换函数。

```
def swap2(s,i,j):
    s[i],s[j] = s[j], s[i]
s = [1,2]
swap2(s,0,1)
print(s)
```

在本示例中,s 指向列表对象[1,2],当调用函数 swap2(s,0,1)后,在函数体内,s 指向列表对象[1,2],执行了"s[i],s[j] = s[j], s[i]"语句,列表对象[1,2]改变为[2,1]。当函数调用完毕返回主程序后,s 指向列表对象[2,1]。其内存示意图如图 4-4 所示。

图 4-4　传递可变对象的引用示例

4.3.3　可选参数

在声明函数时,如果希望函数的一些参数是可选的,可以在声明函数时为这些参数指定默认值。在调用该函数时,如果没有传入对应的实参值,则函数使用声明时指定的默认参数值。

【例 4.11】　可选参数示例(my_sum1.py)：基于期中成绩和期末成绩,按照指定的权重(默认期中成绩权重为 40%)计算总评成绩。

```
def my_sum1(mid_score, end_score, mid_rate = 0.4):    ♯ 期中成绩、期末成绩、期中成绩权重
    ♯ 基于期中成绩、期末成绩和权重计算总评成绩
```

```
        score = mid_score * mid_rate + end_score * (1 - mid_rate)
        print(format(score, '.2f'))          ♯输出总评成绩,保留 2 位小数
my_sum1(88, 79)                               ♯期中成绩权重为默认的 40%
my_sum1(88, 79, 0.5)                          ♯期中成绩权重设置为 50%
```

程序运行结果如下：

```
82.60
83.50
```

4.3.4　位置参数和命名参数

在函数调用时,实参默认按位置顺序传递形参。按位置传递的参数称之为位置参数。

在函数调用时,也可以通过名称（关键字）指定传入的参数,例如,my_max1(a=1, b=2),或者 my_max1(b=2, a=1)。

按名称指定传入的参数称为命名参数,也称之为关键字参数。使用关键字参数具有三个优点：参数按名称意义明确；传递的参数与顺序无关；如果有多个可选参数,则可以选择指定某个参数值。

【例 4.12】　命名参数示例（my_sum2.py）：基于期中成绩和期末成绩,按照指定的权重计算总评成绩。本例中所使用的三种调用方式等价。

```
def my_sum2(mid_score, end_score, mid_rate = 0.4):   ♯期中成绩、期末成绩、期中成绩权重
    ♯基于期中成绩、期末成绩和权重计算总评成绩
    score = mid_score * mid_rate + end_score * (1 - mid_rate)
    print(format(score, '.2f'))                       ♯输出总评成绩,保留 2 位小数
♯期中 88,期末 79,并且期中成绩权重为默认的 40%.三种调用方式等价
my_sum2(88, 79)
my_sum2(mid_score = 88, end_score = 79)
my_sum2(end_score = 79, mid_score = 88)
```

程序运行结果如下：

```
82.60
82.60
82.60
```

4.3.5　可变参数（VarArgs）

在声明函数时,通过带星的参数,例如 * param1,允许向函数传递可变数量的实参。调用函数时,从那一点后所有的参数被收集为一个元组。

在声明函数时,也可以通过带双星的参数（例如 ** param2）,允许向函数传递可变数量的实参。调用函数时,从那一点后所有的参数被收集为一个字典。

带星或者双星的参数必须位于形参列表的最后位置。

【例4.13】 可变参数示例(my_sumVarArgs.py)：利用带星和双星的参数计算各数字累加和。

```
def my_sum4(a, b, * c, ** d):              #各数字累加和
    total = a + b
    for n in c:                            #元组中各元素累加和
        total = total + n
    for key in d:                          #字典中各元素累加和
        total = total + d[key]
    return total
print(my_sum4(1, 2))                       #计算 1 + 2
print(my_sum4(1, 2, 3, 4, 5))              #计算 1 + 2 + 3 + 4 + 5
print(my_sum4(1, 2, 3, 4, 5, male = 6, female = 7))   #计算 1 + 2 + 3 + 4 + 5 + 6 + 7
```

程序运行结果如下：

```
3
15
28
```

4.3.6 参数类型检查

通常,函数定义时既要指定定义域也要指定值域,即指定形式参数和返回值的类型。

基于 Python 语言的设计理念,在定义函数时不用限定其参数和返回值的类型。这种灵活性可以实现多态性,即允许函数适用于不同类型的对象,例如,my_average(a,b)函数,即可以返回两个 int 对象的平均值,也可以返回两个 float 对象的平均值。

当使用不支持的类型参数调用函数时会产生错误。例如,my_average(a,b)函数传递的参数为 str 对象时,Python 在运行时将抛出错误 TypeError。

原则上可以增加代码检测这种类型错误,但 Python 程序设计遵循一种惯例,即用户调用函数时必须理解并保证传入正确类型的参数值。本书实现的函数均采用这种设计理念。

 ## 4.4 函数的返回值

4.4.1 return 语句和函数返回值

在函数体中使用 return 语句可以实现从函数中返回一个值并跳出函数的功能。

【例4.14】 函数的返回值示例(my_max2.py)：编写函数,利用 return 语句返回函数值,求若干数中的最大值。求若干数中最大值的方法一般如下：

(1) 将最大值的初值设为一个比较小的数,或者取第一个数为最大值的初值。

(2) 利用循环,将每个数与最大值比较,若当前数大于最大值,则将当前数设置为最大值。

```
def my_max(a, b, * c):        # 求若干数中的最大值
    max_value = a             # 假设第一个数为最大值
    if max_value < b:         # 如果最大值小于b,则b为最大值
        max_value = b
    for n in c:               # 循环迭代c中每个元素n,如果最大值小于n,则n为最大值
        if max_value < n:
            max_value = n
    return max_value          # 利用return语句返回最大值
# 测试代码
print(my_max(1, 2))           # 求(1, 2)中的最大值
print(my_max(1, 7, 11, 2, 5)) # 求(1, 7, 11, 2, 5)中的最大值
```

程序运行结果如下：

```
2
11
```

4.4.2　返回多个值

在函数体中使用 return 语句可以实现从函数返回一个值并跳出函数。如果需要返回多个值,则可以返回一个元组。

【例 4.15】　编写一个函数,返回一个随机列表。随机列表示例(randomarray.py)：先编制一个函数,生成由 n 个随机整数构成的列表,然后编写测试代码,生成并输出由 5 个随机整数构成的列表各元素值。

```
import random
def randomarray(n):           # 生成由n个随机数构成的列表
    a = []
    for i in range(n):
        a.append(random.random())
    return a
# 测试代码
b = randomarray(5)            # 生成由5个随机数构成的列表
for i in b: print(i)          # 输出列表中每个元素
```

程序运行结果如下(每次程序运行结果为随机数)：

```
0.307835337127647
0.0869723095733228
0.648192164694294
0.26651844944908465
0.12234774081646149
```

4.5 变量的作用域

变量声明的位置不同,其可以被访问的范围也不同。变量的可被访问范围称之为变量的作用域。变量按其作用域大致可以分为全局变量、局部变量和类型成员变量。

4.5.1 全局变量

在一个源代码文件中,在函数和类定义之外声明的变量称之为全局变量。全局变量的作用域为其定义的模块,从定义的位置起,直到文件结束位置。

通过 import 语句导入模块,也可以通过全限定名称"模块名.变量名"访问。或者通过 from…import 语句导入模块中的变量并访问。

不同的模块都可以访问全局变量,这会导致全局变量的不可预知性。如果多个语句同时修改一个全局变量,则可能导致程序中的错误,且很难发现和更正。

全局变量降低了函数或模块之间的通用性,也降低了代码的可读性。一般情况下,应该尽量避免使用全局变量。全局变量一般作为常量使用。

【例 4.16】 全局变量定义示例(global_variable.py)。

```
TAX1 = 0.17            # 税率常量 17%
TAX2 = 0.2             # 税率常量 20%
TAX3 = 0.05            # 税率常量 5%
PI = 3.14              # 圆周率 3.14
```

【例 4.17】 全局变量使用示例(tax.py)。

```
import global_variable        # 导入全局变量定义
def tax(x):                    # 根据税率常量 20% 计算纳税值
    return x * global_variable.TAX2
# 测试代码
a = [1000, 1200, 1500, 2000]
for i in a:                    # 计算并打印 4 笔数据的纳税值
    print(i, tax(i))
```

程序运行结果如下:

```
1000 200.0
1200 240.0
1500 300.0
2000 400.0
```

4.5.2 局部变量

在函数体中声明的变量(包括函数参数)称为局部变量,其有效范围(作用域)为函数体。

全局代码不能引用一个函数的局部变量或形式参数变量；一个函数也不能引用在另一个函数中定义的局部变量或形式参数变量。

　　如果在一个函数中定义的局部变量（或形式参数变量）与全局变量重名，则局部变量（或形式参数变量）优先，即函数中定义的变量是指局部变量（或形式参数变量），而不是全局变量。

　　【例4.18】　局部变量定义示例（local_variable.py）。

```
num = 100          #全局变量
def f():
    num = 105       #局部变量
    print(num)      #输出局部变量的值
#测试代码
f();print(num)
```

程序运行结果如下：

```
105
100
```

说　明

函数 f 中的 print(num)语句，引用的是局部变量 num，因此输出 105。

4.5.3　全局语句 global

　　在函数体中可以引用全局变量，但如果函数内部的变量名是第一次出现且在赋值语句之前（变量赋值），则解释为定义局部变量。

　　【例4.19】　函数体错误引用全局变量的示例（f_global.py）。

```
m = 100
n = 200
def f():
    print(m + 5)      #引用全局变量 m
    n += 10           #错误,n 在赋值语句前面,解释为局部变量(不存在)
#测试代码
f()
```

程序运行结果如下：

```
105
Traceback (most recent call last):
  File "C:\pythonb\ch04\f_global.py", line 7, in < module >
    f()
  File "C:\pythonb\ch04\f_global.py", line 5, in f
    n += 10            #错误,n 在赋值语句前面,解释为局部变量(不存在)
UnboundLocalError: local variable 'n' referenced before assignment
```

如果要为定义在函数外的全局变量赋值,可以使用 global 语句,表明变量是在外面定义的全局变量。global 语句可以指定多个全局变量。例如"global x,y,z"。一般应该尽量避免这样使用全局变量,全局变量会导致程序的可读性差。

【例 4.20】 全局语句 global 示例(globallocal.py)。

```
pi = 3.141592653589793          #全局变量
e = 2.718281828459045           #全局变量
def my_func():
    global pi                   #全局变量,与前面的全局变量 pi 指向相同的对象
    pi = 3.14                   #改变了全局变量的值
    print('global pi = ', pi)   #输出全局变量的值
    e = 2.718                   #局部变量,与前面的全局变量 e 指向不同的对象
    print('local e = ', e)      #输出局部变量的值
#测试代码
print('module pi = ', pi)       #输出全局变量的值
print('module e = ', e)         #输出全局变量的值
my_func()                       #调用函数
print('module pi = ', pi)       #输出全局变量的值,该值在函数中已被更改
print('module e = ', e)         #输出全局变量的值
```

程序运行结果如下:

```
module pi = 3.141592653589793
module e = 2.718281828459045
global pi = 3.14
local e = 2.718
module pi = 3.14
module e = 2.718281828459045
```

4.5.4 非局部语句 nonlocal

在函数体中可以定义嵌套函数,在嵌套函数中如果要为定义在上级函数体的局部变量赋值,可以使用 nonlocal 语句,表明变量不是所在块的局部变量,而是在上级函数体中定义的局部变量。nonlocal 语句可以指定多个非局部变量。例如"nonlocal x,y,z"。

【例 4.21】 非局部语句 nonlocal 示例(nonlocal.py)。

```
def outer_func():
    tax_rate = 0.17                         #上级函数体中的局部变量
    print('outer func tax rate = ', tax_rate)   #输出上级函数体中局部变量的值
    def innner_func():
        nonlocal tax_rate                   #在上级函数体中定义的局部变量
        tax_rate = 0.05                     #上级函数体中的局部变量重新赋值
        print('inner func tax rate = ', tax_rate)   #输出上级函数体中局部变量的值
    innner_func()                           #调用函数
```

Python编程从入门到实战·轻松过二级（教材+练习册+实践操作+微课视频）

```
        print('outer func tax rate = ', tax_rate) #输出上级函数体中局部变量的值(已更改)
#测试代码
outer_func()
```

程序运行结果如下：

```
outer func tax rate = 0.17
inner func tax rate = 0.05
outer func tax rate = 0.05
```

 ## 4.6　递归函数

4.6.1　递归函数的定义

递归函数即自调用函数，在函数体内部直接或间接地自己调用自己，即函数的嵌套调用是函数本身。递归函数常用来实现数值计算的方法。

例如，非负整数的阶乘定义为：

```
n!= n×(n − 1)×(n − 2)× … ×2×1,当 n=1 时,n!= 1
```

即 n! 是所有小于或等于 n 的正整数的乘积。很显然，使用 for 循环结构可以很容易地计算 n!。更简单的方法是采用递归函数实现：

```
n!= 1                    #当 n==1 时
n!= n×(n−1)!             #当 n>1 时
```

【例 4.22】　使用递归函数实现阶乘(factorial.py)。

```
def factorial(n):
    if n == 1: return 1
    return n * factorial(n − 1)
#测试代码
for i in range(1,10):        #输出 1～9 的阶乘
    print(i,'! = ', factorial(i))
```

程序运行结果如下：

```
1 != 1
2 != 2
3 != 6
4 != 24
5 != 120
6 != 720
```

```
7 != 5040
8 != 40320
9 != 362880
```

4.6.2 递归函数的原理

递归提供了建立数学模型的一种直接方法,与数学上的数学归纳法相对应。

每个递归函数必须包括以下两个主要部分。

(1) 终止条件。表示递归结束条件,用于返回函数值,不再递归调用。例如,factorial() 函数的结束条件为"n 等于 1"。

(2) 递归步骤。递归步骤把第 n 步的参数值的函数与第 n−1 步的参数值的函数关联。例如,对于 factorial(),其递归步骤为"n ∗ factorial(n−1)"。

另外,一序列的参数值必须逐渐收敛到终止条件。例如,对于 factorial(),每次递归调用参数值 n 均递减 1,所以一序列参数值逐渐收敛到终止条件(n=1)。

例如,调和数的计算公式为:

$$H_n = 1 + 1/2 + \cdots + 1/n$$

故可以使用递归函数实现。

(1) 终止条件:$H_n = 1$ ♯当 n==1 时

(2) 递归步骤:$H_n = H_{n-1} + 1/n$ ♯当 n>1 时

每次递归,n 严格递减,故逐渐收敛于 1。

【例 4.23】 使用递归函数实现调和数(harmonicRecursion.py)。

```
def harmonic(n):
    if n == 1: return 1.0               ♯终止条件
    return harmonic(n−1) + 1.0/n        ♯递归步骤
♯测试代码
for i in range(1,10):                   ♯输出 1~9 阶的调和数
    print('H', i, ' = ', harmonic(i))
```

程序运行结果如下:

```
H 1  = 1.0
H 2  = 1.5
H 3  = 1.8333333333333333
H 4  = 2.083333333333333
H 5  = 2.283333333333333
H 6  = 2.4499999999999997
H 7  = 2.5928571428571425
H 8  = 2.7178571428571425
H 9  = 2.8289682539682537
```

4.6.3　递归函数需要注意的问题

虽然递归函数可以实现简洁和优雅的程序，但编写递归函数时，应该注意如下几个问题。

（1）必须设置终止条件。

缺少终止条件的递归函数，将会导致无限递归函数调用，其最终结果是系统会耗尽内存。Python 会抛出错误 RuntimeError，并报告错误信息"maximum recursion depth exceeded（超过最大递归深度）"。

一般在递归函数中需要设置终止条件。sys 模块中，函数 getrecursionlimit( )和 setrecursionlimit( )用于获取和设置最大递归次数。例如：

```
>>> import sys
>>> sys.getrecursionlimit()          # 获取最大递归次数：1000
>>> sys.setrecursionlimit(2000)      # 设置最大递归次数为 2000
```

（2）必须保证收敛。

递归调用解决的子问题的规模必须小于原始问题的规模。否则，也会导致无限递归函数调用。

（3）必须保证内存和运算消耗控制在一定范围。

递归函数代码虽然看起来简单，但往往会导致过量的递归函数调用，从而消耗过量的内存（导致内存溢出），或过量的运算能力消耗（运行时间过长）。

4.6.4　递归函数的应用：最大公约数

用于计算最大公约数问题的递归方法称之为欧几里得算法，其描述如下：

如果 $p > q$，则 p 和 q 的最大公约数等于 q 和 $p \% q$ 的最大公约数。

故可以使用递归函数实现，步骤如下：

（1）终止条件：$gcd(p, q) = p$　　　　# 当 q==0 时

（2）递归步骤：$gcd(q, p\%q)$　　　　# 当 q>1 时

每次递归，$p\%q$ 严格递减，故逐渐收敛于 0。

【例 4.24】　使用递归函数计算最大公约数（gcd.py）。

```
import sys
def gcd(p, q):                    # 使用递归函数计算 p 和 q 的最大公约数
    if q == 0: return p           # 如果 q = 0，返回 p
    return gcd(q, p % q)          # 否则，递归调用 gcd(q, p % q)
# 测试代码
p = int(sys.argv[1])              # p = 命令行第一个参数
q = int(sys.argv[2])              # q = 命令行第二个参数
print(gcd(p, q))                  # 计算并输出 p 和 q 的最大公约数
```

程序运行结果如图 4-5 所示。

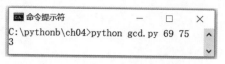

图 4-5 使用递归函数计算最大公约数

4.6.5 递归函数的应用：汉诺塔

汉诺塔（Tower of Hanoi，又称河内塔）源自印度的古老传说：大梵天创造世界的时候，在世界中心贝拿勒斯的圣庙里做了三根金刚石柱子，在一根柱子上从下往上按照大小顺序摆着 64 片黄金圆盘，称之为汉诺塔。

大梵天命令婆罗门把圆盘从一根柱子上按大小顺序重新摆放在另一根柱子上，并且规定，在三根柱子之间一次只能移动一个圆盘，且小圆盘上不能放置大圆盘。这个游戏称之为汉诺塔益智游戏。

汉诺塔益智游戏问题很容易使用递归函数实现。假设柱子编号为 a、b、c，定义函数 hanoi(n, a, b, c) 表示把 n 个圆盘从柱子 a 移到柱子 c（可以经由柱子 b），则有：

（1）终止条件。当 n==1 时，hanoi(n, a, b, c) 为终止条件。即如果柱子 a 上只有一个圆盘，则可以直接将其移动到柱子 c 上。

（2）递归步骤。hanoi(n, a, b, c) 可以分解为三个步骤：hanoi(n−1,a,c,b)、hanoi(1,a,b,c) 和 hanoi(n−1,b,a,c)。如果柱子 a 上有 n 个圆盘，可以看成柱子 a 上有一个圆盘（底盘）和（n−1）个圆盘，首先需要把柱子 a 上面的（n−1）个圆盘移动到柱子 b，即调用 hanoi(n−1,a,c,b)；然后，把柱子 a 上的最后一个圆盘移动到柱子 c，即调用 hanoi(1,a,b,c)；再将柱子 b 上的（n−1）个圆盘移动到柱子 c，即调用 hanoi(n−1,b,a,c)。

每次递归，n 严格递减，故逐渐收敛于 1。

【例 4.25】 使用递归函数实现汉诺塔问题（hanoi.py）。

```
＃将 n 个从小到大依次排列的圆盘从柱子 a 移动到柱子 c 上，柱子 b 作为中间缓冲
def hanoi(n,a,b,c):
    if n==1: print(a,'->',c)      ＃只有一个圆盘，直接将圆盘从柱子 a 移动到柱子 c 上
    else:
        hanoi(n-1,a,c,b)          ＃先将 n-1 个圆盘从柱子 a 移动到柱子 b 上（采用递归方式）
        hanoi(1,a,b,c)            ＃然后将最大的圆盘从柱子 a 移动到柱子 c 上
        hanoi(n-1,b,a,c)          ＃再将 n-1 个圆盘从柱子 b 移动到柱子 c 上（采用递归方式）
＃测试代码
hanoi(4,'A','B','C')
```

程序运行结果如下：

```
A -> B
A -> C
B -> C
A -> B
```

```
C -> A
C -> B
A -> B
A -> C
B -> C
B -> A
C -> A
B -> C
A -> B
A -> C
B -> C
```

4.7　内置函数的使用

Python 语言包括了若干内置函数，用于实现常用的功能，用户可以直接使用。

4.7.1　内置函数一览

Python 内置函数如表 4-1 所示。本书正文涉及大部分函数的使用方法。详细信息请参考 Python 帮助文档。

表 4-1　Python 内置函数一览

abs()	delattr()	hash()	memoryview()	set()
all()	dict()	help()	min()	setattr()
any()	dir()	hex()	next()	slice()
ascii()	divmod()	id()	object()	sorted()
bin()	enumerate()	input()	oct()	staticmethod()
bool()	eval()	int()	open()	str()
breakpoint()	exec()	isinstance()	ord()	sum()
bytearray()	filter()	issubclass()	pow()	super()
bytes()	float()	iter()	print()	tuple()
callable()	format()	len()	property()	type()
chr()	frozenset()	list()	range()	vars()
classmethod()	getattr()	locals()	repr()	zip()
compile()	globals()	map()	reversed()	__import__()
complex()	hasattr()	max()	round()	

Python 常用的内置函数及其示例如表 4-2 所示。

表 4-2　Python 常用的内置函数

函　　数	含　　义	实　　例	结　　果
abs(x)	数值 x 的绝对值。如果 x 为复数，则返回 x 的模	abs(−1.2) abs(1−2j)	1.2 2.23606797749979

续表

函　　数	含　　义	实　　例	结　　果
divmod(a,b)	返回 a 除以 b 的商和余数	divmod(5,3)	(1,2)
pow(x, y[, z])	返回 x 的 y 次幂(x ** y)。如果指定 z,则为:pow(x, y) % z	pow(2,10) pow(2,10,10)	1024 4
round (number [, ndigits])	四舍五入取整。如果指定 ndigits,则保留 ndigits 小数	round(3.14159) round(3.14159,4)	3 3.1416
sum (iterable [, start])	求和	sum((1, 2, 3)) sum((1, 2, 3), 44)	6 50
max(x_1, x_2,…, x_n)	x_1、x_2、…x_n 的最大值	max(1, 2, 3)	3
min(x_1, x_2,…, x_n)	x_1、x_2、…x_n 的最小值	min(1, 2, 3)	1
bin(number)	数值转换为二进制字符串	bin(100)	'0b1100100'
hex(number)	数值转换为十六进制字符串	hex(100)	'0x64'
oct(number)	数值转换为八进制字符串	oct(100)	'0o144'

4.7.2　eval()函数(动态表达式的求值)

使用内置的 eval()函数可以对动态表达式进行求值,其语法形式如下:

```
eval(expression, globals = None, locals = None)
```

其中,expression 是动态表达式的字符串;globals 和 locals 是求值时使用的上下文环境的全局变量和局部变量,如果不指定,则使用当前运行上下文。例如:

```
>>> x = 3
>>> str_func = input("请输入表达式: ")
请输入表达式: x ** 2 + 2 * x + 1
>>> eval(str_func)　#对表达式 3 ** 2 + 3 * 2 + 1 求值.输出: 16
```

eval()函数的功能是将字符串生成语句执行,如果字符串包含不安全的语句(例如删除文件的语句),则存在注入安全隐患。

4.7.3　exec()函数(动态语句的执行)

使用内置的 exec()函数可以执行动态语句,其语法形式如下:

```
exec(str[, globals[, locals]])
```

其中,str 是动态语句的字符串;globals 和 locals 是使用的上下文环境的全局变量和局部变量,如果不指定,则使用当前运行上下文。例如:

```
>>> exec("for i in range(10): print(i, end = ' ')")        #输出：0 1 2 3 4 5 6 7 8 9
```

通常，eval()函数用于动态表达式求值，返回一个值；exec()函数用于动态语句的执行，不返回值。同样，exec()函数也存在注入安全隐患。

4.7.4　内置 map()函数

Python 3 中，map()函数实现为内置的 map(f, iterable, …)可迭代对象，将函数 f 应用于可迭代对象，返回结果为可迭代对象。

【例 4.26】　map()函数示例1：自定义函数 is_odd()，应用该函数到可迭代对象的每一个元素，返回是否为奇数的可迭代对象结果。

```
>>> def is_odd(x):
        return x % 2 == 1
>>> list(map(is_odd, range(5)))        #输出：[False, True, False, True, False]
```

【例 4.27】　map()函数示例2：使用内置函数 abs()，返回绝对值列表。

```
>>> list(map(abs, [1, - 3, 5, 6, - 2, 4]))        #输出：[1, 3, 5, 6, 2, 4]
```

【例 4.28】　map()函数示例3：使用内置函数 str()，返回元素的字符串表示形式。

```
>>> list(map(str, [1,2,3,4,5]))        #输出：['1', '2', '3', '4', '5']
```

【例 4.29】　map()函数示例4：使用带两个参数的自定义函数，实现两个列表的元素依次比较的运算结果。

```
>>> def greater(x, y):
        return x > y
>>> list(map(greater,[1,5,7,3],[2,8,4,6]))        #输出：[False, False, True, False]
```

4.7.5　内置 filter()函数

Python 3 中，filter()函数实现为内置的 filter(f, iterable)可迭代对象，将函数 f 应用于每个元素，然后根据返回值是 True 还是 False 决定保留还是丢弃该元素，返回结果为可迭代对象。

【例 4.30】　filter()函数示例1：返回奇数的可迭代对象。

```
>>> def is_odd(x):
        return x % 2 == 1
>>> list(filter(is_odd, range(10)))        #输出：[1, 3, 5, 7, 9]
```

【例4.31】 filter()函数示例2：返回三位数的回文数（正序和反序相同）可迭代对象。

```
>>> def is_palindrome(x):
        if str(x) == str(x)[::-1]:
            return x
>>> list(filter(is_palindrome, range(100,1000)))
[101, 111, 121, 131, 141, 151, 161, 171, 181, 191, 202, 212, 222, 232, 242, 252, 262, 272,
282, 292, 303, 313, 323, 333, 343, 353, 363, 373, 383, 393, 404, 414, 424, 434, 444, 454,
464, 474, 484, 494, 505, 515, 525, 535, 545, 555, 565, 575, 585, 595, 606, 616, 626, 636,
646, 656, 666, 676, 686, 696, 707, 717, 727, 737, 747, 757, 767, 777, 787, 797, 808, 818,
828, 838, 848, 858, 868, 878, 888, 898, 909, 919, 929, 939, 949, 959, 969, 979, 989, 999]
```

4.8 综合应用：turtle 模块的复杂图形绘制

4.8.1 绘制多边形

【例4.32】 使用海龟绘图绘制三角形、正方形、正五边形、…、正十边形等多边形（polygon.py）。运行最终结果如图4-6所示。

图4-6 使用海龟绘图绘制各种多边形

```
import turtle                            # 导入 turtle 模块
def draw_polygon(sides, side_len):       # 绘制指定边长长度的正多边形
    for i in range(sides):
        turtle.forward(side_len)         # 绘制边长
        turtle.left(360.0/sides)         # 旋转角度
def main():
    for i in range(3,11):                # 绘制等边三角形、正方形、正五边形、…、正十边形
        step = 50                        # 边长（海龟步长）为 50
        draw_polygon(i, step)            # 绘制多边形
if __name__ == '__main__': main()
```

✿说明

本示例直接调用 turtle 模块的海龟绘图函数，没有创建海龟对象。

4.8.2　递归图形

分形（Fractal）概念由法国数学家曼德布罗在 1975 年提出，用于形容局部与整体相似的形状。分形图可以使用简单的递归绘图方案实现，从而产生复杂的图像。分形图可以模拟自然界的树、蕨类、云等等。

【例 4.33】　科赫曲线（Koch curve）的绘制（koch.py）。

n 阶科赫曲线的递归绘制算法步骤如下：

（1）终止条件（当 n 等于 0 时）：绘制一条直线。

（2）递归步骤（当 n≥1 时）：绘制一条阶数为 n−1 的科赫曲线；向左旋转 60 度，绘制第二条阶数为 n−1 的科赫曲线；向右旋转 120 度，绘制第三条阶数为 n−1 的科赫曲线；向左旋转 60 度，绘制第四条阶数为 n−1 的科赫曲线。

n−1 阶科赫曲线的绘制线条长度是 n 阶科赫曲线长度的 1/3。

3 阶科赫曲线的绘制结果如图 4-7 所示。

图 4-7　使用海龟绘图绘制 3 阶科赫曲线

```
import sys                              # 导入 sys 模块
import turtle                           # 导入 turtle 模块
def koch(t, order, size):
        if order == 0:                  # 当 n 等于 0 时，绘制一条直线
            t.forward(size)
        else:                           # 否则，递归绘制 n 阶科赫曲线
            koch(t, order-1, size/3)    # 递归绘制一条阶数为 n−1 的科赫曲线，长度 1/3
            t.left(60.0)                # 向左旋转 60 度
            koch(t, order-1, size/3)    # 递归绘制一条阶数为 n−1 的科赫曲线，长度 1/3
            t.right(120.0)  #t.left(-120.0)    # 向右旋转 120 度（或者向左旋转−120 度）
            koch(t, order-1, size/3)    # 递归绘制一条阶数为 n−1 的科赫曲线，长度 1/3
            t.left(60.0)                # 向左旋转 60 度
            koch(t, order-1, size/3)    # 递归绘制一条阶数为 n−1 的科赫曲线，长度 1/3
def main():
        n = int(sys.argv[1])            # n 阶科赫曲线
```

```
        step = 300              ＃步长
        p = turtle.Turtle()     ＃创建海龟对象
        koch(p, n, step)        ＃绘制 n 阶科赫曲线
if __name__ == '__main__': main()
```

 本章小结

第章

视频讲解

组合数据和数据结构

Python 内置若干组合数据类型,包括序列数据类型、字典和集合等。组合数据类型可以实现复杂数据的处理。Python 的标准库模块提供了若干对象和函数,用于实现各种通用数据结构和算法。

 ## 5.1 数据结构基础

5.1.1 数据结构的定义

著名的计算机科学家尼克劳斯·沃思(Nikiklaus Wirth)指出:程序=算法+数据结构。算法是执行特定任务的方法,数据结构是一种存储数据的方式,有助于求解特定的问题。选择恰当的数据结构来实现算法可以带来更高的运行或者存储效率。

数据(data)是能够被计算机处理的对象集合。数据由数据元素(date element)组成,数据元素包含数据项(data item)。

例如,在学生档案管理系统中,每位学生信息是数据的基本单位,称之为数据元素,也称为元素(element)、结点(node)或者记录(record)。

组成数据元素的项称之为数据项,例如,学生信息由学号、姓名、性别、出生年月、专业等组成。数据项是数据的最小标识单位,又称为字段(field)或者域(field)。

数据结构是计算机存储和组织数据的方式,即相互之间存在一种或多种特定关系的数据元素的集合。数据结构通常由三个部分组成:数据的逻辑结构、数据的物理结构和数据的运算结构。

1. 数据的逻辑结构

数据的逻辑结构反映数据元素之间的逻辑关系。数据的逻辑结构主要包括线性结构(一对一的关系)、树形结构(一对多的关系)、图形结构(多对多的关系)、集合等。

2. 数据的物理结构

数据的物理结构反映数据的逻辑结构在计算机存储空间的存放形式,即数据结构在计算机中的表示。其具体的实现方法包括顺序、链接、索引、散列等多种形式。一种数据结构可以由一种或者多种物理存储结构实现。

3. 数据的运算结构

数据的运算结构反映在数据的逻辑结构上定义的操作算法,例如检索、插入、删除、更新和排序等。

5.1.2　数据的逻辑结构

数据的逻辑结构反映数据元素之间的逻辑关系,与它们在计算机中的存储位置无关。

数据结构可以表示为 DS＝(D，R),其中 DS 表示数据结构,D 表示数据集合,R 表示关系(relation)集合。

例如,三口之家的成员的数据逻辑结构可以表示如下:

```
DS = (D, R)
D = {父亲, 母亲, 孩子}
R = {(父亲, 母亲), (父亲, 孩子), (母亲, 孩子)}
```

数据的逻辑结构可以分为线性结构和非线性结构。

线性结构中的元素结点具有线性关系。如果从数据结构的语言来描述,线性结构具有以下特点。

(1) 线性结构是非空集。

(2) 线性结构有且仅有一个开始结点和一个终端结点。

(3) 线性结构所有结点都最多只有一个直接前趋结点和一个直接后继结点。

在实际应用中,线性表、队列、栈等数据结构属于线性结构。

非线性结构中的各元素结点之间具有多个对应关系。如果从数据结构的语言来描述,非线性结构具有以下特点。

(1) 非线性结构是非空集。

(2) 非线性结构的一个结点可能有多个直接前趋结点和多个直接后继结点。

在实际应用中,数组、广义表、树结构和图结构等数据结构属于非线性结构。

常用的数据逻辑结构包括如下几种方式,如图 5-1 所示。

(1) 集合:数据结构中的元素之间除了"同属一个集合"的相互关系外,别无其他关系。

(2) 线性结构:数据结构中的元素存在一对一的相互关系。

(3) 树形结构:数据结构中的元素存在一对多的相互关系。

(4) 图形结构:数据结构中的元素存在多对多的相互关系。

集合　　　　　线性结构　　　　树形结构　　图形结构

图 5-1　常用的数据逻辑结构

5.1.3　数据的物理结构

数据的物理结构是指逻辑结构在计算机存储空间的存放形式。数据的物理结构是数据结构在计算机中的实现方式,它包括数据元素的机内表示和关系的机内表示。

实现逻辑数据结构的常用方法包括顺序、链接、索引、散列等。一种逻辑数据结构可以表示成一种或者多种物理存储结构。

数据元素通常称为结点,在计算机内部表示为二进制位(bit)的位串。

数据元素之间的关系在计算机内部的存储结构通常有两种方式:顺序存储结构和链式存储结构。顺序存储结构借助元素在存储器中的相对位置来表示数据元素之间的逻辑关系。链式存储结构借助指示元素存储位置的指针来表示数据元素之间的逻辑关系。

5.1.4 常用算法

设计和实现数据结构的目的在于通过算法更有效地处理数据。数据的算法基于数据的逻辑结构,但具体实现要在物理存储结构上进行。

基于数据结构的常用算法包括以下几种。

(1) 检索:在数据结构中查找满足给定条件的结点。

(2) 插入:在数据结构中增加新的结点。

(3) 删除:从数据结构中删除指定结点。

(4) 更新:改变指定结点的一个或者多个字段的值。

(5) 排序:按某种指定的顺序重新排列结点(从而可以提高其他算法的操作效率)。

 ## 5.2 常用的数据结构

5.2.1 线性表

线性表(linear list)是最基本的一种数据结构,是具有相同特性的数据元素的有限序列,通常记作$(a_1,a_2,\cdots,a_n)$。其中a_1无前趋,a_n无后继,其他每个元素都有一个前趋和后继。

线性表的物理存储结构主要有两种:顺序存储结构和链式存储结构,前者称为顺序表,后者称为线性链表。

1. 顺序表

顺序存储结构使用一组地址连续的存储单元依次存储线性表的数据元素,以"物理位置相邻"来表示线性表中数据元素间的逻辑关系,用户可以随机存取顺序表中任一元素。

顺序表的存储示意图如图5-2所示。

数据元素	a_1	a_2	$\cdots$	a_n
存储地址	0	1	$\cdots$	$n-1$

图 5-2　顺序表的存储示意图

顺序表的优点是查找和访问元素速度快,但插入和删除开销大。

2. 线性链表

线性链表(linked list)是一种数据元素按照链式存储结构进行存储的数据结构,这种存储结构具有在物理上存在非连续的特点。

线性链表由一系列数据结点构成,每个数据结点包括数据域和指针域两部分。其中,指针域保存了数据结构中下一个元素存放的地址。链表结构中数据元素的逻辑顺序是通过链表中的指针链接次序来实现的。

线性链表的存储示意图如图 5-3 所示。链表的头指向第一个元素的存储位置 1,其中存储第一个元素 a_1,并包含指向下一个元素的指针 3。指针指向 0 时,表示链表结束位置。

存储序号	数据域	指针域
1	a_1	3
2		
3	a_2	4
4	a_3	6
5		
6	a_4	0

head＝1

图 5-3 线性链表的存储示意图

线性链表还可以表示为如图 5-4 所示。

图 5-4 线性链表示意图

线性链表的优点在于插入和删除效率高。其缺点是访问元素时需要遍历链表的所有元素,因而效率欠佳。

除了上面讨论的单向线性链表外,还存在双向线性链表、单向循环线性链表、双向循环线性链表等。

5.2.2 队列

队列(queue)是先进先出(FIFO,First In First Out)的序列,即最先入队的元素,是最先出队的元素。

列表可以实现队列,但并不适合。因为从列表的头部移除一个元素,列表中的所有元素都需要移动位置,所以效率不高。用户可以使用 collections 模块中的 deque 对象来删除列表头部的元素。

5.2.3 栈

栈(stack)是后进先出(LIFO,Last In First Out)的线性表,即最后入队的元素,是最先出队的元素。

向列表最后位置添加元素和从最后位置移除元素非常方便和高效,故使用列表可以快捷高效地实现栈。list.append()方法对应于入栈操作(push);list.pop()对应于出栈操作(pop)。

5.2.4 树

1. 树的定义

树(tree)是典型的非线性结构,由 n(n≥1)个有限结点组成一个具有层次关系的集合,其形状像一棵倒挂的树。客观世界存在许多树状逻辑关系,例如部门组织结构、文件系统结构等。树的一般形式如图 5-5 所示。

图 5-5　树的一般形式

树具有以下的特点。

（1）每个结点有零个或多个子结点。

（2）没有父结点的结点称为根结点（root）。

（3）每一个非根结点有且只有一个父结点。

（4）除了根结点外,每个子结点可以分为多个不相交的子树。

2. 树的相关术语

树有以下的常用术语。

（1）结点：每个元素称为结点。

（2）根结点：没有父结点的结点称为根结点。

（3）结点的度（degree）：一个结点含有的子结点个数称为该结点的度。

（4）叶结点或终端结点（leaf）：度为 0 的结点称为叶结点。

（5）非终端结点或分支结点（branch）：度不为 0 的结点。

（6）双亲结点或父结点（parent）：若一个结点含有子结点,则这个结点称为其子结点的父结点。

（7）孩子结点或子结点（child）：一个结点含有的子树的根结点称为该结点的子结点。

（8）兄弟结点（sibling）：具有相同父结点的结点互称为兄弟结点。

（9）树的度：一棵树中,最大的结点的度称为树的度。

（10）结点的层次（level）：从根开始定义起,根为第 1 层,根的子结点为第 2 层,以此类推。

（11）树的高度或深度（depth）：树中结点的最大层次。

（12）堂兄弟结点：双亲在同一层的结点互为堂兄弟结点。

（13）结点的祖先：从根到该结点所经分支上的所有结点。

（14）子孙：以某结点为根的子树中任一结点都称为该结点的子孙。

（15）森林：m（m＞＝0）棵互不相交的树的集合称为森林。

（16）空树。空集合也是树,称为空树。空树中没有结点。

（17）无序树：树中任意结点的子结点之间没有顺序关系,这种树称为无序树,也称为自由树。

（18）有序树：树中任意结点的子结点之间有顺序关系,这种树称为有序树。

（19）二叉树：每个结点最多含有两个子树的树称为二叉树。

（20）满二叉树：如果一棵二叉树只有度为 0 的结点和度为 2 的结点，并且度为 0 的结点在同一层上，则这棵二叉树为满二叉树。即，一棵深度为 k 且有 2^k-1 个结点的二叉树称为满二叉树。满二叉树每一层的结点个数都达到了最大值，即满二叉树的第 i 层上有 2^{i-1} 个结点。如图 5-6(a)所示是一棵深度为 3 的满二叉树。

（21）完全二叉树：满二叉树中叶子结点所在的层次中，如果自右向左连续缺少若干叶子结点，这样的得到的二叉树被称为完全二叉树。即，若设二叉树的深度为 k，除第 k 层外，其他各层(1~k-1)的结点数都达到最大个数，而第 k 层所有的结点都连续集中在最左边，这就是一个完全二叉树。如图 5-6(b)所示是一棵完全二叉树。如图 5-6(c)所示是一棵非完全二叉树。满二叉树是完全二叉树的特殊形态。

（22）哈夫曼树（最优二叉树）：带权路径最短的二叉树称为哈夫曼树或最优二叉树。

(a)深度为3的满二叉树　　　　(b)完全二叉树　　　　(c)非完全二叉树

图 5-6　二叉树示例

二叉树具有以下重要性质。

（1）二叉树的第 i(i≥1)层上至多有 2^{i-1} 个结点。

（2）深度为 h(h≥1)的二叉树中最少有 h 个结点，最多含有 2^h-1 个结点。

（3）对于任意一棵非空二叉树，若有 m 个叶子结点，有 n 个度为 2 的结点，则必有 m=n+1。

（4）具有 n 个结点的完全二叉树的深度为 $\lfloor \log_2 n \rfloor +1$，其中 $\lfloor \ \rfloor$ 表示向下取整。

（5）一棵有 n 个结点的完全二叉树，如果对树中的结点按照自顶向下、同一层从左向右的顺序进行 1 至 n 的编号，则对完全二叉树中任意一个编号为 i(1≤i≤n)的结点有如下特性。

- 若 i=1，则该结点是二叉树的根，无双亲结点。否则，编号为 $\lfloor i/2 \rfloor$ 的结点为其双亲结点。
- 若 2*i>n，则该结点无左孩子结点。否则，编号为 2*i 的结点为其左孩子结点。
- 若 2*i+1>n，则该结点无右孩子结点。否则，编号为 2*i+1 的结点为其右孩子结点。
- 若结点编号 i 为奇数，i 不等于 1，并且处于右兄弟结点位置，则编号为 i-1 的结点为其左兄弟结点。
- 若结点编号 i 为偶数，i 不等于 n，并且处于左兄弟结点位置，则编号为 i+1 的结点为其右兄弟结点。
- 结点 i 所在的层次为 $\lfloor \log_2 i \rfloor +1$。

3. 二叉树的遍历

二叉树是 n 个有限元素的集合，该集合或者为空，或者由一个称为根的元素及两个不相交的、被分别称为左子树和右子树的二叉树组成。二叉树是有序树。当集合为空时，称该二叉树为空二叉树。二叉树具有五种基本形态,如图 5-7 所示。

空二叉树　只有根节点　右子树为空　左子树为空　左右子树都非空

图 5-7　二叉树的五种基本形态

　　遍历是对树的一种最基本的运算。所谓遍历二叉树,就是按一定的规则和顺序遍历二叉树的所有结点,使每一个结点都被访问一次,而且只被访问一次。

　　一棵非空的二叉树由根结点、左子树、右子树三个基本部分组成。因此,在任一给定结点上,可以按某种次序执行三个操作。

　　(1) 访问结点本身(N)。

　　(2) 遍历该结点的左子树(L)。

　　(3) 遍历该结点的右子树(R)。

　　以上三种操作有六种遍历方法：NLR、LNR、LRN、NRL、RNL、RLN。

　　前三种次序与后三种次序对称,故只讨论前三种次序。

1) NLR

前序遍历(preorder traversal),又称为先序遍历。若二叉树非空,则依次执行如下操作。

　　(1) 访问根结点(N)。

　　(2) 遍历左子树(L)。

　　(3) 遍历右子树(R)。

2) LNR

中序遍历(inorder traversal)。若二叉树非空,则依次执行如下操作。

　　(1) 遍历左子树(L)。

　　(2) 访问根结点(N)。

　　(3) 遍历右子树(R)。

3) LRN

后序遍历(postorder traversal)。若二叉树非空,则依次执行如下操作。

　　(1) 遍历左子树(L)。

　　(2) 遍历右子树(R)。

　　(3) 访问根结点(N)。

图 5-8　一棵二叉树

　　例如,给定如图 5-8 所示的二叉树：

　　其前序遍历顺序为：ABCDFEG。

　　其中序遍历顺序为：BAFDCEG。

　　其后序遍历顺序为：BFDGECA。

5.2.5　图

　　图(graph)是另一种非线性数据结构。图是由顶点集合 V(vertex)和边集合 E(edge)组成的,定义为 G=(V,E)。

在图结构中,数据结点一般称为顶点,而边是顶点的有序偶对。如果两个顶点之间存在一条边,那么就表示这两个顶点具有相邻关系。

5.2.6　堆

堆(heap)是一种特殊的树形数据结构,其中子结点与父结点是一种有序关系。

5.2.7　散列表

散列表(Hash table,也叫哈希表)是把键值映射(映射函数)到表(散列表)的数据结构,通过键值可以实现快速查找。

5.3　Python 序列数据概述

5.3.1　数组

数组是一种数据结构,用于存储和处理大量的数据。通过将所有的数据存储在一个或者多个数组中,然后通过索引下标访问并处理数组的元素,可以实现复杂数据处理任务。

Python 语言没有提供直接创建数组的功能,但可以使用其内置的序列数据类型(例如列表 list)实现数组的功能。

一般情况,一维数组可以使用列表来实现,二维数据可以使用列表的列表来实现。

5.3.2　序列数据类型

序列(sequence)数据类型是 Python 基础的数据结构,是一组有顺序的元素的集合。序列数据可以包含一个或者多个元素(即对象,元素也可以是其他序列数据),也可以是一个没有任何元素的空序列。

Python 内置的序列数据类型包括元组(tuple)、列表(list)、字符串(str)和字节数据(bytes 和 bytearray)。

5.4　序列数据的基本操作

5.4.1　序列的长度、最大值、最小值、求和

通过内置函数 len()、max()、min()可以获取序列的长度、序列中元素最大值、序列中元素最小值。内置函数 sum()可以获取列表或者元组中各元素之和;如果有非数值元素,则导致 TypeError;对于字符串(str)和字节数据(bytes),也将导致 TypeError。

【例 5.1】　序列数据的求和示例。

```
>>> t1 = (1,2,3,4)
>>> sum(t1)      #输出：10
>>> t2 = (1,'a',2)
>>> sum(t2)      # TypeError: unsupported operand type(s) for + : 'int' and 'str'
```

【例5.2】 序列的长度、最大值、最小值操作示例。

```
>>> s = 'abcdefg'      >>> t = (10,2,3)      >>> lst = [1,2,9,5,4]      >>> b = b'ABCD'
>>> len(s)             >>> len(t)            >>> len(lst)               >>> len(b)
7                      3                     5                          4
>>> max(s)             >>> max(t)            >>> max(lst)               >>> max(b)
'g'                    10                    9                          68
>>> min(s)             >>> min(t)            >>> min(lst)               >>> min(b)
'a'                    2                     1                          65
>>> s2 = ''            >>> t2 = ()           >>> lst2 = []              >>> b2 = b''
>>> len(s2)            >>> len(t2)           >>> len(lst2)              >>> len(b2)
0                      0                     0                          0
```

5.4.2　序列的索引访问操作

序列表示可以通过索引下标访问的可迭代对象。例如，用户可以通过整数下标访问序列 s 的元素。

```
s[i]          #访问序列 s 在索引 i 处的元素
```

索引下标从 0 开始，第 1 个元素为 s[0]，第 2 个元素为 s[1]，以此类推，最后一个元素为 s[len(s) − 1]。索引下标也可以从最后一个元素开始，从 −1 开始，即最后一个元素为 s[−1]，第 1 个元素为 s[−len(s)]。

如果索引下标越界，则导致 IndexError；如果索引下标不是整数，则导致 TypeError。例如：

```
>>> s = 'abc'
>>> s[0]       #输出：'a'
>>> s[3]       # IndexError: string index out of range
>>> s['a']     # TypeError: string indices must be integers
```

序列 s 的索引下标示意图如图 5-9 所示。

反向递减索引				
s[−5]	s[−4]	s[−3]	s[−2]	s[−1]
'bonus'	−228	'purple'	'100'	19.84
s[0]	s[1]	s[2]	s[3]	s[4]
正向递增索引				

图 5-9　序列 s 的索引下标示意图

【例 5.3】 序列的索引访问示例。

```
>>> s = 'abcdef'        >>> t = ('a','e','i','o','u')    >>> lst = [1,2,3,4,5]      >>> b = b'ABCDEF'
>>> s[0]                >>> t[0]                         >>> lst[0]                 >>> b[0]
'a'                     'a'                              1                          65
>>> s[2]                >>> t[1]                         >>> lst                    >>> b[1]
'c'                     'e'                              [1, 2, 3, 4, 5]            66
>>> s[-1]               >>> t[-1]                        >>> lst[2] = 'a'           >>> b[-1]
'f'                     'u'                              >>> lst[-2] = 'b'          70
>>> s[-3]               >>> t[-5]                        >>> lst                    >>> b[-2]
'd'                     'a'                              [1, 2, 'a', 'b', 5]        69
```

5.4.3 序列的切片操作

通过切片(slice)操作可以截取序列 s 的一部分。切片操作的基本形式为：

```
s[i:j]   或者   s[i:j:k]
```

其中,i 为序列开始下标(包含 s[i]);j 为序列结束下标(不包含 s[j]);k 为步长。如果省略 i,则从下标 0 开始;如果省略 j,则直到序列结束为止;如果省略 k,则步长为 1。

!注意 下标也可以为负数。如果截取范围内没有数据,则返回空元组;如果超过下标范围,不报错。

【例 5.4】 序列的切片操作示例。

```
>>> s = 'abcdef'        >>> t = ('a','e','i','o','u')    >>> lst = [1,2,3,4,5]      >>> b = b'ABCDEF'
>>> s[1:3]              >>> t[-2:-1]                     >>> lst[:2]                >>> b[2:2]
'bc'                    ('o',)                           [1, 2]                     b''
>>> s[3:10]             >>> t[-2:]                       >>> lst[:1] = []           >>> b[0:1]
'def'                   ('o', 'u')                       >>> lst                    b'A'
>>> s[8:2]              >>> t[-99:-5]                     [2, 3, 4, 5]              >>> b[1:2]
''                      ()                               >>> lst[:2]                b'B'
>>> s[:]                >>> t[-99:-3]                     [2, 3]                    >>> b[2:2]
'abcdef'                ('a', 'e')                       >>> lst[:2] = 'a'          b''
>>> s[:2]               >>> t[::]                         >>> lst[1:] = 'b'         >>> b[-1:]
'ab'                    ('a', 'e', 'i', 'o', 'u')        >>> lst                    b'F'
>>> s[::2]              >>> t[1:-1]                        ['a', 'b']                >>> b[-2:-1]
'ace'                   ('e', 'i', 'o')                  >>> del lst[:1]            b'E'
>>> s[::-1]             >>> t[1::2]                        >>> lst                   >>> b[0:len(b)]
'fedcba'                ('e', 'o')                        ['b']                     b'ABCDEF'
```

5.4.4 序列的连接和重复操作

通过连接操作符+可以连接两个序列(s1 和 s2),形成一个新的序列对象;通过重复操

作符 * 可以重复一个序列 n 次（n 为正整数）。序列连接和重复操作的基本形式为：

```
s1 + s2  或者  s * n  或者  n * s
```

连接操作符＋和重复操作符 * 也支持复合赋值运算，即＋＝和 *＝。

【例 5.5】 序列的连接和重复操作示例。

```
>>> s1 = 'abc'          >>> t1 = (1,2)          >>> lst1 = [1,2]          >>> b1 = b'ABC'
>>> s2 = 'xyz'          >>> t2 = ('a','b')      >>> lst2 = ['a','b']      >>> b2 = b'XYZ'
>>> s1 + s2             >>> t1 + t2             >>> lst1 + lst2           >>> b1 + b2
'abcxyz'               (1, 2, 'a', 'b')        [1, 2, 'a', 'b']         b'ABCXYZ'
>>> s1 * 3             >>> t1 * 2              >>> 2 * lst2             >>> b1 * 3
'abcabcabc'            (1, 2, 1, 2)           ['a', 'b', 'a', 'b']     b'ABCABCABC'
>>> s1 += s2           >>> t1 += t2           >>> lst1 += lst2         >>> b1 += b2
>>> s1                >>> t1                 >>> lst1                 >>> b1
'abcxyz'               (1, 2, 'a', 'b')        [1, 2, 'a', 'b']         b'ABCXYZ'
>>> s2 * = 2          >>> t2 * = 2           >>> lst2 * = 2           >>> b2 * = 2
>>> s2                >>> t2                 >>> lst2                 >>> b2
'xyzxyz'               ('a', 'b', 'a', 'b')    ['a', 'b', 'a', 'b']     b'XYZXYZ'
```

5.4.5 序列的成员关系操作

用户可以通过下列方式之一判断一个元素 x 是否存在于序列 s 中。

- x in s：如果为 True，则表示存在。
- x not in s：如果为 True，则表示不存在。
- s.count(x[, start[, end]])：返回 x 在 s(指定范围[start,end])中出现的次数。
- s.index(x[, start[, end]])：返回 x 在 s(指定范围[start,end])中第一次出现的下标。

其中，指定范围[start, end)从下标 start(包括，默认为 0)开始，到下标 end 结束(不包括，默认为 len(s))。

对于 s.index(value, [start, [stop]])方法，如果找不到时，则导致 ValueError。例如：

```
>>> 'To be or not to be, this is a question'.index('123') # ValueError: substring not found
```

【例 5.6】 序列中元素的存在性判断示例。

```
>>> s = 'Good, better, best!'   >>> t = ('r', 'g', 'b')   >>> lst = [1,2,3,2,1]    >>> b = b'Oh, Jesus!'
>>> 'o' in s                    >>> 'r' in t              >>> 1 in lst             >>> b'O' in b
True                            True                      True                     True
>>> 'g' not in s                >>> 'y' not in t          >>> 2 not in lst         >>> b'o' not in b
True                            True                      False                    True
>>> s.count('e')                >>> t.count('r')          >>> lst.count(1)         >>> b.count(b's')
3                               1                         2                        2
>>> s.index('e', 10)            >>> t.index('g')          >>> lst.index(3)         >>> b.index(b's')
10                              1                         2                        6
```

5.4.6 序列的比较运算操作

两个序列支持比较运算符（<、<=、==、!=、>=、>），字符串比较运算按顺序逐个元素进行比较。

【例 5.7】 序列的比较运算示例。

```
>>> s1 = 'abc'        >>> t1 = (1,2)        >>> s1 = ['a','b']        >>> b1 = b'abc'
>>> s2 = 'abc'        >>> t2 = (1,2)        >>> s2 = ['a','b']        >>> b2 = b'abc'
>>> s3 = 'abcd'       >>> t3 = (1,2,3)      >>> s3 = ['a','b','c']    >>> b3 = b'abcd'
>>> s4 = 'cba'        >>> t4 = (2,1)        >>> s4 = ['c','b','a']    >>> b4 = b'ABCD'
>>> s1 > s4           >>> t1 < t4           >>> s1 < s2               >>> b1 < b2
False                 True                  False                    False
>>> s2 <= s3          >>> t1 <= t2          >>> s1 <= s2              >>> b1 <= b2
True                  True                  True                     True
>>> s1 == s2          >>> t1 == t3          >>> s1 == s2              >>> b1 == b2
True                  False                 True                     True
>>> s1 != s3          >>> t1 != t2          >>> s1 != s3             >>> b1 >= b3
True                  False                 True                     False
>>> 'a' > 'A'         >>> t1 >= t3          >>> s1 >= s3             >>> b3 != b4
True                  False                 False                    True
>>> 'a' >= ''         >>> t4 > t3           >>> s4 > s3              >>> b4 > b3
True                  True                  True                     False
```

5.4.7 序列的排序操作

通过内置函数 sorted() 可以返回序列的排序列表。通过类 reversed() 构造函数可以返回序列的反序的迭代器。内置函数 sorted() 形式如下：

```
sorted(iterable, key = None, reverse = False)    ♯返回序列的排序列表
```

其中，key 是用于计算比较键值的函数（带一个参数），例如 key＝str. lower。如果 reverse＝True，则反向排序。

【例 5.8】 序列的排序操作示例。

```
>>> s1 = 'axd'            >>> sorted(s2)               >>> s3 = 'abAC'
>>> sorted(s1)            [1, 2, 4]                    >>> sorted(s3, key = str. lower)
['a', 'd', 'x']          >>> sorted(s2, reverse = True)  ['a', 'A', 'b', 'C']
> > >  list ( reversed    [4, 2, 1]                    >>> list(reversed(s3))
(s1))                     >>> list(reversed(s2))        ['C', 'A', 'b', 'a']
['d', 'x', 'a']          [2, 4, 1]
>>> s2 = (1,4,2)
```

5.4.8 内置函数 all() 和 any()

通过内置函数 all() 和 any() 可以判断序列的元素是否全部和部分为 True。函数形式如下：

- all(iterable)：如果序列的所有值都为 True,返回 True；否则,返回 False。
- any(iterable)：如果序列的任意值为 True,返回 True；否则,返回 False。

例如：

```
>>> any((1, 2, 0))          >>> all([1, 2, 0])
True                        False
```

 ## 5.5 列表

2.7.9节简单介绍了列表的基本概念,本节继续深入阐述列表的创建和使用。

5.5.1 创建列表实例对象

使用列表字面量可以创建列表实例对象。列表字面量采用方括号中用逗号分隔的项目定义。

【例 5.9】 使用列表字面量创建列表实例对象示例。

```
>>> list1 = []; list2 = [1]; list3 = ["a","b","c"]
>>> print(list1,list2,list3)          #输出：[] [1] ['a', 'b', 'c']
```

用户也可以通过创建 list 对象来创建列表。其基本形式如下。

- list()：创建一个空列表。
- list(iterable)：创建一个列表,包含的项目为可枚举对象 iterable 中的元素。

【例 5.10】 使用 list 对象创建列表实例对象示例。

```
>>> list1 = list(); list2 = list("abc"); list3 = list(range(3))
>>> print(list1,list2,list3)          #输出：[] ['a', 'b', 'c'] [0, 1, 2]
```

5.5.2 列表的序列操作

列表支持序列的基本操作,包括索引访问、切片操作、连接操作、重复操作、成员关系操作、比较运算操作,以及求列表长度、最大值、最小值等。

列表是可变对象,故用户可以改变列表对象中元素的值,也可以通过 del 删除某元素。

```
s[下标] = x        #设置列表元素,x 为任意对象
del s[下标]        #删除列表元素
```

列表是可变对象,故用户可以改变其切片的值,也可以通过 del 删除切片。

```
s[i:j] = x        #设置列表内容,x 为任意对象,也可以是元组、列表
del s[i:j]        #移去列表一序列元素,等同于 s[i:j] = []
s[i:j] = []       #移去列表一序列元素
```

【例 5.11】　列表的序列操作示例。

```
>>> s = [1,2,3,4,5,6]        [1, 'a', [], 4, 5, 6]    >>> s[2:3] = []      >>> s[:2] = 'b'
>>> s[1] = 'a'               >>> del s[3]             >>> s                >>> s
>>> s                        >>> s                    [1, 'a', 5, 6]       ['b', 6]
[1, 'a', 3, 4, 5, 6]         [1, 'a', [], 5, 6]       >>> s[:1] = []       >>> del s[:1]
>>> s[2] = []                >>> s[:2]                >>> s                >>> s
>>> s                        [1, 'a']                ['a', 5, 6]          [6]
```

5.5.3　列表对象的方法

列表是可变对象,其包含的主要方法如表 5-1 所示。假设表中的示例基于 s=[1,3,2]。

表 5-1　列表对象的主要方法

方　　法	说　　明	示　　例
s.append(x)	把对象 x 追加到列表 s 尾部	s.append('a')　　#s = [1, 3, 2, 'a'] s.append([1,2])　#s = [1, 3, 2, 'a', [1, 2]]
s.clear()	删除所有元素。相当于 del s[:]	s.clear()　　#s = []
s.copy()	拷贝列表	s1 = s.copy()　#s1 = s = [1,3,2] id(s),id(s1)　#(3143376592008, 3143376591496)
s.extend(t)	把序列 t 附加到 s 尾部	s.extend([4])　#s = [1, 3, 2, 4] s.extend('ab')　#s = [1, 3, 2, 4, 'a', 'b']
s.insert(i, x)	在下标 i 位置插入对象 x	s.insert(1,4)　#s = [1, 4, 3, 2] s.insert(8,5)　#s = [1, 4, 3, 2, 5]
s.pop([i])	返回并移除下标 i 位置对象,省略 i 时为最后对象。若超出下标,将导致 IndexError	s.pop()　　#输出 2.s = [1, 3] s.pop(0)　　#输出 1.s = [3]
s.remove(x)	移除列表中第一个出现的 x。若对象不存在,将导致 ValueError	s.remove(1)　#s = [3, 2] s.remove('a')　#ValueError: list.remove(x): x not in list
s.reverse()	列表反转	s.reverse()　#s = [2, 3, 1]
s.sort()	列表排序	s.sort()　#s = [1, 2, 3]

5.5.4　列表解析表达式

使用列表解析可以简单高效地处理一个可迭代对象,并生成结果列表。列表解析表达式的形式如下:

- [expr for i_1 in 序列 1…for i_N in 序列 N]:迭代序列里所有内容,并计算生成列表。
- [expr for i_1 in 序列 1…for i_N in 序列 N if cond_expr]:按条件迭代,并计算生成列表。

表达式 expr 使用每次迭代内容 $i_1…i_N$,计算生成一个列表。如果指定了条件表达式 cond_expr,则只有满足条件的元素参与迭代。

【例 5.12】　列表解析表达式示例。

```
>>> [i ** 2 for i in range(10)]                                    #平方值
[0, 1, 4, 9, 16, 25, 36, 49, 64, 81]
>>> [(i,i ** 2) for i in range(10)]                                #序号，平方值
[(0, 0), (1, 1), (2, 4), (3, 9), (4, 16), (5, 25), (6, 36), (7, 49), (8, 64), (9, 81)]
>>> [i for i in range(10) if i % 2 == 0]                           #取偶数
[0, 2, 4, 6, 8]
>>> [(x, y, x * y) for x in range(1, 4) for y in range(1, 4) if x >= y]  #二重循环
[(1, 1, 1), (2, 1, 2), (2, 2, 4), (3, 1, 3), (3, 2, 6), (3, 3, 9)]
```

5.5.5　列表的排序

Python 语言提供了下列排序算法。

（1）内置数据类型 list 中的方法 sort()，把列表中的数据项按升序重新排列。

（2）内置函数 sorted()则保持原列表不变，返回一个新的包含按升序排列的项的列表。

```
sort( * , key = None, reverse = False)
sorted(iterable, * , key = None, reverse = False)
```

其中，iterable 是待排序的可迭代对象；key 是比较函数（默认为 None，按自然序排序）；reverse 用于指定是否逆序排序。

Python 系统提供的排序方法使用了一种归并排序算法的版本（使用了 Python 无法编写的底层实现），从而避免了 Python 本身附加的大量开销，故其速度比使用 Python 代码实现的归并排序法快很多（10～20 倍）。系统排序方法同样可以用于任何可比较的数据类型，例如，Python 内置的 str、int 和 float 数据类型。

【例 5.13】　Python 语言提供的排序算法示例。

```
>>> a = [59,12,77,64,72,69,46,89,31,9]
>>> sorted(a)      #输出：[9, 12, 31, 46, 59, 64, 69, 72, 77, 89]
>>> a              #输出：[59, 12, 77, 64, 72, 69, 46, 89, 31, 9]
>>> a. sort(reverse = True)
>>> a              #输出：[89, 77, 72, 69, 64, 59, 46, 31, 12, 9]
```

5.6　元组

2.7.10 节简单介绍了元组的基本概念，本节继续深入阐述元组的创建和使用。

5.6.1　创建元组实例对象

用户可以使用元组字面量创建元组实例对象，也可以通过创建 tuple 对象来创建元组。其基本形式如下。

- tuple()：创建一个空元组。

- tuple(iterable)：创建一个元组，包含的项目为可枚举对象 iterable 中的元素。

【例 5.14】　使用 tuple 对象创建元组实例对象示例。

```
>>> t1 = tuple()
>>> t2 = tuple("abc")
>>> t3 = tuple([1,2,3])
>>> t4 = tuple(range(3))
>>> print(t1,t2,t3,t4)      #输出：() ('a', 'b', 'c') (1, 2, 3) (0, 1, 2)
```

5.6.2　元组的序列操作

元组支持序列的基本操作，包括索引访问、切片操作、连接操作、重复操作、成员关系操作、比较运算操作，以及求元组长度、最大值、最小值等。

【例 5.15】　元组的序列操作示例。

```
>>> t1 = (1,2,3,4,5,6,7,8,9,10)
>>> len(t1)          #输出：10
>>> max(t1)          #输出：10
>>> sum(t1)          #输出：55
```

5.7　集合

集合数据类型是没有顺序的简单对象的聚集，且集合中元素不重复。Python 集合数据类型包括可变集合对象(set)和不可变集合对象(frozenset)。

5.7.1　集合的定义

可变集合(set)通过花括号中用逗号分隔的项目定义。其基本形式如下：

```
{x₁[, x₂, …, xₙ]}
```

其中，x_1、x_2、$\cdots$、x_n 为任意可 hash 对象。集合中的元素不可重复，且无序，其存储依据对象的 hash 码。hash 码是根据对象的值计算出来的一个唯一值。一个对象如果定义了特殊方法__hash__()，则该对象为可 hash 对象。所有内置不可变对象(bool、int、float、complex、str、tuple、frozenset 等)，都是可 hash 对象；所以内置可变对象(list、dict、set)，都是非 hash 对象(因为可变对象的值可以变化，故无法计算一个唯一的 hash 值)。集合中可以包含内置不可变对象，不能包含内置可变对象。

！注意　{}表示空的 dict，因为 dict 也使用花括号定义。空集为 set()。

可变集合也可以通过创建 set 对象来创建，不可变集合通过创建 frozenset 对象来创建。

其基本形式如下：

- set()：创建一个空的可变集合。
- set(iterable)：创建一个可变集合，包含的项目为可枚举对象 iterable 中的元素。
- frozenset()：创建一个空的不可变集合。
- frozenset(iterable)：创建一个不可变集合，包含的项目为可枚举对象 iterable 中的元素。

【例 5.16】 创建集合对象示例。

```
>>> {1,2,1}               >>> set()              >>> {'a',[1,2]}
{1, 2}                    set()                  Traceback (most recent call last):
>>> {1,'a',True}          >>> frozenset()          File "< pyshell＃13 >", line 1, in <
{1, 'a'}                  frozenset()            module >
>>> {1.2, True}           >>> set('Hello')           {'a',[1,2]}
{True, 1.2}               {'H', 'e', 'o', 'l'}   TypeError: unhashable type: 'list'
```

5.7.2 集合的运算：并集、交集、差集和对称差集

集合支持表 5-2 所示的集合运算。

表 5-2 集合运算

运 算 符	说 明
s1 │ s2 │ ⋯	返回 s1、s2、⋯的并集：s1∪s2∪⋯
s1 & s2 & ⋯	返回 s1、s2、⋯的交集：s1∩s2∩⋯
s1 − s2 − ⋯	返回 s1、s2、⋯的差集，也记作 s1\s2\⋯
s1 ^ s2	返回 s1、s2 的对称差集：s1△s2

集合的对象方法如表 5-3 所示。

表 5-3 集合的对象方法

方 法	说 明
s1.isdisjoint(s2)	如果集合 s1 和 s2 没有共同元素，返回 True；否则返回 False
s1.issubset(s2)	如果集合 s1 是 s2 的子集，返回 True；否则返回 False
s1.issuperset(s2)	如果集合 s1 是 s2 的超集，返回 True；否则返回 False
s1.union(s2, ...)	返回 s1、s2、⋯的并集：s1∪s2∪⋯
s1.intersection(s2, ...)	返回 s1、s2、⋯的交集：s1∩s2∩⋯
s1.difference(s2, ...)	返回 s1、s2、⋯的差集：s1−s2−⋯
s1.symmetric_difference(s2)	返回 s1 和 s2 的对称差集：s1△s2

【例 5.17】 集合的运算示例。

```
>>> s1 = {1,2,3}          >>> s1 − s2            >>> s1.intersection(s2)
>>> s2 = {2,3,4}          {1}                    {2, 3}
>>> s1 │ s2               >>> s1 ^ s2            >>> s1.difference(s2)
{1, 2, 3, 4}             {1, 4}                 {1}
>>> s1 & s2               >>> s1.union(s2)       >>> s1.symmetric_difference(s2)
{2, 3}                    {1, 2, 3, 4}           {1, 4}
```

5.7.3 可变集合的方法

set 集合是可变对象,包含的主要方法如表 5-4 所示。假设表中的示例基于"s1={1,2,3};s2={2,3,4}"。

表 5-4 可变集合对象的主要方法

方　　法	说　　明	示　　例
s1.update(s2, ⋯) s1 | = s2 | ⋯	并集 s1=s1∪s2∪⋯	>>> s1.update(s2) ♯ s1 = {1, 2, 3, 4}
s1.intersection_update(s2, ⋯) s1 &= s2 & ⋯	交集 s1=s1∩s2∩⋯	>>> s1.intersection_update(s2) ♯ s1 = {2, 3}
s1.difference_update(s2, ⋯) s1 −= s2 −⋯	差集 s1=s1−s2−⋯	>>> s1.difference_update(s2) ♯ s1 = {1}
s1.symmetric_difference_update(s2) s1 ^= s2	对称差集 s1=s1△s2	s1.symmetric_difference_update(s2) ♯ s1 = {1, 4}
s. add(x)	把对象 x 添加到集合 s	>>> s1.add('a') ♯ s1 = {1, 2, 3, 'a'}
s. remove(x)	从集合 s 中移除对象 x。若 不 存 在,则 导致 KeyError	>>> s1.remove(1) ♯ s1 = {2, 3}
s. discard(x)	从集合 s 中移除对象 x(如果存在的话)	>>> s1.discard(3) ♯ s1 = {1, 2}
s. pop()	从集合 s 随机弹出一个元素,如果 s 为空,则导致 KeyError	>>> s1.pop() ♯输出: 1. s1 = {2, 3}
s. clear()	清空集合 s	>>> s1.clear() ♯ s1 = set()

5.8 字典(映射)

2.7.11 节简单介绍了字典的基本概念,本节继续深入阐述字典的创建和使用。

5.8.1 对象的 hash 值

字典是键和值的映射关系。字典的键必须是可 hash 的对象,即实现了 __hash__()的对象。对象的 hash 值也可以使用内置函数 hash()获得。

【例 5.18】 对象的 hash 值示例。

```
>>> hash(100)   ♯结果: 100
>>> hash(1.23)  ♯结果: 530343892119149569
>>> hash('abc') ♯结果: 901130859749610928
```

不可变对象(bool、int、float、complex、str、tuple、frozenset 等)是可 hash 对象;而可变

对象通常是不可 hash 对象，因为可变对象的内容可以改变，因而无法通过 hash() 函数获取其 hash 值。

字典的键只能使用不可变的对象，但字典的值可以使用不可变或可变的对象。一般而言，应该使用简单的对象作为键。

5.8.2 字典的创建

用户可以使用字典字面量创建字典实例对象，也可以通过创建 dict 对象来创建字典。其基本形式如下：

- dict()：创建一个空字典。
- dict(** kwargs)：使用关键字参数，创建一个新的字典。此方法最紧凑。
- dict(mapping)：从一个字典对象创建一个新的字典。
- dict(iterable)：使用序列，创建一个新的字典。

【例 5.19】 创建字典对象示例。

```
>>> {}                              >>> dict({1:'food', 2:'drink'})
{}                                  {1: 'food', 2: 'drink'}
>>> {'a':'apple','b':'boy'}         >>> dict([('id','1001'),('name','Jenny')])
{'a': 'apple', 'b': 'boy'}          {'id': '1001', 'name': 'Jenny'}
>>> dict()                          >>> dict(baidu = 'baidu.com', google = 'google.com')
{}                                  {'baidu': 'baidu.com', 'google': 'google.com'}
```

5.8.3 字典的访问操作

字典 d 可以通过键 key 来访问，其基本形式如下。

- d[key]：返回键为 key 的 value；如果 key 不存在，则导致 KeyError。
- d[key] = value：设置 d[key] 的值为 value；如果 key 不存在，则添加键/值对。
- del d[key]：删除字典元素；如果 key 不存在，则导致 KeyError。

字典 d 支持下列视图对象，通过它们可以动态访问字典的数据，其基本形式如下：

- d.keys()：返回字典 d 的键 key 的列表。
- d.values()：返回字典 d 的值 value 的列表。
- d.items()：返回字典 d 的 (key, value) 对的列表。

字典 d 及其视图 d.items()、d.values()、d.keys() 都是可迭代对象，用户可以使用 for 循环进行迭代。

【例 5.20】 字典对象的访问操作示例。

```
>>> d = {1:'food', 2:'drink', 3:'fruit'}     键 = 1,值 = food; 键 = 2,值 = drink; 键 = 3,值
>>> d[1]         #输出'food'                  = fruit;
>>> for k in d:                              >>> for k, v in d.items():
      print("键 = {},值 = {};".format(k, d         print("键 = {},值 = {};".format(k, v),
[k]),end = " ")                              end = " ")
                                             键 = 1,值 = food; 键 = 2,值 = drink; 键 = 3,值
                                             = fruit;
```

5.8.4 字典对象的方法

字典是可变对象,其包含的主要方法如表 5-5 所示。假设表中的示例基于 d={1: 'food', 2: 'drink', 3: 'fruit'}。

表 5-5 字典对象的主要方法

方 法	说 明	示 例
d. clear()	删除所有元素	>>> d.clear();d #结果: {}
d. copy()	浅拷贝字典	>>> d1 = d.copy(); id(d), id(d1) (2487537820800, 2487537277976)
d. get(k)	返回键 k 对应的值,如果 key 不存在,返回 None	>>> d.get(1),d.get(5) ('food', None)
d. get(k, v)	返回键 k 对应的值,如果 key 不存在,返回 v	>>> d.get(1,'无'),d.get(5,'无') ('food', '无')
d. pop(k)	如果键 k 存在,返回其值,并删除该项目;否则导致 KeyError	>>> d.pop(1), d ('food', {2: 'drink', 3: 'fruit'})
d. pop(k, v)	如果键 k 存在,返回其值,并删除该项目;否则返回 v	>>> d.pop(5,'无'), d ('无', {1: 'food', 2: 'drink', 3: 'fruit'})
d. popitem()	以 LIFO(后进先出)方式删除字典中的一个键值对,并且以 (key,value)形式返回该键值对。如果字典为空,将导致 KeyError	>>> d.popitem(),d ((3, 'fruit'), {1: 'food', 2: 'drink'})

d. setdefault(k, v)	如果键 k 存在,返回其值;否则添加项目 k= v,v 默认为 None	>>> d.setdefault(1) #结果: 'food'
		>>> d.setdefault(4);d
		{1: 'food', 2: 'drink', 3: 'fruit', 4: None}

d. update([other])	使用字典或键值对,更新或添加项目到字典 d	>>> d1 = {1: '食物', 4: '书籍'}
		>>> d.update(d1);d
		{1: '食物', 2: 'drink', 3: 'fruit', 4: '书籍'}

5.9 算法基础

5.9.1 算法概述

算法是指解决问题的一种方法或一个过程。算法通常使用计算机程序来实现。算法接手待处理的输入数据;然后执行相应的处理过程;最后输出处理的结果。

算法的实现为若干指令的有穷序列,具有如下性质。

(1) 输入数据。算法可以接收用于处理的外部数据。

(2) 输出结果。算法可以产生输出结果。

(3) 确定性。算法的组成指令必须是准确无歧义。

(4) 有限性。算法指令的执行次数必须是有限的,执行的时间也必须是有限的。

在计算机上执行一个算法,会产生内存开销和时间开销。算法的性能分析包括时间性能分析和空间性能分析两个方面。

5.9.2 算法的时间复杂度分析

衡量算法有效性的一个指标是运行时间。算法的运行时间长度，与算法本身的设计和所求解的问题的规模有关。算法的时间性能分析，又称之为算法的时间复杂度（time complexity）分析。

问题的规模（size）即算法求解问题的输入量，通常用一个整数表示。例如，矩阵乘积问题的规模是矩阵的阶数，图论问题的规模则是图中的顶点数或边数。

对于问题规模较大的数据，如果算法的时间复杂度呈指数分布，完成算法的时间可能趋向于无穷大，即无法完成。

一个算法运行的总时间取决于以下两个主要因素。

（1）每条语句的执行时间成本。

（2）每条语句的执行次数（频度）。

即一个算法所耗费的时间等于算法中每条语句的执行时间之和。每条语句的执行时间为该语句的执行次数（频度）×该语句执行一次所需时间。

每条语句执行一次所需的时间取决于实际运行程序的机器性能。独立于机器系统分析算法的时间性能时，可以假设每条语句执行一次所需的时间均是单位时间，故一个算法的运行时间等于算法中所有语句的频度之和。

【例 5.21】 算法中语句的频度之和示例（frequency.py）。

```
total = 0
for i in range(n):
    for j in range(n):
        total += a[i][j]
print(total)
```

在例 5.21 中，循环语句运行了 n×n 次，总算法执行语句频度为 n^2+2。

5.9.3 增长量级

对于问题规模 n，假如算法 A 中所有语句的频度之和为 $100n+1$；算法 B 中所有语句的频度之和为 n^2+n+1，则算法 A 和 B 对于不同问题规模的运行时间对照表如表 5-6 所示。

表 5-6 算法 A 和 B 对于不同问题规模的运行时间对照表

问题规模 n	算法 A 运行时间	算法 B 运行时间
10	1001	111
100	10001	10101
1000	100001	1001001
10000	1000001	100010001

由表 5-6 可以看出，随着问题规模 n 的增长，算法的运行时间主要取决于最高指数项。

在算法分析中,通常使用增长量级来描述。

　　增长量级用于描述函数的渐进增长行为,一般使用大 O 符号表示。例如,2n、100n 与 n+1 属于相同的增长量级,记为 O(n),表示函数随 n 线性增长。

　　算法分析中常用的增长量级如表 5-7 所示。

表 5-7　常用的增长量级

函数类型	增长量级	举　例	说　明
常量型	1	count - = 1	语句(整数递减)
对数型	$\log_2 N$	while n > 0: 　　n = n // 2 　　count += 1	折半(二分查找法等)
线性型	n	for i in range(n): 　　if i % 2 != 0: #奇数 　　　　sum_odd += i	单循环 (统计奇数的个数、顺序查找法等)
线性对数型	$N\log_2 N$	请参见 5.10.6 节归并排序法	分而治之算法(归并排序法等)

二次型	n^2	for i in range(1, n):
		　　s = ""
		　　for j in range(1, n):
		　　　　s += str.format("{0:1} * {1:1} = {2:2}", i, j, i * j)
		　　print(s)
			两重嵌套循环(打印九九乘法表、冒泡排序算法、选择排序算法、插入排序算法等)

三次型	n^3	for i in range(n):
		　　for j in range(i + 1, n):
		　　　　for k in range(j + 1, n):
		　　　　　　if (a[i] + a[j] + a[k]) == 0:
		　　　　　　　　count += 1
			三重嵌套循环

5.9.4　算法的空间复杂度分析

　　衡量算法有效性的另一个指标是内存消耗。对于复杂的算法,如果其消耗的内存超过运行该算法的计算机的可用物理内存,则算法无法正常执行。算法的内存消耗分析,又称之为算法的空间复杂度(space complexity)分析。

　　Python 语言面向对象特性的主要代价之一是内存消耗。Python 的内存消耗与其在不同计算机上的实现有关。不同版本的 Python 有可能使用不同方法实现同一种数据类型。

　　确定一个 Python 程序内存使用的典型方法是,先统计程序所使用对象的数量,然后根据对象的类型乘以各对象占用的字节数。使用函数 sys.getsizeof(x),可以返回一个内置数据类型 x 在系统中所占用的字节数。

　　【例 5.22】　Python 语言中对象占用内存大小示例。

```
>>> import sys
>>> sys.getsizeof(100)      #整数对象占用内存大小.输出：28
>>> sys.getsizeof("1.23")   #字符串对象占用内存大小.输出：53
>>> sys.getsizeof(True)     #布尔逻辑型对象占用内存大小.输出：28
```

 ## 5.10　常用的查找和排序算法

5.10.1　顺序查找法

查找算法是在程序设计中最常用到的算法。假定要从 n 个元素中查找 x 的值是否存在，最原始的办法是从头到尾逐个查找，这种查找方法称为顺序查找法。

顺序查找算法有三种情形可能发生：最好的情况下，第一个项就是我们要找的数据对象，只有一次比较；最差的情况下，需要 n 次比较，全部比较完之后查不到数据；平均情况下，比较次数为 n/2 次。即算法的时间复杂度为 O(n)。

【例5.23】　在列表中顺序查找特定数值 x(sequentialSearch. py)。

```
def sequentialSearch(alist, item):          #顺序查找法
    pos = 0                                  #初始查找位置
    found = False                            #未找到数据对象
    while pos < len(alist) and not found:    #列表未结束并且还未找到则一直循环
        if alist[pos] == item:               #找到匹配对象,返回 True
            found = True
        else:                                #否则查找位置+1
            pos = pos + 1
    return found
def main():
    testlist = [1, 3, 33, 8, 37, 29, 32, 15, 5]   #测试数据列表
    print(sequentialSearch(testlist, 3))          #查找数据 3
    print(sequentialSearch(testlist, 13))         #查找数据 13
if __name__ == '__main__': main()
```

程序运行结果如下：

```
True
False
```

5.10.2　二分查找法

二分查找法又称折半查找法，用于预排序列表的查找问题。

要在排序列表 alist 中查找元素 t，首先，将列表 alist 中间位置的项与查找关键字 t 比较，如果两者相等，则查找成功；否则利用中间项将列表分成前、后两个子表，如果中间位置项目大于 t，则进一步查找前一子表，否则进一步查找后一子表。重复以上过程，直到找到

满足条件的记录,即查找成功;或者直到子表不存在为止,即查找不成功。

对于包含 N 个元素的列表,其时间复杂度为 O($\log_2$N)。

【例 5.24】　二分查找法的递归实现(binarySearch.py)。

```
def _binarySearch(key, a, lo, hi):
    if hi <= lo: return -1              #查找失败,返回-1
    mid = (lo + hi) // 2               #计算中间位置
    if a[mid] > key:                   #中间位置项目大于查找关键字
        return _binarySearch(key, a, lo, mid)   #递归查找前一子表
    elif a[mid] < key:                 #中间位置项目小于查找关键字
        return _binarySearch(key, a, mid + 1, hi)  #递归查找后一子表
    else:                              #中间位置项目等于查找关键字
        return mid                     #查找成功,返回下标位置
def binarySearch(key, a):              #二分查找
    return _binarySearch(key, a, 0, len(a))   #递归二分查找法
def main():
    a = [1,13,26,33,45,55,68,72,83,99]
    print("关键字位于列表索引",binarySearch(33, a))  #二分查找关键字 33
    print("关键字位于列表索引",binarySearch(58, a))  #二分查找关键字 58
if __name__ == '__main__': main()
```

程序运行结果如下:

```
关键字位于列表索引 3
关键字位于列表索引 -1
```

5.10.3　冒泡排序法

冒泡排序法是最简单的排序算法。对于包含 N 个元素的列表 A,按递增顺序排序的冒泡法的算法如下:

(1) 第 1 轮比较:从第一个元素开始,对列表中所有 N 个元素进行两两大小比较,如果不满足升序关系,则交换。即 A[0]与 A[1]比较,若 A[0]>A[1],则 A[0]与 A[1]交换;然后 A[1]与 A[2]比较,若 A[1]>A[2],则 A[1]与 A[2]交换;直至最后 A[N−2]与 A[N−1]比较,若 A[N−2]>A[N−1],则 A[N−2]与 A[N−1]交换。第一轮比较完成后,列表元素中最大的数"沉"到列表最后,而那些较小的数如同气泡一样上浮一个位置,顾名思义"冒泡法"排序。

(2) 第 2 轮比较:从第一个元素开始,对列表中前 N−1 个元素(第 N 个元素,即 A[N−1]已经最大,无须参加排序)继续两两大小比较,如果不满足升序关系,则交换。第二轮比较完成后,列表元素中次大的数"沉"到最后,即 A[N−2]为列表元素中次大的数。

(3) 以此类推,进行第 N−1 轮比较后,列表中所有元素均按递增顺序排好序。

若要按递减顺序对列表排序,则每次两两大小比较时,如果不满足降序关系,则交换即可。

冒泡排序法的过程如表 5-8 所示。

表 5-8 冒泡排序法示例

原始列表	2	97	86	64	50	80	3	71	8	76
第 1 轮比较	2	86	64	50	80	3	71	8	76	97
第 2 轮比较	2	64	50	80	3	71	8	76	86	97
第 3 轮比较	2	50	64	3	71	8	76	80	86	97
第 4 轮比较	2	50	3	64	8	71	76	80	86	97
第 5 轮比较	2	3	50	8	64	71	76	80	86	97
第 6 轮比较	2	3	8	50	64	71	76	80	86	97
第 7 轮比较	2	3	8	50	64	71	76	80	86	97
第 8 轮比较	2	3	8	50	64	71	76	80	86	97
第 9 轮比较	2	3	8	50	64	71	76	80	86	97

冒泡排序算法的主要时间消耗是比较次数。当 i＝1 时，比较次数为 N−1；当 i＝2 时，比较次数为 N−2；以此类推。总共比较次数为(N−1)＋(N−2)＋…＋2＋1＝N(N−1)/2，故冒泡排序算法的时间复杂度为 $O(N^2)$。

【例 5.25】 冒泡排序算法的实现(bubbleSort.py)。

```
def bubbleSort(a):
    for i in range(len(a) - 1, 0, - 1):        ♯ 外循环
        for j in range(i):                      ♯ 内循环
            if a[j] > a[j + 1]:                 ♯ 大数往下沉
                a[j], a[j + 1] = a[j + 1], a[j]
def main():
    a = [2,97,86,64,50,80,3,71,8,76]
    bubbleSort(a)
    print(a)
if __name__ == '__main__': main()
```

程序运行结果如下：

```
[2, 3, 8, 50, 64, 71, 76, 80, 86, 97]
```

5.10.4 选择排序法

对于包含 N 个元素的列表 A，按递增顺序排序的选择法的基本思想是：每次在若干无序数据中查找最小数，并放在无序数据中的首位。其算法如下：

（1）从 N 个元素的列表中找最小值及其下标，最小值与列表的第 1 个元素交换。

（2）从列表的第 2 个元素开始的 N−1 个元素中再找最小值及其下标，该最小值（即整个列表元素的次小值）与列表第 2 个元素交换。

（3）以此类推，进行第 N−1 轮选择和交换后，列表中所有元素均按递增顺序排好序。

若要按递减顺序对列表排序，只要每次查找并交换最大值即可。

选择排序法的过程如表 5-9 所示。

表 5-9　选择排序法示例

原始数组	59	12	77	64	72	69	46	89	31	9
第 1 轮比较	9	12	77	64	72	69	46	89	31	59
第 2 轮比较	9	12	77	64	72	69	46	89	31	59
第 3 轮比较	9	12	31	64	72	69	46	89	77	59
第 4 轮比较	9	12	31	46	72	69	64	89	77	59
第 5 轮比较	9	12	31	46	59	69	64	89	77	72
第 6 轮比较	9	12	31	46	59	64	69	89	77	72
第 7 轮比较	9	12	31	46	59	64	69	89	77	72
第 8 轮比较	9	12	31	46	59	64	69	72	77	89
第 9 轮比较	9	12	31	46	59	64	69	72	77	89

选择排序算法的主要时间消耗是比较次数。当 $i=1$ 时,比较次数为 $N-1$;当 $i=2$ 时, 比较次数为 $N-2$;以此类推。总共比较次数为 $(N-1)+(N-2)+\cdots+2+1=N(N-1)/2$,故选择排序算法的时间复杂度为 $O(N^2)$。

【例 5.26】　选择排序算法的实现(selectionSort.py)。

```
def selectionSort(a):
    for i in range(0, len(a) - 1):          #外循环(0~N-2)
        m = i                               #当前位置下标
        for j in range(i + 1, len(a)):      #内循环
            if a[j] < a[m]:                 #查找最小值的位置
                m = j
        a[i], a[m] = a[m], a[i]             #元素交换
def main():
    a = [59,12,77,64,72,69,46,89,31,9]
    selectionSort(a)
    print(a)
if __name__ == '__main__': main()
```

程序运行结果如下:

```
[9, 12, 31, 46, 59, 64, 69, 72, 77, 89]
```

5.10.5　插入排序法

对于包含 N 个元素的列表 A,按递增顺序排序的插入排序法的基本思想是:依次检查列表中的每个元素,将其插入到其左侧已经排好序的列表中的适当位置。其算法如下。

(1) 第 2 个元素与列表中其左侧的第 1 个元素比较,如果 A[0]>A[1],则交换位置,结果左侧 2 个元素排序完毕。

(2) 第 3 个元素依次与其左侧的列表的元素比较,直至插入对应的排序位置,结果左侧

的 3 个元素排序完毕。

（3）以此类推，进行第 N−1 轮比较和交换后，列表中所有元素均按递增顺序排好序。若要按递减顺序对列表排序，只要每次查找并交换最大值即可。

插入排序法的过程如表 5-10 所示。

表5-10　插入排序法示例

原始数组	59	12	77	64	72	69	46	89	31	9
第 1 轮比较	12	59	77	64	72	69	46	89	31	9
第 2 轮比较	12	59	77	64	72	69	46	89	31	9
第 3 轮比较	12	59	64	77	72	69	46	89	31	9
第 4 轮比较	12	59	64	72	77	69	46	89	31	9
第 5 轮比较	12	59	64	69	72	77	46	89	31	9
第 6 轮比较	12	46	59	64	69	72	77	89	31	9
第 7 轮比较	12	46	59	64	69	72	77	89	31	9
第 8 轮比较	12	31	46	59	64	69	72	77	89	9
第 9 轮比较	9	12	31	46	59	64	69	72	77	89

在最理想的情况下（列表处于排序状态），while 循环仅仅需要一次比较，故总的运行时间为线性；在最差情况下（列表为逆序状态），此时内循环指令执行次数为 1+2+…+N−1=N(N−1)/2，故插入排序算法的时间复杂度为 $O(N^2)$。

【例 5.27】　插入排序算法的实现（insertSort.py）。

```
def insertSort(a):
    for i in range(1, len(a)):        ＃外循环(1～N−1)
        j = i
        while (j > 0) and (a[j] < a[j−1]):    ＃内循环
            a[j], a[j−1] = a[j−1], a[j]       ＃元素交换
            j -= 1                     ＃继续循环
def main():
    a = [59,12,77,64,72,69,46,89,31,9]
    insertSort(a)
    print(a)
if __name__ == '__main__': main()
```

程序运行结果如下：

```
[9, 12, 31, 46, 59, 64, 69, 72, 77, 89]
```

5.10.6　归并排序法

归并排序法基于分而治之（divide and conquer）的思想。算法的操作步骤如下。

（1）将包含 N 个元素的列表分成两个含 N/2 元素的子列表。

（2）对两个子列表递归调用归并排序（最后可以将整个列表分解成 N 个子列表）。

（3）合并两个已排序好的子列表。

假设列表 a = [59,12,77,64,72,69,46,89,31,9]，归并算法的示意图如图 5-10 所示。

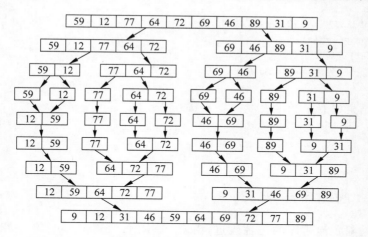

图 5-10　归并排序法示意图

对于长度为 N 的列表，归并排序算法将列表分开成子列表一共要 $\log_2 N$ 步。每步都是一个合并有序列表的过程，时间复杂度可以记为 O(N)，故归并排序算法的时间复杂度为 O($N\log_2 N$)。其效率是比较高的。

【例 5.28】　归并排序算法的实现（mergeSort.py）。

```
def merge(left, right):                          #合并两个列表
    merged = []
    i, j = 0, 0                                  #i 和 j 分别作为 left 和 right 的下标
    left_len, right_len = len(left), len(right)  #分别获取左右子列表的长度
    while i < left_len and j < right_len:        #循环归并左右子列表元素
        if left[i] <= right[j]:
            merged.append(left[i])               #归并左子列表元素
            i += 1
        else:
            merged.append(right[j])              #归并右子列表元素
            j += 1
    merged.extend(left[i:])                      #归并左子列表剩余元素
    merged.extend(right[j:])                     #归并右子列表剩余元素
    return merged                                #返回归并好的列表
def mergeSort(a):                                #归并排序
    if len(a) <= 1:                              #空或者只有 1 个元素,直接返回列表
        return a
    mid = len(a) // 2                            #列表中间位置
```

```
        left = mergeSort(a[:mid])          #归并排序左子列表
        right = mergeSort(a[mid:])         #归并排序右子列表
        return merge(left, right)          #合并排好序的左右两个子列表
    def main():
        a = [59,12,77,64,72,69,46,89,31,9]
        a1 = mergeSort(a)
        print(a1)
    if __name__ == '__main__': main()
```

程序运行结果如下：

```
    [9, 12, 31, 46, 59, 64, 69, 72, 77, 89]
```

5.10.7 快速排序法

快速排序是对冒泡排序的一种改进，由 C. A. R. Hoare 在 1962 年提出。其基本思想是：通过一趟排序将要排序的数据分割成独立的两部分，其中一部分的所有数据都比另外一部分的所有数据都要小；然后递归对这两部分数据分别进行快速排序。

快速排序算法的一趟排序的操作步骤如下：

（1）设置两个变量 i 和 j，分别为列表首末元素的下标，即 i＝0，j＝N－1。

（2）设置列表的第 1 个元素作为关键数据，即 key＝A[0]。

（3）从 j 开始向前搜索，找到第一个小于 key 的值 A[j]，将 A[j]和 A[i]互换。

（4）从 i 开始向后搜索，找到第一个大于 key 的 A[i]，将 A[i]和 A[j]互换。

（5）重复第（3）和（4）步，直到 i＝j。

假设列表 a＝[59,12,77,64,72,69,46,89,31,9]，快速排序算法的一趟排序示例如表 5-11 所示。

表 5-11　快速排序算法的一趟排序示例

下标	0	1	2	3	4	5	6	7	8	9
原始数组 i＝0，j＝9，key＝59	59	12	77	64	72	69	46	89	31	9
第1轮比较交换 i＝0，j＝9	9	12	77	64	72	69	46	89	31	59
第2轮比较交换 i＝2，j＝9	9	12	59	64	72	69	46	89	31	77
第3轮比较交换 i＝2，j＝8	9	12	31	64	72	69	46	89	59	77
第4轮比较交换 i＝3，j＝8	9	12	31	59	72	69	46	89	64	77
第5轮比较交换 i＝3，j＝6	9	12	31	46	72	69	59	89	64	77
第6轮比较交换 i＝4，j＝6	9	12	31	46	59	69	72	89	64	77
第7轮比较交换 i＝4，j＝4	9	12	31	46	59	69	72	89	64	77

快速排序最坏情况下，每次划分选取的基准都是当前无序列表中关键字最小（或最大）的记录，时间复杂度为 $O(N^2)$；平均情况下，其时间复杂度为 $O(N\log_2 N)$。

【例 5.29】 快速排序算法的实现(quickSort.py)。

```
def quickSort(a, low, high):          #对列表 a 快速排序,列表下界为 low,上界为 high
    i = low                           #i 等于列表下界
    j = high                          #j 等于列表上界
    if i >= j:                        #如果下界大于等于上界,返回结果列表 a
        return a
    key = a[i]                        #设置列表的第 1 个元素作为关键数据
    while i < j:                      #循环直到 i=j
        while i < j and a[j] >= key:  #j 开始向前搜索,找到第一个小于 key 的值 a[j]
            j = j - 1
        a[i] = a[j]
        while i < j and a[i] <= key:  #i 开始向后搜索,找到第一个大于 key 的 a[i]
            i = i + 1
        a[j] = a[i]
    a[i] = key                        #a[i]等于关键数据
    quickSort(a, low, i-1)            #递归调用快速排序算法(列表下界为 low,上界为 i-1)
    quickSort(a, j+1, high)           #递归调用快速排序算法(列表下界为 j+1,上界为 high)
def main():
    a = [59,12,77,64,72,69,46,89,31,9]
    quickSort(a, 0, len(a)-1)
    print(a)
if __name__ == '__main__': main()
```

程序运行结果如下:

```
[9, 12, 31, 46, 59, 64, 69, 72, 77, 89]
```

 ## 5.11 应用举例

5.11.1 基于列表的简易花名册管理系统

通过列表可以很方便实现一个花名册管理系统,实现名字的显示、查询、增加、删除、修改等功能。

【例 5.30】 简易花名册管理系统(name_list.py)。

```
def menu():                  #显示菜单
    print("=" * 35)
    print("简易花名册程序")
    print("1.显示名字")
    print("2.添加名字")
    print("3.删除名字")
```

```python
        print("4.修改名字")
        print("5.查询名字")
        print("6.退出系统")
        print(" = " * 35)
names = []                                          ♯创建存储花名册的列表对象
while True:                                         ♯重复执行
    menu()                                          ♯显示菜单
    num = input("请输入选择的功能序号(1 到 6)：")       ♯获取用户输入
    ♯根据用户选择，执行相应的功能
    if num == '1':
        print(names)
    elif num == '2':
        name = input("请输入要添加的名字：")
        names.append(name)
        print(names)
    elif num == '3':
        name = input("请输入要删除的名字：")
        if name in names:
            names.remove(name)
        else:
            print("系统中不存在名字：{}".format(name))
        print(names)
    elif num == '4':
        name = input("请输入要修改的名字：")
        if name in names:
            index = names.index(name)
            new_name = input("请输入修改后的名字：")
            names[index] = new_name
        else:
            print("系统中不存在名字：{}".format(name))
        print(names)
    elif num == '5':
        name = input("请输入要查询的名字：")
        if name in names:
            print("系统中存在名字：{}".format(name))
        else:
            print("系统中不存在名字：{}".format(name))
    elif num == '6':
        break
    else:
        print("选项错误，请重新选择!")
```

程序运行结果如图 5-11 所示。

```
==================================
简易花名册程序
1. 显示名字
2. 添加名字
3. 删除名字
4. 修改名字
5. 查询名字
6. 退出系统
==================================
请输入选择的功能序号（1到6）：
```

图 5-11　简易花名册管理系统

5.11.2　频数表和直方图

构建频数表的方法可以使用字典（键为项，值为计数）。通过遍历数据列表，在频数字典中递增对应项的值，可以很容易地实现频数表。

绘制直方图可以使用前面章节介绍的海龟对象。在前文的海龟绘图示例中，当创建一个新的海龟对象时，将自动创建一个海龟窗口。使用 turtle 模块中的 Screen()构造函数，还可以单独创建绘图窗口或者屏幕，然后添加海龟对象，以实现调用方法来自定义绘图窗口。

turtle 模块中的 Screen()构造函数及相关绘图函数的语法和调用形式如下。

- wn ＝ turtle. Screen()：创建新的绘图窗口。
- wn. setworldcoordinates(xLL, yLL, xUR, yUR)：调整窗口坐标，使窗口左下角的点为(xLL, yLL)，窗口右上角的点为(xUR, yUR)。
- wn. exitonclick()：当用户在窗口中的某个位置单击鼠标时，关闭窗口。

【例 5.31】　构建给定列表数据的频数表，并绘制直方图（freq. py）。

```python
import turtle
def freq_table(data_list):        # 统计列表 data_list 中的值的个数，返回包含值计数的字典
    countDict = {}                # 创建储存频数的字典 k: 值, v: 计数
    for item in data_list:
        countDict[item] = countDict.get(item,0) + 1
    return countDict
def draw_freq(freq_dict):         # 绘制值计数的字典 freq_dict 的直方图
    itemList = list(freq_dict.keys())     # 获取键的列表
    maxItem = len(itemList) - 1           # 获取最大项目数
    itemList.sort()
    countList = freq_dict.values()        # 获取计数的列表
    maxCount = max(countList)             # 获取最大的计数值
    # 使用海龟对象，绘制直方图
    wn = turtle.Screen()                  # 创建海龟绘图窗口
    t = turtle.Turtle()                   # 创建海龟对象
    wn.setworldcoordinates(-1, -1, maxItem + 1, maxCount + 1)   # 设置绘图窗口大小
    t.hideturtle()                        # 隐藏海龟
    t.up();t.goto(0, 0);t.down()          # 绘制基准线（X 轴）
    t.goto(maxItem, 0); t.up()
    for i in range(0,maxCount + 1):       # 绘制 Y 轴标签
```

```
            t.goto( - 1, i)
            t.write(str(i), font = ("Helvetica", 16, "bold"))
        for index in range(len(itemList)):
            t.goto(index, - 1)              ＃绘制标签
            t.write(str(itemList[index]),font = ("Helvetica",16,"bold"))
            t.goto(index, 0)               ＃绘制计数线条(高度)
            t.down()
            t.goto(index, freq_dict[itemList[index]])
            t.up()
        wn.exitonclick()
data = [3,1,2,1,3,1,2,2,3,5,3,5,4,5,3,4,5,2,3,3,2,2,3,4,2,5,4,3]
freq_dict = freq_table(data)             ＃返回频数字典
＃打印结果
itemList = list(freq_dict.keys())
itemList.sort()
print("值", "计数")
for item in itemList:
    print(item, " ", freq_dict[item])
draw_freq(freq_dict)
```

程序运行结果如图 5-12 所示。

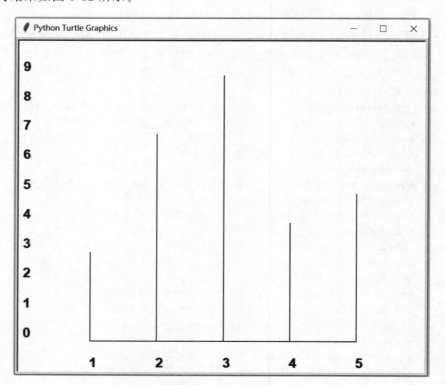

图 5-12 给定列表数据频数表的直方图

本章小结

视频讲解

输入、输出和文件处理

每个程序都包含输入和输出。输入用于接收要处理的数据,输出用于显示程序处理的结果。

6.1 输入和输出概述

Python 程序通常包括输入和输出,以实现程序与外部世界的交互。Python 程序通常使用下列方式之一实现交互功能。

(1) 命令行参数。

(2) 标准输入和输出函数。

(3) 文件输入和输出。

(4) 图形化用户界面。

6.2 命令行参数概述

6.2.1 命令行参数

在操作系统命令行界面运行程序时可以指定若干命令行参数。例如:

```
python    c:\test.py    Para1  Para2
```

在 Python 程序中导入 sys 模块后,用户可以通过列表 sys.argv 访问命令行参数。argv[0]为 Python 脚本名,例如"c:\test.py";argv[1]为第 1 个参数,例如 Para1;argv[2]为第 2 个参数,例如 Para2;以此类推。

【例 6.1】 命令行参数示例(hello_argv.py):在操作系统命令行界面运行 Python 程序时,根据所指定的命令行参数,显示输出相应的 Hello 信息。

```
import sys
print('Hello, ' + sys.argv[1])
```

程序运行结果如图 6-1 所示。

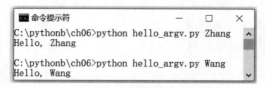

图 6-1　输出命令行参数

6.2.2　命令行参数类型转换

按惯例,命令行输入参数 argv[1]、argv[2]等为字符串,所以如果希望传入的参数为数值,则需要使用转换函数 int()或者 float()将字符串转换为适合的类型。

【例 6.2】　命令行参数示例(randomseq.py):生成 n 个随机数,其中,n 由程序的第一个命令行参数所确定。

```
import sys, random
n = int(sys.argv[1])
for i in range(n):
    print(random.randrange(0,100))
```

程序运行结果如图 6-2 所示。

图 6-2　命令行参数确认随机数个数

 ## 6.3　标准输入和标准输出函数

6.3.1　输入和输出函数

使用 Python 内置的输入函数 input()和输出函数 print()可以使程序与用户进行交互。input()函数的格式如下:

```
input([prompt])
```

input()函数提示用户输入,并返回用户从控制台输入的内容(字符串)。
print()函数的格式如下:

```
print(value, ..., sep = ' ', end = '\n', file = sys.stdout, flush = False)
```

print()函数用于打印一行内容,即将多个以分隔符(sep,默认为空格)分隔的值(value, …,以逗号分隔的值),写到指定文件流(file,默认为控制台 sys.stdout)。参数 end 指定换行符,flush 指定是否强制写入到流。

【例 6.3】　输入函数和输出函数示例 1。

```
>>> print(1,2,3)                        #输出时采用默认分隔符(空格).输出:1 2 3
>>> print(1,2,3,sep = ',')              #输出时采用逗号(,)分隔符.输出:1,2,3
>>> print(1,2,3,sep = ',',end = '.\n')  #输出时采用逗号分隔符,最后以点结束并换行
1,2,3.
>>> for i in range(5):                  #输出时使用空格代替换行符
        print(i, end = ' ')
0 1 2 3 4
```

【例 6.4】　输入函数和输出函数示例 2(io_test2.py)。

```
import datetime
sName = input("请输入您的姓名：")                    #输入姓名
birthyear = int(input("请输入您的出生年份："))         #输入出生年份
age = datetime.date.today().year - birthyear        #根据当前年份和出生年份计算年龄
print("您好!{0}.您{1}岁.".format(sName, age))
```

程序运行结果如下：

```
请输入您的姓名：张三
请输入您的出生年份：1990
您好!张三.您 28 岁.
```

【例 6.5】　从控制台读取 n 个整数并计算其累计和(io_sum.py)。其中,n 由程序的第一个命令行参数所确定。

```
import sys
n = int(sys.argv[1])        #命令行第一个参数确认所需求和的整数个数 n
sum = 0                     #设置求和初始值 = 0
for i in range(n):
    number = int(input('请输入整数：'))    #输入整数
    sum += number                          #整数累加
print('累计和为: ', sum)                    #输出 n 个整数累计和
```

程序运行结果如图 6-3 所示。

6.3.2　交互式用户输入

在编写控制台应用程序时常常需要实现交互式用户输入,根据用户输入可以在程序执行过程中改变其控制流。

图 6-3　命令行参数确认所需求和的整数个数

编写支持用户交互的程序必须考虑各种可能的用户输入,因而会导致程序的复杂度提高。注意,现代程序一般使用图形用户界面接收用户输入。

【例 6.6】　编写程序(stat.py),输入批量数据(假定当输入 −1 时,终止输入),统计所输入的数据个数,并求总和以及平均值。

```
a = []                              ♯初始化列表
x = float(input("请输入一个实数,输入 − 1 终止: "))
while x != − 1:
    a.append(x)                     ♯将所输入的实数添加到列表中
    x = float(input("请输入一个实数,输入 − 1 终止: "))
print("计数: ", len(a))             ♯列表长度即为实数个数
print("求和: ", sum(a))             ♯列表中各元素求和
print("平均值: ", sum(a)/len(a))    ♯列表中各元素求平均值
```

程序运行结果如图 6-4 所示。

```
请输入一个实数, 输入−1终止: 1.5
请输入一个实数, 输入−1终止: 2.8
请输入一个实数, 输入−1终止: 53.89
请输入一个实数, 输入−1终止: −1
计数:  3
求和:  58.19
平均值:  19.396666666666665
```

图 6-4　命令行参数确认所需求和的整数个数

6.4　文件和文件对象

文件可以看作是数据的集合,一般保存在磁盘或其他存储介质上。

6.4.1　文件对象和 open() 函数

通过内置函数 open() 可以打开或者创建文件对象,其语法格式如下:

```
f = open(file, mode = 'r', buffering = − 1, encoding = None)
```

其中,file 是要打开或者创建的文件名,如果文件不在当前路径中,则需指出文件所在的具体路径;mode 是打开文件的模式;buffering 表示是否使用缓存(默认−1,表示使用系统默认的缓冲区大小);encoding 是文件的编码。open() 函数返回一个文件对象 f。

打开文件的模式 mode 可以为'r'(只读)、'w'(写入,写入前删除旧内容)、'x'(创建新文件,如果文件存在,则导致 FileExistsError)、'a'(追加)、'b'(二进制文件)、't'(文本文件,默认值)、'+'(更新,读写)。

open()函数默认打开模式为'rt',即文本读取模式。

文件操作容易产生异常,而且最后需要关闭打开的文件,故一般使用 try…except…finally 语句,在 try 语句块中执行文件相关操作,使用 except 捕获可能发生的异常,在 finally 语句块中确保关闭打开的文件。

```
try:
    f = open(file, mode)        ♯打开文件
        ♯操作打开的文件
except:                         ♯捕获异常
        ♯发生异常时执行的操作
finally:
    f.close()                   ♯关闭打开的文件
```

6.4.2　文件的打开、写入、读取和关闭

通过内置函数 open()可以创建或者打开文件对象；通过文件对象的实例方法 write()/writelines()可以写入字符串到文本文件；通过文件对象的实例方法 read()和 readline()可以读取文本文件的内容；文件读写完成后,应该使用 close()方法关闭文件。

文本文件对象是其文本行的可迭代对象,也可以使用 for 循环语句遍历所有的行。

【例 6.7】　读取并输出文本文件(type_file.py)。

```
import sys
filename = sys.argv[0]                       ♯所读取并输出的就是本程序文件 type_file.py
f = open(filename, 'r', encoding = 'utf8')   ♯打开文件
line_no = 0                                  ♯统计行号
while True:
    line_no += 1                             ♯行号计数
    line = f.readline()                      ♯读取行信息
    if line:
        print(line_no, ":", line)            ♯输出行号和该行内容
    else:
        break
f.close()                                    ♯关闭打开的文件
```

6.4.3　with 语句和上下文管理协议

使用 try…except…finally 语句可以确保在 try 语句块中获得的资源(例如打开的文件)在 finally 语句块中释放。

为了简化操作,Python 语言与资源相关的对象可以实现上下文管理协议。实现上下文管理协议的对象可以使用 with 语句:

```
    with context [as var]
        操作语句
```

with 语句定义了一个上下文。在执行 with 语句时,首先调用上下文对象 context 的__enter__(),其返回值赋值给 var;离开 with 语句块时,最后调用 context 的__exit__(),确保释放资源。

文件对象支持使用 with 语句,确保打开的文件自动关闭。

```
    with open(file, mode) as f:
        ♯操作打开的文件
```

【例 6.8】 利用 with 语句读取并输出文本文件(type_file_with.py)。

```
import sys
filename = sys.argv[0]              ♯所读取并输出的就是本程序文件 type_file_with.py
line_no = 0                         ♯统计行号
with open(filename, 'r', encoding = 'utf8') as f:   ♯使用 with 语句实现上下文管理协议
    for line in f:
        line_no += 1                ♯行号计数
        print(line_no, ":", line)   ♯输出行号和该行内容
f.close()
```

 ## 6.5 文本文件的读取和写入

在使用 open()函数打开或创建一个文件时,其默认的打开模式为只读文本文件。文本文件用于储存文本字符串,默认编码为 Unicode。

存储在文本文件中的数据也可以是结构化数据,例如一维数据或者二维数据。

一般地,结构化数据文件的存储通常使用特殊分隔符,例如空格分隔、逗号分隔(CSV,Comma-Separated Values)、制表符分隔(TSV,Tab-Separated Values)、换行分隔,或者其他分隔符分隔。

一维数据文件通常存储同一个维度的多个数据,例如,学生计算机考试成绩的一维数据文件的示例(scores1.txt)内容如下:

```
87 67 92 68 92 78 85
```

处理一维数据文件的方式是首先读取文本文件内容,然后使用字符串的 split 方法拆分各字段内容。例如:

```
ls = []
with open("scores1.txt", "r") as f:
    ls = f.read().strip('\n').split(",")
```

二维数据文件通常存储两个维度的数据,每一行表示一条记录的多个字段,例如,若干学生学号、姓名、性别、班级、三门功课的成绩信息示例(scores2.txt)内容如下:

```
102111,宋颐园,男,一班,72,85,82
102113,王二丫,女,一班,75,82,51
```

处理二维数据文件的方式是首先读取文本文件内容,然后分别处理各行文本。用户可以使用字符串的 split 方法拆分各字段内容。但更有效的方法是针对特定的格式,使用 CSV 或 JSON 模块提供的函数直接进行处理。例如:

```
ls = []
with open("scores2.txt", "r", encoding = 'utf-8') as f:
    for line in f:
        ls.append(line.strip('\n').split(","))
```

数据文件具体的处理方法及实例,请参见本章后续内容和范例。

6.5.1 文本文件的写入

文本文件的写入一般包括三个步骤,即打开文件、写入数据和关闭文件。

1. 创建或打开文件对象

通过内置函数 open()可以创建或打开文件对象,并且可以指定覆盖模式(文件存在时)、编码和缓存大小。例如:

```
f1 = open('data1.txt', 'w')   #创建或打开 data1.txt
f2 = open('data2.txt', 'x')   #创建文件 data1.txt,若 data2.txt 已存在,则导致 FileExistsError
f3 = open('data1.txt', 'a')   #创建或打开 data1.txt,附加模式
```

2. 写入字符串到文本文件

在打开文件后,可以使用其实例方法 write()/writelines()把字符串写入文本文件,还可以使用实例方法 flush()强制把缓冲的数据更新到文件中。

- f.write(s):把字符串 s 写入到文件 f。
- f.writelines(lines):依次把列表 lines 中的各字符串写入到文件 f。
- f.flush():把缓冲的数据更新到文件中。

实例方法 write()/writelines()不会添加换行符,但可以通过添加"\n"实现换行。例如:

```
f.write('123\n')                #写入字符串,并换行
f.write('abc\n')                #写入字符串,并换行
f.writelines(['456\n', 'def\n'])  #写入字符串,并换行
```

3. 关闭文件

在写入文件完成后,应该使用 close()方法关闭流,以释放资源,并把缓冲的数据更新到文件中。同时可以使用异常处理的 finally 子句,以保证即使发生异常也会关闭打开的文件。例如:

```
f = open('data1.txt', 'w')        # 打开文件
try:
    # 文件处理操作
finally:
    f.close()                     # 关闭文件
```

通常,文件操作一般采用 with 语句,以保证系统自动关闭打开的流。

```
with open('data1.txt', 'w') as f:
    # 文件处理操作
```

【例 6.9】 文本文件的写入示例(textwrite.py)。

```
with open(r'c:\pythonb\data1.txt', 'w') as f:
    f.write('123\n')                       # 写入字符串
    f.write('abc\n')                       # 写入字符串
    f.writelines(['456\n', 'def\n'])       # 写入字符串
```

6.5.2 文本文件的读取

文本文件的读取一般包括三个步骤,即打开文件、读取数据和关闭文件。

1. 打开文件对象

通过内置函数 open()可以打开文件对象,并且可以指定编码和缓存大小。例如:

```
f1 = open('data1.txt', 'r')  # 打开 data1.txt,若文件不存在,则导致 FileNotFoundError
```

2. 从打开的文本文件中读取字符数据

打开文件后,可以使用下列实例方法读取字符数据。

- f.read():从 f 中读取剩余内容直至文件结尾,返回一个字符串。
- f.read(n):从 f 中读取至多 n 个字符,返回一个字符串;如果 n 为负数或 None,读取直至文件结尾。
- f.readall():从 f 中读取全部内容,返回一个字符串。
- f.readline():从 f 中读取一行内容,返回一个字符串。
- f.readlines():从 f 中读取剩余多行内容,返回一个列表。

例如:

```
>>> f1 = open(r'c:\pythonb\data1.txt', 'r')  ♯打开文件
>>> f1.readline()                            ♯读入一行内容.输出: '123\n'
>>> f1.readlines()   ♯读入剩下多行内容.输出: ['abc\n', '456\n', 'def\n']
```

另外，文件可以直接迭代。文本文件按行迭代。例如：

```
>>> f1 = open(r'c:\pythonb\data1.txt', 'r')
>>> for s in f1:
        print(s, end = '')
123
abc
456
def
```

3. 关闭文件

用户可以使用 close() 方法关闭流，以释放资源。通常采用 with 语句，以保证系统自动关闭打开的流。

【例 6.10】 文本文件的读取示例（textread.py）。

```
with open(r'c:\pythonb\data1.txt', 'r') as f:
    for s in f.readlines():
        print(s, end = '')
```

6.5.3　文本文件的编码

文本文件用于存储编码的字符串，使用 open() 函数打开文本文件时，可以指定所使用的编码，函数形式如下。

```
open(file, mode = 'r', buffering = - 1, encoding = None, errors = None, newline = None, closefd
 = True, opener = None)
```

encoding 默认为 None，即不指定。默认的编码与平台有关，其值为：

```
>>> import sys
>>> sys.getdefaultencoding()      ♯输出: 'utf - 8'
```

Python 内置的编码包括 utf-8、utf8、latin-1、latin1、iso-8859-1、mbcs（仅 Windows 系统）、ascii、utf-16、utf-32 等。例如：

```
>>> f = open("1.txt", mode = "w", encoding = "utf - 8")
```

6.6　CSV 格式文件的读取和写入

6.6.1　CSV 格式文件和 csv 模块

CSV 是逗号分隔符文本格式,常用于 Excel 和数据库的数据导入和导出。Python 标准库模块 csv 提供了读取和写入 CSV 格式文件的对象。

本节基于以下 scores.csv 文件,其内容为:

```
学号,姓名,性别,班级,语文,数学,英语
102111,宋颐园,男,一班,72,85,82
102113,王二丫,女,一班,75,82,51
102131,董再永,男,三班,55,74,79
101521,陈香燕,女,二班,80,86,68
102135,周一萍,女,三班,72,76,72
```

6.6.2　csv.reader 对象和 CSV 文件的读取

csv.reader 对象用于从 CSV 文件读取数据(格式为列表对象),其构造函数如下:

```
csv.reader(csvfile, dialect = 'excel', ** fmtparams)   # 构造函数
```

其中,csvfile 是文件对象或 list 对象;dialect 用于指定 CSV 的格式模式,不同程序输出的 CSV 格式有细微差别;fmtparams 用于指定特定格式,以覆盖 dialect 中的格式。

csv.reader 对象是可迭代对象。reader 对象包含如下属性。

- csvreader.dialect:返回其 dialect。
- csvreader.line_num:返回读入的行数。

【例 6.11】　使用 reader 对象读取 CSV 文件(csv_reader1.py)。

```
import csv
def readcsv1(csvfilepath):
    with open(csvfilepath, newline = '') as f:      # 打开文件
        f_csv = csv.reader(f)                        # 创建 csv.reader 对象
        headers = next(f_csv)                        # 标题
        print(headers)                               # 打印标题(列表)
        for row in f_csv:                            # 循环打印各行(列表)
            print(row)
if __name__ == '__main__':
    readcsv1(r'scores.csv')
```

程序运行结果如下:

```
['学号', '姓名', '性别', '班级', '语文', '数学', '英语']
['102111', '宋颐园', '男', '一班', '72', '85', '82']
['102113', '王二丫', '女', '一班', '75', '82', '51']
['102131', '董再永', '男', '三班', '55', '74', '79']
['102121', '陈香燕', '女', '二班', '80', '86', '68']
['102135', '周一萍', '女', '三班', '72', '76', '72']
```

6.6.3   csv. writer 对象和 CSV 文件的写入

csv. writer 对象用于把列表对象数据写入到 CSV 文件，其构造函数如下：

```
csv.writer(csvfile, dialect = 'excel', ** fmtparams)      # 构造函数
```

其中，csvfile 是任何支持 write()方法的对象，通常为文件对象；dialect 和 fmtparams 与 csv. reader 对象构造函数中的参数意义相同。

csv. writer 对象支持下列方法和属性。

- csvwriter. writerow(row)：方法，写入一行数据
- csvwriter. writerows(rows)：方法，写入多行数据。
- csvreader. dialect：只读属性，返回其 dialect。

【例 6. 12】 使用 writer 对象写入 CSV 文件(csv_writer1. py)。

```
import csv
def writecsv1(csvfilepath):
    headers = ['学号', '姓名', '性别', '班级', '语文', '数学', '英语']
    rows = [('102111', '宋颐园', '男', '一班', '72', '85', '82'),
            ('102113', '王二丫', '女', '一班', '75', '82', '51')]
    with open(csvfilepath,'w', newline = '') as f:          # 打开文件
        f_csv = csv.writer(f)                               # 创建 csv. writer 对象
        f_csv.writerow(headers)                             # 写入 1 行(标题)
        f_csv.writerows(rows)                               # 写入多行(数据)
if __name__ == '__main__':
    writecsv1(r'scores1.csv')
```

 ## 6.7   JSON 格式文件的读取和写入

6.7.1   JSON 格式文件和 json 模块

JSON(JavaScript Object Notation，JavaScript 对象标记)定义了一种标准格式，使用字符串来描述典型的内置对象(例如字典、列表、数字和字符串)。虽然 JSON 原来是 JavaScript 编程语言的一个子集，但它现在是一个独立于语言的数据格式，所有主流编程语言都有生产和消费 JSON 数据的库。JSON 是网络数据交换的流行格式之一。

Python 标准库模块 json 包含如下将 Python 对象编码为 JSON 格式和将 JSON 解码到 Python 对象的函数。

- dumps(obj)：返回把 obj 对象序列化为 JSON 字符串。
- dump(obj，fp)：把 obj 对象序列化为 JSON 字符串写入到文件 fp。
- loads(s)：返回把 JSON 字符串 s 反序列化后的对象。
- load(fp)：返回把从文件 fp 中读取 JSON 字符串反序列化后的对象。

例如：

```
>>> import json
>>> data = [{'a': 'A', 'b': (2, 4), 'c': 3.0}]
>>> str_json = json.dumps(data)
>>> str_json      #输出：'[{"a": "A", "b": [2, 4], "c": 3.0}]'
>>> data1 = json.loads(str_json)
>>> data1         #输出：[{'a': 'A', 'b': [2, 4], 'c': 3.0}]
```

6.7.2　JSON 文件的写入

使用 Python 标准库模块 json 的函数 dump(obj，fp)，可以将 obj 对象序列化为 JSON 字符串并写入到文件 fp。

【例 6.13】　JSON 文件的写入（对象 JSON 格式系列化）示例（json_dump.py）。

```
import json
urls = {'baidu':'http://www.baidu.com/',
        'sina':'http://www.sina.com.cn/',
        'tencent':'http://www.qq.com/',
        'taobao':'https://www.taobao.com/'}
with open(r'c:\pythonb\data.json', 'w') as f:
    json.dump(urls, f)
```

6.7.3　JSON 文件的读取

使用 Python 标准库模块 json 的函数 load(fp)可以从文件 fp 中读取 JSON 字符串，并转换为 Python 对象。

【例 6.14】　JSON 文件的读取（对象 JSON 格式反系列化）示例（json_load.py）。

```
import json
with open(r'c:\pythonb\data.json', 'r') as f:
    urls = json.load(f)
    print(urls)
```

程序运行结果如下：

```
{'baidu': 'http://www.baidu.com/', 'sina': 'http://www.sina.com.cn/', 'tencent': 'http://www.
qq.com/', 'taobao': 'https://www.taobao.com/'}
```

 6.8　随机文件的读取和写入

文件的读取和写入一般从当前位置开始（打开文件时位置为0），直至文件结尾（EOF），即按顺序访问。文件对象支持 seek 方法，seek 通过字节偏移量将读取/写入位置移动到文件中的任意位置，从而实现文件的随机访问。seek 方法的命令形式如下：

```
seek(offset, whence = os.SEEK_SET)
```

其中，offset 为移动的字节偏移量，whence 为相对参考点（文件开始、当前位置、结尾，分别对应于 os.SEEK_SET、os.SEEK_CUR、os.SEEK_END，或者 0、1、2）。

随机文件访问一般针对二进制文件，因为其存储内容为字节码。文本文件也可以使用 seek() 方法，但多字节的偏移量不容易控制，有时候会导致无意义。

1. 创建或打开随机文件

随机文件一般同时提供读写操作，即使用内置函数 open()，指定打开模式 '+'。例如：

```
f1 = open('data1.dat', 'w + b')    #创建或打开 data1.dat
f2 = open('data2.dat', 'x + b')    #创建文件 data1.dat; 若 data2.txt 已存在
                                   #则导致 FileExistsError
f3 = open('data1.dat', 'a + b')    #创建或打开 data1.dat,附加模式
f4 = open('data1.dat', 'wb + ')    #创建或打开 data1.dat,同 'w + b'
```

2. 定位

打开文件后，用户可以使用其实例方法 seek 进行定位，即将该文件的当前位置设置为给定值。例如：

```
f1.seek(0)                         #定位到开始位置
```

3. 写入/读取数据

打开文件，并定位文件位置后，用户可以使用其实例方法 write()/read()，写入或读取字节数据。例如：

```
f1.seek(0, os.SEEK_END)            #定位到结束位置
f1.write(b'hello')                 #写入字节数据
f1.seek(3)                         #定位到第 3 个位置
f1.read(3)                         #读取 3 个字节,结果: b'abc'
```

4. 关闭文件

用户可以使用 close()方法关闭流,以释放资源。通常采用 with 语句,以保证系统自动关闭打开的流。

【例 6.15】 随机文件的读写示例(randomfile.py)。

```
import os
f = open('data.dat', 'w + b')        # 创建或打开文件 data.dat
f.seek(0)                            # 定位到开始位置
f.write(b'Hello')                    # 写入字节数据
f.write(b'World')                    # 写入字节数据
f.seek( - 5, os.SEEK_END)            # 定位到结束位置倒数第 5 个位置
b = f.read(5)                        # 读取 5 个字节
print(b)                             # 输出: b'World'
```

程序运行结果如下:

```
b' World '
```

6.9 os 模块和文件目录操作

使用标准库中的 os 模块,用户可以实现操作系统的目录处理,例如创建目录、删除目录等操作。os 模块主要包括 getcwd()(获取当前工作目录)、chdir()(切换当前工作目录)、mkdir()(创建单级目录)、makedirs()(创建多级目录)、listdir()(显示目录中的文件/子目录列表)、rmdir()(删除目录)、remove()(删除文件)和 rename()(文件或目录重命名)等函数。

【例 6.16】 文件目录操作示例。

```
>>> import os
>>> os.getcwd()                     # 显示当前目录
'C:\\Users\\jh\\AppData\\Local\\Programs\\Python\\Python38'
>>> os.chdir(r"c:\pythonb")         # 切换当前目录
>>> os.listdir(r"c:\pythonb")       # 列举当前目录中的内容
['ch01', 'ch02', 'ch03', 'ch04', 'ch05', 'ch06', 'ch07', 'ch08', 'ch09', 'ch10', 'ch11', 'ch12',
'data.json', 'data1.txt']
>>> os.makedirs(r"c:\pythonb\temp\dir1")  # 创建多级子目录.注: mkdir()只能创建一级子目录
>>> os.rename(r"c:\pythonb\temp\dir1", r"c:\pythonb\temp\dir2")   # 子目录重命名
```

6.10 综合应用:文件数据的统计和分析

6.10.1 统计存储在文本文件中的学生成绩信息

【例 6.17】 编写程序(process_txt.py):读取 data.txt 中的数据(假设文件中存储若干

成绩,每行一个成绩），统计分析成绩的个数、最高分、最低分以及平均分,并把结果写入 result.txt 文件中。程序清单如下所示:

```
scores = []                              ＃创建空列表,用于储存从文本文件中读取的成绩信息
txtfilepath = 'data.txt'
with open(txtfilepath, encoding = 'utf - 8') as f:          ＃打开文件
    for s in f.readlines():                              ＃读取并遍历文件行
        scores.append(int(s))
result_filepath = 'result.txt'
with open(result_filepath, 'w', encoding = 'utf - 8') as f:     ＃打开文件
    f.write("成绩个数: {}\n".format(len(scores)))
    f.write("最高分: {}\n".format(max(scores)))
    f.write("最低分: {}\n".format(min(scores)))
    f.write("平均分: {}\n".format(sum(scores)/len(scores)))
```

程序运行后,结果 result.txt 的内容如下:

```
成绩个数: 115
最高分: 95
最低分: 50
平均分: 70.4
```

6.10.2 统计存储在 CSV 文件中的学生成绩信息

【例 6.18】 编写程序（read_csv.py）: 读取 data.csv 中的数据,统计分析成绩的平均值,并打印出结果。假设 data.csv 的内容如下:

```
ID, name, score
102101, name01, 88
102102, name02, 82
…
```

程序清单如下所示:

```
import csv
scores = []                              ＃创建空列表,用于存储从 CSV 文件中读取的成绩信息
csvfilepath = 'data.csv'
with open(csvfilepath, newline = '') as f:＃打开文件
    f_csv = csv.reader(f)                ＃创建 csv.reader 对象
    headers = next(f_csv)                ＃标题
    for row in f_csv:                    ＃循环打印各行(列表)
        scores.append(row)
print("原始记录:",scores)
scoresData = []
for rec in scores:
```

```
        scoresData.append(int(rec[2]))
print("成绩列表:",scoresData)
print("平均成绩:",sum(scoresData)/len(scoresData))
```

程序运行结果如下:

```
原始记录:[['102101', 'name01', '88'], ['102102', 'name02', '82'], …(略)
成绩列表:[88, 82, 77, 68, 86, 62, 82, 92, 82, 79]
平均成绩:79.8
```

6.10.3 基于字典的通讯录

本节实现一个简单的基于字典数据结构的通讯录管理系统。系统采用 JSON 文件来保存数据。通讯录设计为字典{name:tel}。程序开始时从 addressbook.json 文件中读取通讯录,然后显示如图 6-5 所示的主菜单,具体包括如下功能。

(1)显示通讯录清单。如果通讯录字典中存在用户信息,则显示通讯录清单,包括姓名和电话号码;如果通讯录字典中不存在任何用户信息,则提示"通讯录为空"。

(2)查询联系人资料。提示用户输入姓名 name,在通讯录字典中查询该姓名所对应的键,如果存在,输出联系人信息;如果不存在,提示是否新建联系人。

(3)插入新的联系人。提示用户输入姓名 name,在通讯录字典中查询该姓名所对应的键,如果存在,提示是否更新联系人信息;如果不存在,提示输入电话号码,并插入字典键-值对。

(4)删除已有联系人。提示用户输入姓名 name,在通讯录字典中查询该姓名所对应的键,如果不存在,输出"联系人不存在"的提示信息;如果存在,从通讯录字典中删除键-值对,并输出信息。

(5)退出。保存通讯录字典到 addressbook.json 中,退出循环。

图 6-5 通讯录管理系统的主菜单

【例 6.19】 基于字典的通讯录(addressbook.py)。

```
"""简易通讯录程序"""
import os, json
ab = {}                    #通讯录保存在字典中
#从 JSON 文件中读取通讯录
if os.path.exists("addressbook.json"):
    with open(r'addressbook.json', 'r', encoding = 'utf - 8') as f:
        ab = json.load(f)
```

```python
while True:
    print("| --- 欢迎使用通讯录程序 --- |")
    print("| --- 1: 显示通讯录清单 --- |")
    print("| --- 2: 查询联系人资料 --- |")
    print("| --- 3: 插入新的联系人 --- |")
    print("| --- 4: 删除已有联系人 --- |")
    print("| --- 0: 退出 ------------- |")
    choice = input('请选择功能菜单(0-4):')
    if choice == '1':
        if(len(ab) == 0):
            print("通讯录为空")
        else:
            for k, v in ab.items():
                print("姓名={},联系电话={}".format(k, v))
    elif choice == '2':
        name = input("请输入联系人姓名:")
        if(name not in ab):
            ask = input("联系人不存在,是否增加用户资料(Y/N)")
            if ask in ["Y", "y"]:
                tel = input("请输入用户联系电话:")
                ab[name] = tel
        else:
            print("联系人信息:{} {}".format(name, ab[name]))
    elif choice == '3':
        name = input("请输入联系人姓名:")
        if(name in ab):
            print("已存在联系人:{} {}".format(name, ab[name]))
            ask = input("是否修改用户资料(Y/N)")
            if ask in ["Y", "y"]:
                tel = input("请输入用户联系电话:")
                dict[name] = tel
        else:
            tel = input("请输入用户联系电话:")
            ab[name] = tel
    elif choice == '4':
        name = input("请输入联系人姓名:")
        if(name not in ab):
            print("联系人不存在:{}".format(name))
        else:
            tel = ab.pop(name)
            print("删除联系人:{} {}".format(name, tel))
    elif choice == '0':  # 保存到 JSON 文件并退出循环
        with open(r'addressbook.json', 'w', encoding='utf-8') as f:
            json.dump(ab, f)
        break
```

本章小结

第章

视频讲解

数值处理与计算

Python 提供了丰富的数据类型和模块函数,用于程序设计中的数值处理和计算。本章主要讨论 math、random 和 time 模块。

 ## 7.1　math 模块和数学函数

7.1.1　math 模块

在 Python 标准库 math 中,提供了许多常用的数学函数,包括三角函数、对数函数和其他通用数学函数。

math 模块包含两个常量 math.pi 和 math.e,分别对应于圆周率 π(3.141592653589793)和自然常数 e(2.718281828459045)。

【例 7.1】　探索 math 模块提供的功能。

```
>>> import math                    # 导入 math 模块
>>> help(math)                     # 显示 math 模块的帮助信息
>>> dir(math)                      # 显示 math 模块的所有成员
['__doc__', '__loader__', '__name__', '__package__', '__spec__', 'acos', 'acosh', 'asin', 'asinh',
'atan', 'atan2', 'atanh', 'ceil', 'comb', 'copysign', 'cos', 'cosh', 'degrees', 'dist', 'e', 'erf',
'erfc', 'exp', 'expm1', 'fabs', 'factorial', 'floor', 'fmod', 'frexp', 'fsum', 'gamma', 'gcd', 'hypot',
'inf', 'isclose', 'isfinite', 'isinf', 'isnan', 'isqrt', 'ldexp', 'lgamma', 'log', 'log10', 'log1p',
'log2', 'modf', 'nan', 'perm', 'pi', 'pow', 'prod', 'radians', 'remainder', 'sin', 'sinh', 'sqrt',
'tan', 'tanh', 'tau', 'trunc']
>>> help(math.sin)                 # 显示 math.sin(计算正弦值的函数)的帮助信息
Help on built - in function sin in module math:
sin(x, /)
    Return the sine of x (measured in radians).
>>> help(math.radians)             # 显示 math.radians(角度转换为弧度的函数)的帮助信息
Help on built - in function radians in module math:
radians(x, /)
    Convert angle x from degrees to radians.
```

```
>>> math.sin(math.radians(30))  #计算角度为 30 度的正弦值
0.49999999999999994
```

7.1.2　math 模块的 API

math 模块包含的常用常量和函数 API 如表 7-1 所示。其中的三角函数以弧度为单位。假设表中示例基于"from math import ＊"。

表 7-1　math 模块包含的常用常量和函数 API

名　　称	说　　明	示　　例	结　　果
e	数学常量 e	e	2.718281828459045
pi	数学常量 pi	pi	3.141592653589793
ceil(x)	返回＞＝x 的最小整数	ceil(1.2)，ceil(−1.6)	2，−1
fabs(x)	返回 x 的绝对值	fabs(−1.2)	1.2
factorial(x)	返回正整数 x 的阶乘	factorial(10)	3628800
floor(x)	返回＜＝x 的最大整数	floor(1.8)，floor(−2.1)	1，−3
fmod(x, y)	返回 x % y	fmod(5，3)	2.0
trunc(x)	将 x 截为最接近 0 的整数	trunc(1.2) trunc(−2.8)	1 −2
exp(x)	返回 e ** x	exp(5)	148.4131591025766
log(x) log(x, base])	返回 $\log_e x$ 返回 $\log_{base} x$	log(e) log(e, 2)	1.0 1.4426950408889634
log2(x)	返回 $\log_2 x$	log2(e)	1.4426950408889634
log10(x)	返回 $\log_{10} x$	log10(100)	2.0
pow(x, y)	返回 x^y，即 x ** y	pow(2,8)	256.0
sin(x)	返回 x 的正弦	sin(pi/2)	1.0
cos(x)	返回 x 的余弦	cos(2 * pi)	1.0
tan(x)	返回 x 的正切	tan(pi/4)	0.9999999999999999
degrees(x)	将 x 从弧度转换为角度	degrees(pi)	180.0
radians(x)	将 x 从角度转换为弧度	radians(90)	1.5707963267948966

 说 明

如果 x 不是 float 数据类型,则 ceil(x)、floor(x)、trunc(x)等同于 x 的对象方法 x.__ceil__()、x.__floor__()、x.__trunc__()。

7.1.3　math 模块应用举例

【例 7.2】 数学函数的使用示例(math_test.py):输入三条边长,如果可以构成三角形,则求三角形的面积、周长、某边长所对应的高、最长边长、最短边长;否则报错"不能构成三角形"。

```
import math
# 三角形三边 a、b、c,必须满足：三条边长均大于零,并且任意两边之和大于第三边
a = int(input("请输入边长 a: "))
b = int(input("请输入边长 b: "))
c = int(input("请输入边长 c: "))
if (a > 0 and b > 0 and c > 0 and a + b > c and a + c > b and b + c > a):
    half = (a + b + c) / 2                                          # 周长的一半
    area = math.sqrt(half * (half - a) * (half - b) * (half - c))   # 面积
    perimeter = a + b + c                                           # 周长
    height_a = 2 * area / a                                         # 边长 a 所对应的高
    max_side = max(a, b, c)                                         # 最长边长
    min_side = min(a, b, c)                                         # 最短边长
    print("三角形的三条边为：{0}、{1}和{2}".format(a, b, c))
    print("三角形的面积为：{0:.2f}".format(area))
    print("三角形的周长为：{0:.2f}".format(perimeter))
    print("边长 A 对应的高为：{0:.2f}".format(height_a))
    print("三角形的最长的边为：{0:.2f}".format(max_side))
    print("三角形的最短的边为：{0:.2f}".format(min_side))
else:
    print("三条边：{0}、{1}和{2},不能构成三角形".format(a, b, c))
```

程序运行结果如图 7-1 所示。

```
请输入边长a: 3
请输入边长b: 4
请输入边长c: 5
三角形的三条边为：3、4和5
三角形的面积为：6.00
三角形的周长为：12.00
边长A对应的高为：4.00
三角形的最长的边为：5.00
三角形的最短的边为：3.00
```

图 7-1   三角形示例结果

【例 7.3】   数学函数的使用示例(quadratic.py)：求一元二次方程 $x^2 + bx + c = 0$ 的实数解。其中,系数 b 和 c 由命令行参数所确定。

```
import math
import sys
b = float(sys.argv[1])
c = float(sys.argv[2])
discriminant = b * b - 4.0 * c
if discriminant >= 0:
    delta = math.sqrt(discriminant)
    print("x1 = ",(- b + delta) / 2.0)
    print("x2 = ",(- b - delta) / 2.0)
else:
    print("此方程无实数解")
```

程序运行结果如图 7-2 所示。

```
命令提示符                             —   □   ×
C:\pythonb\ch07>python quadratic.py 3 3
此方程无实数解

C:\pythonb\ch07>python quadratic.py -3 2
x1= 2.0
x2= 1.0
```

图 7-2 求解一元二次方程的实数根

7.2 random 模块和随机函数

7.2.1 random 模块

random 模块包含各种伪随机数生成函数,以及各种根据概率分布生成随机数的函数。该模块中大部分函数都基于 random() 函数,该函数使用 Mersenne Twister 生成器在[0.0,1.0)范围内生成一致分布的随机值。

【例 7.4】 探索 random 模块提供的功能。

```
>>> importrandom                    # 导入 random 模块
>>> help(random)                    # 显示 random 模块的帮助信息
>>> dir(random)                     # 显示 random 模块的所有成员
>>> help(random.randint)            # 显示 random.randint(产生随机整数的函数)的帮助信息
Help on method randint in module random:
randint(a, b) method of random.Random instance
    Return random integer in range [a, b], including both end points.
```

7.2.2 种子和随机状态

使用 random 模块函数 seed() 可以设置伪随机数生成器的种子。其基本形式如下:

```
random.seed(a = None, version = 2)
```

其中 a 为种子。当没有指定 a 时使用系统时间。如果 a 为整数,则直接使用。当 a 不为整数且 version=2 时,则 a 转换为整数;否则使用 a 的 hash 值。

同一种子,每次运行产生的随机数相同(故称之为伪随机数)。

【例 7.5】 种子状态示例。

```
>>> import random
>>> random.seed(1)                                    # 设置种子为 1
>>> for i in range(5): print(random.randint(1,5),end = ',')   # 输出: 2,5,1,3,1,
>>> for i in range(5): print(random.randint(1,5),end = ',')   # 输出: 4,4,4,4,2,
```

```
>>> random.seed(1)                                   # 再次设置种子为1,结果重复
>>> for i in range(5): print(random.randint(1,5),end = ',')   # 输出：2,5,1,3,1,
>>> random.seed(10)                                  # 重新设置种子为10
>>> for i in range(5): print(random.randint(1,5),end = ',')   # 输出：5,1,4,4,5,
```

7.2.3 常用随机函数

random 模块中用于生成随机数的常用函数如表 7-2 所示。假设表中示例基于以下前提条件。注意,示例的输出结果具有随机性。

```
>>> from random import *
>>> seq = ('a','e','i','o','u'); seq1 = [1, 2, 3, 4, 5]
```

表 7-2 random 模块中常用的随机函数

名　称	说　明	示　例	结果（随机）
random()	返回[0.0, 1.0)之间的随机数	print(random())	0.17101523803052066,
randint(a, b)	返回随机整数 N,使得 a≤N≤b,即 randrange(a, b+1)	for i in range(10): 　print(randint(1,5),end= ',')	1,2,5,5,1,1,1,2,3,4,
randrange（start, stop[, step])	返回随机整数 N,N 属于序列[start, stop, step)	for i in range(10): 　print（randrange（1,5），end=',')	3,4,1,2,3,4,4,4,1,1,
randrange(stop)	返回随机整数 N,N 属于序列[0, stop)	for i in range(10): 　print（randrange（10），end=',')	8,6,7,4,0,9,1,5,4,9,
getrandbits(k)	返回随机整数 N,使得 N 的位(bit)长为 k	for i in range(10): 　print(getrandbits（2），end=',')	0,0,1,2,1,3,1,1,1,1,
uniform(a, b)	返回[a, b]之间的随机小数	print(uniform(1,2))	1.060436971180233
choice(seq)	从非空的序列 seq 中随机返回一个元素	for i in range(5): 　print(choice(seq),end=',')	e,i,u,o,o,
sample(pop, k)	从非空的序列 population 随机抽取 k 个元素,返回其列表	sample(seq,3)	['i', 'u', 'a']
shuffle(seq)	混排列表。可选的 random 为随机函数,默认为 random()	shuffle(seq1);seq1	[2, 1, 5, 3, 4]

【例7.6】　猜数游戏(guess.py)：首先随机产生一个1～100以内的整数,请用户猜测具体是哪个数,即不断从标准输入读取用户的猜测值,并根据猜测值给出提示信息"太大""太小"或"正确!"。

```
import random
secret = random.randrange(1, 101)
guess = 0
while guess != secret:
    guess = int(input("请猜测一个100之内的数: "))
    if (guess < secret): print('太小')
    elif (guess > secret): print('太大')
    else: print('正确!')
```

程序运行结果(随机数由系统随机产生,因此每次运行结果有所不同)如图7-3所示。

```
请猜测一个100之内的数: 50
太大
请猜测一个100之内的数: 20
太小
请猜测一个100之内的数: 30
太小
请猜测一个100之内的数: 45
太小
请猜测一个100之内的数: 48
正确!
```

图7-3　猜数游戏运行结果

7.3　日期和时间处理

7.3.1　相关术语

1. epoch

epoch(新纪元)是系统规定的时间起始点。UNIX系统是1970/1/1 0:0:0开始。日期和时间在内部表示为从epoch开始的秒数。time模块中的函数使用对应C语言函数库中的函数,故只能处理1970/1/1至2038/12/31之间的日期和时间。

2. UTC

UTC是Coordinated Universal Time(协调世界时)的英文缩写,是一种兼顾理论与应用的时标,旧称GMT(Greenwich Mean Time,格林威治时间)。

3. DST

DST(Daylight Saving Time)即夏令时。不同地域可能规定不同的夏令时,C语言函数库使用表格对应这些规定。time模块中的daylight属性用于判定是否使用夏令时。

```
>>> time.daylight        #输出: 0
```

7.3.2　time 模块和时间对象处理

在系统内部，日期和时间表示为从 epoch 开始的秒数，称之为时间戳（timestamp）。

time 模块的 struct_time 对象是一个命名元组，用于表示时间对象，包括 9 个字段属性，即 tm_year（年）、tm_mon（月）、tm_mday（日）、tm_hour（时）、tm_min（分）、tm_sec（秒）、tm_wday（星期[0,6]，0 表示星期一）、tm_yday（该年第几天[1，366]）、tm_isdst（是否夏时令，0 否，1 是、−1 未知）。

time 模块主要包含以下时间处理函数。

- time()：获取当前时间戳。
- gmtime([secs])：获取时间戳 secs 对应的 struct_time 对象，secs 默认为当前时间戳。
- localtime([secs])：获取时间戳 secs 对应的本地时间的 struct_time 对象。例如北京时间。secs 默认为当前时间戳。
- ctime([secs])：返回时间戳 secs 对应的本地时间字符串。secs 默认为当前时间戳。
- mktime(t)：localtime() 的反函数，将本地时间 struct_time 对象 t 转换为时间戳。
- asctime([t])：将时间元组或者 struct_time 对象 t 转换为时间字符串。
- sleep(secs)：暂停线程执行，让线程休眠 secs 秒的时间。

【例 7.7】　time 模块和时间对象处理示例。

```
>>> import time
>>> time.time()                   # 获取当前时间戳
1597458851.148604
>>> time.gmtime(10 ** 9)          # 获取时间戳 10 ** 9 对应的 struct_time 对象
time.struct_time(tm_year = 2001, tm_mon = 9, tm_mday = 9, tm_hour = 1, tm_min = 46, tm_sec =
40, tm_wday = 6, tm_yday = 252, tm_isdst = 0)
>>> time.localtime()              # 获取当前时间戳对应的本地时间的 struct_time 对象
time.struct_time(tm_year = 2020, tm_mon = 8, tm_mday = 15, tm_hour = 10, tm_min = 34, tm_sec =
45, tm_wday = 5, tm_yday = 228, tm_isdst = 0)
>>> time.ctime()                  # 返回当前本地时间字符串
'Sat Aug 15 10:34:56 2020'
>>> st = time.localtime()         # 获取当前本地时间戳对应的 struct_time 对象
>>> st.tm_year                    # 输出：2020
>>> time.mktime(st)               # 输出：1597458911.0
```

7.3.3　time 模块程序运行时间测量

time 模块还包含如下用于测量程序性能的函数。

- process_time()：返回当前进程处理器运行时间。
- perf_counter()：返回性能计数器。
- monotonic()：返回单向时钟。

用户可以使用程序运行到某两处的时间差值，计算该程序片段所花费的运行时间，也可以使用 time.time() 函数，该函数返回以秒为单位的系统时间（浮点数）。

【例 7.8】 测量程序运行时间(time_pmrunning.py)。

```
import time
def test():
    sum = 0
    for i in range(0,9999999):
        sum += i
    return sum
if __name__ == '__main__':
    t1 = time.monotonic()          # 单向时钟
    print(test())
    t2 = time.monotonic()          # 单向时钟
    print('运行时间: ', t2 - t1)
```

程序运行结果如下:

```
49999985000001
运行时间: 0.6400000000139698
```

7.3.4 datetime 模块和日期时间对象处理

datetime 模块包括 datetime. MINYEAR 和 datetime. MAXYEAR 两个常量,分别表示最小年份和最大年份,值为 1 和 9999。

datetime 模块包含用于表示日期的 date 对象、表示时间的 time 对象和表示日期时间的 datetime 对象。timedelta 对象表示日期或时间之间的差值,可以用于日期或时间的运算。

通过 datetime 模块的 date. today()函数可以返回表示当前日期的 date 对象,通过其实例对象方法,可以获取其年、月、日等信息。

通过 datetime 模块的 datetime. now()函数可以返回表示当前日期时间的 datetime 对象,通过其实例对象方法,可以获取其年、月、日、时、分、秒等信息。

【例 7.9】 获取当前日期时间示例(datetimes. py)。

```
import datetime
d = datetime.date.today()
dt = datetime.datetime.now()
print ("当前的日期是 %s" % d)
print ("当前的日期和时间是 %s" % dt)
print ("ISO 格式的日期和时间是 %s" % dt.isoformat() )
print ("当前的年份是 %s" % dt.year)
print ("当前的月份是 %s" % dt.month)
print ("当前的日期是 %s" % dt.day)
print ("dd/mm/yyyy 格式是 %s/%s/%s" % (dt.day, dt.month, dt.year) )
print ("当前小时是 %s" % dt.hour)
print ("当前分钟是 %s" % dt.minute)
print ("当前秒是 %s" % dt.second)
```

程序运行结果如图 7-4 所示。

```
当前的日期是 2020-08-15
当前的日期和时间是 2020-08-15 10:57:47.433820
ISO格式的日期和时间是 2020-08-15T10:57:47.433820
当前的年份是 2020
当前的月份是 8
当前的日期是  15
dd/mm/yyyy 格式是  15/8/2020
当前小时是 10
当前分钟是 57
当前秒是  47
```

图 7-4　获取当前日期时间示例运行结果

7.3.5　日期时间格式化为字符串

time 模块中的 strftime()函数将 struct_time 对象格式化为字符串,其函数形式如下:

```
time.strftime(format[, t])
```

其中,format 为日期时间格式化字符串；可选参数 t 为 struct_time 对象。常用的日期时间格式化字符串如表 7-3 所示。

表 7-3　常用的日期时间格式化字符串

格式化字符串	日期/时间	示　　例
%Y	年份 0001～9999	2021
%m	月份 01～12	10
%B	月名 January～December	October
%b	月名缩写 Jan～Dec	Oct
%d	日期 01～31	26
%A	星期 Monday～Sunday	Tuesday
%a	星期缩写 Mon～Sun	Tue
%H	小时(24h 制)00～23	20
%I	小时(12h 制)01～12	10
%p	上午/下午(AM/PM)	PM
%M	分钟 00～59	38
%S	秒 00～59	54

【例 7.10】　日期时间格式化为字符串示例 1。

```
>>> from time import *
>>> strftime("%c", localtime())          ♯输出: 'Sat Aug 15 11:06:45 2020'
>>> strftime("%Y年%m月%d日(%A) %H时%M分%S秒%p", localtime())
'2020 年 08 月 15 日(Saturday) 11 时 09 分 22 秒 AM'
```

同样,datetime.datetime.strftime()函数将 datetime 对象格式化为日期时间字符串。
【例 7.11】　日期时间格式化为字符串示例 2。

```
>>> import datetime
>>> datetime.datetime.now().strftime('%Y-%m-%d %H:%M:%S')
#输出: '2020-08-15 11:08:20'
```

7.3.6 日期时间字符串解析为日期时间对象

time 模块中的 strptime() 函数将时间字符串解析为 struct_time 对象,其函数形式如下:

```
time.strptime(string[, format])
```

其中,string 为日期字符串;可选参数 format 为日期格式化字符串。

【例 7.12】 日期时间字符串解析示例 1。

```
>>> from time import *
>>> strptime("30 Nov22", "%d %b %y")
time.struct_time(tm_year=2022, tm_mon=11, tm_mday=30, tm_hour=0, tm_min=0, tm_sec=
0, tm_wday=2, tm_yday=334, tm_isdst=-1)
```

同样,datetime.datetime.strptime() 将日期时间字符串解析为 datetime 对象,其函数形式如下:

```
datetime.datetime.strptime(string, format)
```

其中,string 为日期字符串;format 为日期格式化字符串。

【例 7.13】 日期时间字符串解析示例 2。

```
>>> datetime.datetime.strptime('2022-08-18','%Y-%m-%d')
#输出: datetime.datetime(2022, 8, 18, 0, 0)
```

 ## 7.4 应用举例

7.4.1 使用阿基米德方法估算圆周率

使用阿基米德方法估算圆周率的数学方法如下:使用单位圆的内接多边形的周长估算圆的周长。通过增加边的数量(从而减少边的长度),内接多边形的周长将越来越接近圆的实际周长。假设半径为 h 的圆内接正 N 多边形(如图 7-5 所示),那么圆周长 $c \approx N * s$。由于 $B = 360/N$,故 $A = 180/N$,$s/2 = h * \sin(\text{radians}(180/N))$,因此 $c \approx N * 2h * \sin(\text{radians}(360/N)) = 2\pi h$,结果 $\pi \approx N * \sin(\text{radians}(360/N))$。

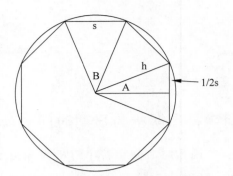

图 7-5　使用阿基米德方法估算圆周率

【例 7.14】　使用阿基米德方法估算圆周率（archimedes. py）。

```python
import math
def archimedes(numSides):
    halfAngleA = 180.0 / numSides
    archi_pi = numSides * math.sin(math.radians(halfAngleA))
    return archi_pi
if __name__ == "__main__":
    for sides in range(8, 100, 8):
        print(sides, archimedes(sides))
```

程序运行结果如图 7-6 所示。

```
8 3.0614674589207183
16 3.121445152258052
24 3.1326286132812378
32 3.1365484905459393
40 3.1383638291137976
48 3.1393502030468667
56 3.13994504528274
64 3.140331156954753
72 3.140595890304192
80 3.140785260725489
88 3.14092537783028
96 3.1410319508905093
```

图 7-6　阿基米德方法估算圆周率运行结果

7.4.2　使用随机数估值圆周率

使用随机数估值圆周率的一种数学方法如下：随机生成 n 个坐标点（x, y），x 和 y 位于[-1,1]之间，对应于一个 2×2 的正方形，如图 7-7 所示。假设其中有 k 个点位于正方形的内切圆之内，则当 n 足够大时，k 与 n 之比近似于圆的面积和正方形的面积之比。即 k/n =（π*1*1)/(2*2)，因而 π=4*k/n。

图 7-7　随机数估值圆周率

【例 7.15】　使用随机数估值圆周率（pi_random. py）。

```python
import random
def pi2(trials):
    """通过随机点位置近似计算圆周率 pi"""
```

```
        hits = 0                        #命中圆环的点的数量
        for i in range(trials):
            x = random.uniform(-1,1)    #随机生成-1到1之间的x坐标
            y = random.uniform(-1,1)    #随机生成-1到1之间的y坐标
            if x**2 + y**2 <= 1:        #如果位于圆环内,则命中数加1
                hits += 1
        return 4 * hits/trials
#测试代码
if __name__ == "__main__":
    for i in range(5):
        n = 10000 * (10 ** i)
        print("试验{}次后计算近似圆周率为: {}".format(n, pi2(n)))
```

程序运行结果如图 7-8 所示。

```
试验10000次后计算近似圆周率为: 3.1356
试验100000次后计算近似圆周率为: 3.13824
试验1000000次后计算近似圆周率为: 3.141044
试验10000000次后计算近似圆周率为: 3.1421612
试验100000000次后计算近似圆周率为: 3.14168992
```

图 7-8　使用随机数估值圆周率运行结果

7.4.3　程序运行时间测量

当程序的复杂度增加(例如,循环次数增大)时,程序运行的时间显著增加。通过 time 模块中的 time() 函数可以测量程序运行的时间。

【例 7.16】　程序运行时间测量(timing.py)。

```
import time
def timing(func, data):
    """测量函数调用 func(data)的运行时间分析"""
    start = time.time()         #记录开始时间
    func(data)                  #运行 func(data)
    end = time.time()           #记录结束时间
    return end - start          #返回执行时间
#测试代码
if __name__ == "__main__":
    import pi_random            #参见 7.4.2节使用随机数估值圆周率
    for i in range(3):
        n = 10000 * (100 ** i)
        t = timing(pi_random.pi2, n)
        print("pi2({})的运行时间为: {}".format(n, t))
```

程序运行结果如下:

```
pi2(10000)的运行时间为: 0.030936002731323242
pi2(1000000)的运行时间为: 1.1872186660766602
pi2(100000000)的运行时间为: 134.18694972991943
```

本章小结

视频讲解

第 **8** 章

字符串和文本处理

Python 提供了丰富的数据类型和模块函数,用于程序设计中的字符串和文本处理。

 ## 8.1 字符串对象和文本处理

8.1.1 字符串对象

字符串(str)是 Python 的内置数据类型。通过字符串字面量或 str 构造函数可以创建字符串对象。

使用 str 对象提供的方法可以实现常用的字符串处理功能。str 对象是不可变对象,故调用方法返回的字符串是新创建的对象。str 对象的方法有字符串对象的方法和 str 类方法两种调用方式。

【例 8.1】 字符串对象方法示例。

```
>>> s = 'abc'
>>> s.upper()          #字符串对象 s 的方法.输出: 'ABC'
>>> str.upper(s)       #str 类方法,字符串 s 作为参数.输出: 'ABC'
```

【例 8.2】 探索字符串对象的方法。

```
>>> help(str)          #查看 str 对象的帮助
>>> dir(str)           #列举 str 对象的成员
['__add__', '__class__', '__contains__', '__delattr__', '__dir__', '__doc__', '__eq__', '__
format__', '__ge__', '__getattribute__', '__getitem__', '__getnewargs__', '__gt__', '__hash__',
'__init__', '__init_subclass__', '__iter__', '__le__', '__len__', '__lt__', '__mod__', '__mul__',
'__ne__', '__new__', '__reduce__', '__reduce_ex__', '__repr__', '__rmod__', '__rmul__', '__setattr
__', '__sizeof__', '__str__', '__subclasshook__', 'capitalize', 'casefold', 'center', 'count',
'encode', 'endswith', 'expandtabs', 'find', 'format', 'format_map', 'index', 'isalnum', 'isalpha',
'isascii', 'isdecimal', 'isdigit', 'isidentifier', 'islower', 'isnumeric', 'isprintable', 'isspace',
'istitle', 'isupper', 'join', 'ljust', 'lower', 'lstrip', 'maketrans',
```

```
'partition', 'replace', 'rfind', 'rindex', 'rjust', 'rpartition', 'rsplit', 'rstrip', 'split',
'splitlines', 'startswith', 'strip', 'swapcase', 'title', 'translate', 'upper', 'zfill']
>>> help(str.lower)
Help on method_descriptor:
lower(self, /)
    Return a copy of the string converted to lowercase.
```

8.1.2 字符串类型的判断

str 对象包括如下用于判断字符串类型的方法。

- str.isalnum()：是否全为字母或者数字。
- str.isalpha()：是否全为字母。
- str.isdecimal()：是否只包含十进制数字字符。
- str.isdigit()：是否全为数字(0～9)。
- str.isidentifier()：是否是合法标识。
- str.islower()：是否全为小写。
- str.isupper()：是否全为大写。
- str.isnumeric()：是否只包含数字字符。
- str.isprintable()：是否只包含可打印字符。
- str.isspace()：是否只包含空白字符。
- str.istitle()：是否为标题,即各单词首字母大写。

【例 8.3】 字符串类型判断示例。

```
>>> s1 = 'yellow ribbon'      >>> s1.islower()    >>> s4.isalnum()      >>> s1.isdigit()
>>> s2 = 'Pascal Case'        True                True                  False
>>> s3 = '123'                >>> s2.isupper()    >>> s3.isnumeric()    >>> s2.istitle()
>>> s4 = 'iPhone7'            False               True                  True
```

8.1.3 字符串大小写转换

str 对象包括如下用于字符串大小写转换的方法。

- str.capitalize()：转换为首字母大写,其余小写。
- str.lower()：转换为小写。
- str.upper()：转换为大写。
- str.swapcase()：大小写互换。
- str.title()：转换为各单词首字母大写。
- str.casefold()：转换为大小写无关字符串比较的格式字符串。

【例 8.4】 字符串大小写转换示例。

```
>>> s1 = 'red car'          >>> s1.capitalize()   >>> s3.upper()        >>> s1.title()
>>> s2 = 'Pascal Case'      'Red car'             'PYTHON3.8'           'Red Car'
>>> s3 = 'python3.8'        >>> s2.lower()        >>> s2.swapcase()     >>> s4.casefold()
>>> s4 = 'iPhoneX'          'pascal case'         'pASCAL cASE'         ' iphonex'
```

8.1.4　字符串的填充、空白和对齐

str 对象包括如下用于填充、空白和对齐字符串的方法。

- str.strip([chars])：去除两边空格，也可指定要去除的字符列表。
- str.lstrip([chars])：去除左边空格，也可指定要去除的字符列表。
- str.rstrip([chars])：去除右边空格，也可指定要去除的字符列表。
- str.zfill(width)：左填充，使用 0 填充到 width 长度。
- str.center(width[, fillchar])：两边填充，使用填充字符 fillchar（默认空格）填充到 width 长度。
- str.ljust(width[, fillchar])：字符串左对齐调整，右侧使用填充字符 fillchar（默认空格）填充到 width 长度。
- str.rjust(width[, fillchar])：字符串右对齐调整，左侧使用填充字符 fillchar（默认空格）填充到 width 长度。
- str.expandtabs([tabsize])：将字符串中的制表符（tab）扩展为若干个空格，tabsize 默认为 8。

【例 8.5】　字符串填充、空白和对齐示例。

```
>>> s1 = '123'          >>> s2.strip()       >>> s1.zfill(5)       >>> s1.ljust(5)
>>> s2 = '  123 '       '123'                '00123'               '123  '
>>> len(s2)             >>> s2.lstrip()      >>> s1.center(5, ' ') >>> s1.rjust(5, '0')
6                       '123 '               ' 123 '               '00123'
```

8.1.5　字符串的测试、查找和替换

str 对象包括如下用于字符串测试、查找和替换的方法。

- str.startswith(prefix[, start[, end]])：是否以 prefix 开头。
- str.endswith(suffix[, start[, end]])：是否以 suffix 结尾。
- str.count(sub[, start[, end]])：返回指定字符串出现的次数。
- str.index(sub[, start[, end]])：搜索指定字符串，返回下标，没有则导致 ValueError。
- str.rindex(sub[, start[, end]])：从右边开始搜索指定字符串，返回下标，没有则导致 ValueError。
- str.find(sub[, start[, end]])：搜索指定字符串，返回下标，没有则返回−1。
- str.rfind(sub[, start[, end]])：从右边开始搜索指定字符串，返回下标，没有则返回−1。
- str.replace(old, new[, count])：替换 old 为 new，可选 count 为替换次数。

其中，可选指定范围[start, end]，从下标 start（包括 start，默认为 0）开始，到下标 end 结束（不包括 end，默认为 len(s)）。

【例 8.6】　字符串测试、查找和替换示例。

```
>>> s1 = "abABabCD"          >>> s1.endswith("CD")     >>> s1.find("cd")
>>> s1.startswith("AB")      True                       -1
False                        >>> s1.count("ab")         >>> s1.find("CD")
>>> s1.startswith("AB",2)    2                          6
True                         >>> s1.index("AB")         >>> s1.replace("ab","xyz")
                             2                          'xyzABxyzCD'
```

8.1.6　字符串的拆分和组合

str 对象包括如下用于字符串拆分和组合的方法。

- str.split(sep=None, maxsplit=-1)：按指定字符（默认为空格）分割字符串，返回列表。maxsplit 为最大分割次数，默认-1，无限制。
- str.rsplit(sep=None, maxsplit=-1)：从右侧按指定字符分割字符串，返回列表。
- str.partition(sep)：根据分隔符 sep 分割字符串为两部分，返回元组（left，sep，right）。
- str.rpartition(sep)：根据分隔符 sep 从右侧分割字符串为两部分，返回元组（left，sep，right）。
- str.splitlines([keepends])：按行分割字符串，返回列表。
- str.join(iterable)：组合 iterable 中的各元素成字符串，若包含非字符串元素，则导致 TypeError。

【例 8.7】　字符串拆分和组合示例。

```
>>> s1 = 'one,two,three'   >>> s1.partition(',')       >>> s2.splitlines()        >>> s4 = ':'
>>> s1.split(',')          ('one', ',', 'two,three')   ['abc', '123', 'xyz']      >>> s4.join(s3)
['one', 'two', 'three']    >>> s1.rpartition(',')      >>> s2.splitlines(True)    'a:b:c'
>>> s1.rsplit(',', 1)      ('one,two', ',', 'three')   ['abc\n', '123\n', 'xyz']  >>> s4.join('123')
['one,two', 'three']       >>> s2 = 'abc\n123\nxyz'    >>> s3 = ('a','b','c')     '1:2:3'
```

8.1.7　字符串应用举例

【例 8.8】　字符串的应用示例 1(str_count.py)：输入任意字符串，统计其中元音字母（'a'、'e'、'i'、'o'、'u'，不区分大小写）出现的次数和频率。

```
s1 = input('请输入字符串：')     # 'The quick brown fox jumps over the lazy dog'
s2 = s1.upper()                  #转换为大写
countall = len(s1)              #字符串长度
counta = s2.count('A');counte = s2.count('E');counti = s2.count('I')
counto = s2.count('O');countu = s2.count('U')
print('所有字母的总数为：', countall)
print('元音字母出现的次数和频率分别为：')
print('A: {0}\t{1:2.2f} % '.format(counta, counta/countall * 100))
print('E: {0}\t{1:2.2f} % '.format(counte, counte/countall * 100))
```

```
print('I: {0}\t{1:2.2f} % '.format(counti, counti/countall * 100))
print('O: {0}\t{1:2.2f} % '.format(counto, counto/countall * 100))
print('U: {0}\t{1:2.2f} % '.format(countu, countu/countall * 100))
```

程序运行结果如图 8-1 所示。

```
请输入字符串: The quick brown fox jumps over the lazy dog
所有字母的总数为:  43
元音字母出现的次数和频率分别为:
A: 1    2.33%
E: 3    6.98%
I: 1    2.33%
O: 4    9.30%
U: 2    4.65%
```

图 8-1 统计元音字母出现次数和频率

【例 8.9】 字符串的应用示例 2(txt_count.py): 读取文本文件,统计其中的行数、字符数和单词个数。

```
file_name = "txt_count.py"                    #文本文件名
line_counts = 0                               #行数
word_counts = 0                               #单词个数
character_counts = 0                          #字符数
with open(file_name, 'r', encoding = 'utf8') as f:
    for line in f:
        words = line.split()                  #分离出单词
        line_counts += 1                      #行数加 1
        word_counts += len(words)             #单词个数累加
        character_counts += len(line)         #字符数累加
print("行数: ", line_counts)
print("单词个数: ", word_counts)
print("字符个数: ", character_counts)
```

程序运行结果如图 8-2 所示。

```
行数:    13
单词个数:  47
字符个数:  470
```

图 8-2 统计文件中信息

8.2 字符串格式化

8.2.1 %元算符形式

Python 支持类似于 C 语言的 printf 格式化输出。采用如下形式。

```
格式字符串 % (值 1, 值 2, …)        #兼容 Python 2 的格式,不建议使用
```

格式化字符串与 C 语言的 printf 格式化字符串基本相同。格式字符串由固定文本和格

式说明符混合组成。格式说明符的语法如下：

```
%[(key)][flags][width][.precision][Length]type
```

其中，key（可选）为映射键（适用于映射的格式化，例如'%(lang)s'）；flags（可选）为修改输出格式的字符集；width（可选）为最小宽度，如果为 *，则使用下一个参数值；precision（可选）为精度，如果为 *，则使用下一个参数值；Length 为修饰符（h、l 或 L，可选），Python 忽略该字符；type 为格式化类型字符。例如：

```
>>> '结果: %f' % 88              # 输出: '结果: 88.000000'
>>> '姓名: %s, 年龄: %d, 体重: %3.2f' % ('张三', 20, 53)
'姓名: 张三, 年龄: 20, 体重: 53.00'
>>> '%(lang)s has %(num)03d quote types.' % {'lang':'Python', 'num': 2}
'Python has 002 quote types.'
>>> '%0*.*f' % (10, 5, 88)        # 输出: '0088.00000'
```

格式字符串的标志符（flags）如下。

- '0'：数值类型格式化结果左边用零填充。
- '—'：结果左对齐。
- ' '：对于正值，结果中将包括一个前导空格。
- '+'：数值结果总是包括一个符号（'+'或'-'）。
- '#'：使用另一种转换方式。

格式化类型字符（type）如下。

- %d 或%i：有符号整数（十进制）。
- %o：有符号整数（八进制）。
- %u：同%d，已过时。
- %x：有符号整数（十六进制，小写字符），标志符为'#'时，输出前缀'0x'。
- %X：有符号整数（十六进制，大写字符），标志符为'#'时，输出前缀'0X'。
- %e：浮点数字（科学计数法，小写 e），标志符为'#'时，总是带小数点。
- %E：浮点数字（科学计数法，大写 E），标志符为'#'时，总是带小数点。
- %f 或%F：浮点数字（用小数点符号），标志符为'#'时，总是带小数点。
- %g：浮点数字（根据值的大小采用%e 或%f），标志符为'#'时，总是带小数点，保留后面 0。
- %G：浮点数字（根据值的大小采用%E 或%F），标志符为'#'时，总是带小数点，保留后面 0。
- %c：字符及其 ASCII 码。
- %r：字符串，使用转换函数 repr()，标志符为'#'且指定 precision 时，截取 precision 个字符。
- %s：字符串，使用转换函数 str()，标志符为'#'且指定 precision 时，截取 precision 个字符。
- %a：字符串，使用转换函数 ascii()，标志符为'#'且指定 precision 时，截取 precision

个字符。

- ％％：百分号标记。

8.2.2　format 内置函数

format 内置函数的基本形式如下：

- format(value)：等同于 str(value)。
- format(value, format_spec)：等同于 type(value).__format__(format_spec)。

格式化说明符(format_spec)的基本格式如下：

```
[[fill]align][sign][＃][0][width][,][.precision][type]
```

其中，fill(可选)为填充字符，可以为除{}外的任何字符；align 为对齐方式，包括"<"(左对齐)、">"(右对齐)、"="(填充位于符号和数字之间，例如'＋000000120')、"^"(居中对齐)；sign(可选)为符号字符，包括"＋"(正数)、"－"(负数)、" "(正数带空格，负数带－)；'＃'(可选)使用另一种转换方式；'0'(可选)数值类型格式化结果左边用零填；width(可选)是最小宽度；precision(可选)是精度；type 是格式化类型字符。

格式化类型字符(type)如下。

- b：二进制数。
- c：字符，整数转换为对应的 unicode。
- d：十进制数。
- o：八进制数。
- x：十六进制数，小写字符，标志符为'＃'时，输出前缀'0x'。
- X：十六进制数，大写字符，标志符为'＃'时，输出前缀'0X'。
- e：浮点数字(科学计数法，小写 e)，标志符为'＃'时，总是带小数点。
- E：浮点数字(科学计数法，大写 E)，标志符为'＃'时，总是带小数点。
- f 或 F：浮点数字(用小数点符号)，标志符为'＃'时，总是带小数点。
- g：浮点数字(根据值的大小采用 e 或 f)，标志符为'＃'时，总是带小数点，保留后面0。
- G：浮点数字(根据值的大小采用 E 或 F)，标志符为'＃'时，总是带小数点，保留后面0。
- n：数值，使用本地千位分隔符。
- s：字符串，使用转换函数 str()，标志符为'＃'且指定 precision 时，截取 precision 个字符。
- ％：百分比。
- _：十进制千分位分隔符或者二进制4位分隔符。

例如：

```
>>> format(81.2, "0.5f")    # 输出：'81.20000'
>>> format(81.2, "%")       # 输出：'8120.000000%'
```

```
>>> format(1000000, "_")      #输出：1_000_000'
>>> format(1024, "_b")        #输出：'100_0000_0000'
```

8.2.3 字符串的 format 方法

字符串 format 方法的基本形式如下。
- str.format(格式字符串,值1,值2,…)：类方法。
- 格式字符串.format(值1,值2,…)：对象方法。
- 格式字符串.format_map(mapping)。

格式字符串由固定文本和格式说明符混合组成。格式说明符的语法如下：

```
{[索引和键]:format_spec}
```

其中,可选的索引对应于要格式化参数值的位置,可选的键对应于要格式化的映射的键;格式化说明符(format_spec)参见 format 内置函数中的解释。例如：

```
>>> "int: {0:d};  hex: {0:x};   oct: {0:o};   bin: {0:b}".format(100)
'int: 100;  hex: 64;  oct: 144;  bin: 1100100'
>>> "int: {0:d};  hex: {0:♯x};   oct: {0:♯o};   bin: {0:♯b}".format(100)
'int: 100;  hex: 0x64;  oct: 0o144;  bin: 0b1100100'
>>> '{2}, {1}, {0}'.format('a', 'b', 'c')   #输出：'c, b, a'
>>> str.format_map('{name:s},{age:d},{weight:3.2f}', {'name':'Mary', 'age':20, 'weight':49})
'Mary,20,49.00'
```

8.2.4 对象转换为字符串

使用内置函数 str() 可以把数值转换为字符串。实际上,使用 print(123)输出数值时,将自动调用 str(123)函数把 123 转换为字符串,然后输出。

Python 还提供了另一个内置函数 repr(),函数 repr()返回一个对象的更精确的字符串表示形式。

大多数情况下,内置函数 repr()和 str()的结果一致。

【例 8.10】 对象转换为字符串示例。

```
>>> c = 1/3
>>> str(c)       #输出：'0.3333333333333333'
>>> repr(c)      #输出：'0.3333333333333333'
```

8.2.5 格式化字符串变量

Python 3.6 增加了格式化字符串变量支持,以 f 开始的字符串中可以包含嵌入在花括号{}中的变量,称之为字符串变量替换(插值)。例如：

```
>>> name = "Fred"
>>> f"He said his name is {name}."                #输出: 'He said his name is Fred.'
>>> score, width, precision = 12.34567, 10, 4
>>> f"result: {score:{width}.{precision}}"        #输出: 'result:        12.35'
```

 ## 8.3   正则表达式和 re 模块

正则表达式提供了功能强大、灵活而又高效的方法来处理文本：快速分析大量文本以找到特定的字符模式；提取、编辑、替换或删除文本子字符串；将提取的字符串添加到集合以生成报告。正则表达式广泛用于各种字符串处理应用程序，例如 HTML 处理。

8.3.1   正则表达式语言概述

在文本字符串处理时，常常需要查找符合某些复杂规则（也称之为模式）的字符串。正则表达式语言就是用于描述这些规则（模式）的语言。使用正则表达式可以匹配和查找字符串，并对其进行相应的修改处理。

正则表达式是由普通字符（例如字符 a 到 z）以及特殊字符（称为元字符）组成的文字模式，元字符包括.、^、$ 、＊、＋、?、{、}、[、]、\、|、(以及)。例如：

- "Go"：匹配字符串"God Good"中的"Go"。
- "G.d"：匹配字符串"God Good"中的"God"，.为元字符，匹配除行终止符外的任何字符。
- "d$"：匹配字符串"God Good"中的最后一个"d"，$ 为元字符，匹配结尾。

正则表达式的模式可以包含普通字符（包括转义字符）、字符类和预定义字符类、边界匹配符、重复限定符、选择分支、分组和引用等。正则表达式常用的匹配规则如表 8-1 所示。

表 8-1   正则表达式常用的匹配规则

模 式	描 述
\w	匹配字母数字及下画线
\W	匹配非字母数字及下画线
\s	匹配任意空白字符，等价于[\t\n\r\f\v]
\S	匹配任意非空白字符
\d	匹配任意数字，等价于[0−9]
\D	匹配任意非数字
\A	匹配字符串开始
\Z	匹配字符串结束，如果存在换行，只匹配到换行前的结束字符串
\n	匹配一个换行符
\t	匹配一个制表符
^	匹配字符串的开头
$	匹配字符串的末尾
.	匹配任意字符（除了换行符）

续表

模　式	描　述
[...]	匹配方括号中的任意字符,例如,[abc]匹配'a'、'b'或者'c'
[^...]	匹配不在方括号中的字符,例如,[^abc]匹配除了a、b、c之外的字符
X?	X重复0次或1次,等价于X{0,1}。例如,"colou?r"可以匹配"color"或者"colour"
X *	X重复0次或多次,等价于X{0,}。例如,"zo *"可以匹配"z"、"zo"、"zoo"等
X+	X重复1次或多次,等价于X{1,}。例如,"zo+"可以匹配"zo"和"zoo",但不匹配"z"
X{n}	X重复n次。例如,\b[0−9]{3}匹配000~999;"o{2}"不能与"Bob"中的"o"匹配,但是可以与"food"中的两个"o"匹配
X{n,}	至少重复n次。例如,"o{2,}"不匹配"Bob"中的"o",但是匹配"fooooood"中所有的o。"o{1,}"等价于"o+"。"o{0,}"等价于"o *"
X{n,m}	重复n到m次。例如,"o{1,3}"匹配"fooooood"中前三个o。"o{0,1}"等价于"o?"
a|b	匹配a或b
()	匹配括号内的表达式,也表示一个组

8.3.2　正则表达式引擎和 re 模块

正则表达式引擎是一种可以处理正则表达式的软件。流行的计算机语言都包含支持正则表达式处理的类库。Python 的模块 re 实现了正则表达式处理的功能。

导入 re 模块后,用户可以使用如下方法匹配提取文本中的信息。

（1）创建一个正则表达式对象,其语法形式如下:

```
regex = re.compile(pattern[, flags])
```

其中,pattern 是匹配模式字符串,可选的 flags 是匹配选项。常用的匹配选项包括以下几项：re.I,使匹配对大小写不敏感;re.M,多行匹配,影响^和$;re.S,使"."匹配包括换行在内的所有字符等。例如:

```
regex = re.compile('[a−zA−z] + ://[^\s] * ')   #创建匹配网址的正则表达式对象
```

（2）查找文本中的匹配正则表达式的结果,其语法形式如下:

• items = re.findall(pattern, string)：返回匹配结果列表。
• items = regex.findall(string)：返回匹配结果列表。

例如:

```
items = re.findall(regex, content)   #返回网页内容(content)所有网址的匹配结果列表
```

【例 8.11】　正则表达式应用示例 1：提取网页中的 url(reg_url.py)。说明,本例会使用 requests 库抓取网页信息,故需要先利用"pip install requests"命令安装 requests 库。

```
import requests
import re
site_url = r"https://en.gmw.cn/"          ♯ 网页 URL 地址
response = requests.get(site_url)          ♯ 使用 request 库请求网页内容
if response.ok:                            ♯ 如果下载页面成功,则提取并打印网页中的 URL
    pattern = re.compile('[a−zA−z] + ://[^\s] * ')
    urls = re.findall(pattern, response.text)
    print(urls)
```

程序运行结果如下：

```
['https://img.gmw.cn/images/24477.files/style.css"', …(略)]
```

8.3.3　使用正则表达式拆分英文文本

使用正则表达式可以方便实现文本的拆分,并返回拆分后的字符串列表,具体形式如下：

- re.split(pattern，string，maxsplit＝0，flags＝0)：返回拆分后的字符串列表。
- regex.split(string，maxsplit＝0)：同 re.split。

其中,pattern 为匹配模式；string 为要匹配和拆分的字符串；maxsplit 为拆分的最大次数；flags 为匹配选项。例如,使用非字母数字下画线匹配模式\W,可以把英文文本拆分为单词列表。

```
>>> re.split('\W + ', 'Good, better, best!')      ♯ 输出：['Good', 'better', 'best', '']
```

其中,'\W＋'匹配一个以上非单词字符。

【例 8.12】　正则表达式应用示例 2(poem.py)：编写程序将保存在"poem.txt"中的美国剧作家尼尔·西蒙的一首著名诗篇"Follow Your Own Course(走自己的路)"拆分为英文单词列表。

```
import re
filename = "poem.txt"
with open(filename,"r") as f:
    text = f.read()
    words = re.split('\W + ', text)
    print(words)
```

程序运行结果如下：

```
['FOLLOW', 'YOUR', 'OWN', …(略), 'respect', '']
```

8.4　中文分词库 jieba

在文本处理中,常常需要通过分词,将连续的字序列按照一定的规范重新组合成词序
列。在英文的句子中,单词之间是以空格作为自然分界符的,因而分词相对容易。而中文句
子中单词之间没有形式上的分界符,因而中文分词比较复杂和困难。

使用 Python 第三方库 jieba 可以方便地实现中文分词。

8.4.1　安装 jieba 库

jieba(https://pypi.org/project/jieba/)是优秀的中文分词第三方库,jieba 库依据中文
词库进行分词。

【例 8.13】　安装 jieba 库。

在 Windows 命令提示符窗口中,输入命令行命令"pip install jieba",以安装 jieba 库,如
图 8-3 所示。

```
C:\pythonb\ch07>pip install jieba
Collecting jieba
  Using cached jieba-0.42.1.tar.gz (19.2 MB)
Using legacy 'setup.py install' for jieba, since
package 'wheel' is not installed.
Installing collected packages: jieba
  Running setup.py install for jieba ... done
Successfully installed jieba-0.42.1
```

图 8-3　安装 jieba 库

8.4.2　jieba 库的分词模式和常用函数

jieba 库包含以下三种分词模式。

(1)精确模式:把文本精确地分开,不存在冗余单词。

(2)全模式:把文本中所有可能的词语都扫描出来,存在冗余单词。

(3)搜索引擎模式:在精确模式基础上,对长词再次切分。

jieba 库提供的主要函数 API 如表 8-2 所示。

表 8-2　jieba 库的主要函数 API

函　　　数	描　　　　述
jieba.cut(s)	对文本 s 进行分词(精确模式),返回一个可迭代对象
jieba.cut(s,cut_all=True)	对文本 s 进行分词(全模式),返回一个可迭代对象
jieba.cut_for_search(s)	对文本 s 进行分词(搜索引擎模式),返回一个可迭代对象
jieba.lcut(s)	对文本 s 进行分词(精确模式),返回一个列表
jieba.lcut(s,cut_all=True)	对文本 s 进行分词(全模式),返回一个列表
jieba.lcut_for_search(s)	对文本 s 进行分词(搜索引擎模式),返回一个列表
jieba.add_word(w)	向分词词典中增加新词 w

续表

函　　数	描　　述
jieba. del_word(w)	从分词词典中删除词汇 w
jieba. load_userdict(file_name)	载入使用自定义分词词典 file_name 注：自定义分词词典中每个单词占一行

【例 8.14】 jieba 库的基本使用举例。

```
>>> import jieba
>>> s = "中华人民共和国是一个历史伟大的国家!"
>>> jieba.lcut(s)
Building prefix dict from the default dictionary ...
Dumping model to file cache C:\Users\jh\AppData\Local\Temp\jieba.cache
Loading model cost 0.968 seconds.
Prefix dict has been built successfully.
['中华人民共和国', '是', '一个', '历史', '伟大', '的', '国家', '!']
>>> jieba.lcut(s,cut_all = True)
['中华', '中华人民', '中华人民共和国', '华人', '人民', '人民共和国', '共和', '共和国', '国是',
'一个', '历史', '伟大', '的', '国家', '!']
>>> jieba.lcut_for_search(s)
['中华', '华人', '人民', '共和', '共和国', '中华人民共和国', '是', '一个', '历史', '伟大', '的',
'国家', '!']
```

8.4.3　使用 jieba 库分析统计中文文档

使用 jieba 库对中文文档分析统计的过程通常包含以下三个步骤。

(1) 读取文本文件的内容到字符串 s 中。

(2) 使用 jieba 库的 cut()函数对 s 进行分词。

(3) 循环遍历分词结果列表或者可迭代对象，进行统计分析，并输出结果。

【例 8.15】《红楼梦》是清代作家曹雪芹所著的中国古代章回体长篇小说，是中国古典四大名著之一。使用 jieba 库编写程序(hongloumeng.py)，统计分析文本文件"红楼梦.txt"中出现频率最高的 5 个单词。

```
import   jieba
txtfilepath = '红楼梦.txt'
with open(txtfilepath, encoding = 'utf - 8') as f:  #打开文件
    txt = f.read()                                  #读取文本文件的所有内容
words = jieba.cut(txt)                              #使用精确模式对文本进行分词
counts = {}                                         #通过键值对的形式存储词语及其出现的次数
for word in words:                                  #遍历所有词语,每出现一次其对应的值加 1
    if   len(word) == 1:                            #单个词语不计算在内
        continue
    else:
        counts[word] = counts.get(word, 0) + 1
items = list(counts.items())                        #将键值对转换成列表
```

Python编程从入门到实战·轻松过二级（教材+练习册+实践操作+微课视频）

```
items.sort(key = lambda x: x[1], reverse = True)    #根据词语出现的次数进行从大到小排序
for i in range(5):
    word, count = items[i]
    print("{0:<8}{1:>8}".format(word, count))
```

程序运行结果如图 8-4 所示。

```
宝玉      3784
什么      1615
一个      1452
贾母      1230
我们      1226
```

图 8-4　红楼梦中出现频率最高的 5 个单词

8.5　词云库 Wordcloud

在文本分析中，当统计关键字（词）的频率后，可以通过词云图（也称为文字云）对文本中出现频率较高的"关键词"予以视觉化的展现，从而突出文本中的主旨。

使用 Python 第三方库 Wordcloud 可以方便地实现词云图。

8.5.1　安装 Wordcloud

Wordcloud（https://python-graph-gallery.com/wordcloud）是优秀的词云图第三方库。

【例 8.16】　安装 Wordcloud 库。

（1）方法 1：在 Windows 命令提示符窗口中，输入命令行命令"pip install wordcloud"，以安装 Wordcloud 库。注意，使用该方法需要本地计算机安装了 Microsoft Visual C++14.0 编译器，否则安装会失败。

（2）方法 2：下载 Wordcloud 库的编译版本然后安装。

在网站 https://www.lfd.uci.edu/～gohlke/pythonlibs/中，下载 Wordcloud 库的编译版本到本地文件夹，例如 C:\tmp\wordcloud-1.7.0-cp39-cp39-win_amd64.whl。

然后，在 Windows 命令行提示符界面运行如下命令行命令，安装 Wordcloud 库：

C:\WINDOWS\system32 > pip install c:\tmp\wordcloud-1.7.0-cp38-cp38-win_amd64.whl

8.5.2　Wordcloud 库的 API

Wordcloud 库的核心是 WordCloud 类，所有的功能都封装在 WordCloud 类中。使用 Wordcloud 库生成词云图，一般遵循以下步骤。

（1）实例化一个 WordCloud 对象，例如，wc = WordCloud()。

（2）调用 wc.generate(text)，对文本 text 进行分词，并生成词云图。

（3）调用 wc.to_file("wc.png")，把生成的词云图输出到图像文件 wc.png。

在生成词云时，Wordcloud 默认会以空格或标点为分隔符对目标文本 text 进行分词

处理。

【例 8.17】　使用 Wordcloud 库生成简单的词云图(wc_animals.py)。

```
from wordcloud import WordCloud
text = "dog cat fish bird cat cat dog cat cat dog monkey cat"
wc = WordCloud(background-color = "white")
wc.generate(text)
wc.to_file("wc_animals.png")
```

运行程序将生成如图 8-5 所示的 wc_animals.png 图像文件。cat 一词出现最多,所以字体最大。

图 8-5　使用 Wordcloud 库生成简单的词云图

8.5.3　定制词云图的绘制参数

默认情况下,WordCloud 对象使用默认参数创建词云图。创建 WordCloud 实例对象时,用户可以通过参数控制词云图的绘制。创建 WordCloud 对象的常用参数如表 8-3 所示。

表 8-3　创建 WordCloud 对象的常用参数

参　　数	功　　能
font_path	指定字体文件的完整路径,默认 None。注:绘制中文词云图时,必须指定字体
width	生成图片宽度,默认 400 像素
height	生成图片高度,默认 200 像素
mask	词云形状,默认 None,即方形图。注:通过指定词云形状的掩码图片(形状为白色以外的区域),可以生成炫酷的词云图
min_font_size	词云中最小的字体字号,默认 4 号
font_step	字号步进间隔,默认 1
max_font_size	词云中最大的字体字号,默认 None,根据高度自动调节
max_words	词云图中最大词数,默认 200
stopwords	被排除词列表,排除词不在词云中显示。注:通过指定排除词列表,可以生成更有意义的词云图
background_color	图片背景颜色,默认黑色

【例 8.18】　《傲慢与偏见》(Pride and Prejudice)是英国女小说家简·奥斯汀创作的长篇小说,其内容保存在 PrideAndPrejudice.txt 文件中。编写程序(wc_PridePrejudice.py),

使用 Wordcloud 库为"傲慢与偏见"这本小说生成自定义的词云图。通过指定词云形状的掩码图片（heart1.jpg），生成炫酷的词云图。

```python
from wordcloud import WordCloud
import numpy as np
from PIL import Image
mask1 = np.array(Image.open("heart1.jpg"))  # 读取为 np-array 类型,以传递给 mask 参数
with open('PrideAndPrejudice.txt', 'r', encoding = 'utf-8') as file:
    text = file.read()
    wc = WordCloud(background_color = "white",
                        width = 800,
                        height = 600,
                        max_words = 100,
                        mask = mask1)
    wc.generate(text)
    wc.to_file('傲慢与偏见.png')
```

运行程序将生成如图 8-6 所示的"傲慢与偏见.png"词云图像文件。

图 8-6　使用 Wordcloud 库生成自定义的词云图

8.5.4　使用 Wordcloud 库显示中文词云图

对于中文文本,分词处理一般需要遵循以下步骤。

（1）先通过 jieba 库将文本分词处理。

（2）把 jieba 中文分词的结果列表以空格为分隔符拼接成文本。

（3）实例化一个 WordCloud 对象,例如,wc = WordCloud()。注意,需要指定中文字体,否则显示为乱码。

（4）调用 wc.generate(text),对文本 text 进行分词,并生成词云图。

（5）调用 wc.to_file("wc.png"),把生成的词云图输出到图像文件 wc.png。

⚠️ **注意**　观察本书 8.4.3 节中的红楼梦一书全文分词结果,会发现存在许多意义不大的词,例如,"什么""一个""我们""那里""你们""如今"等。因此可以先构建一个停用词列表 excludes,然后在创建 WordCloud 对象时传递给其 stopwords 参数,以排除这些词,从而使得结果更加有意义。

【例8.19】 编写程序(wc_honglou.py),先通过 jieba 库将文件"红楼梦.txt"进行文本分词处理,然后使用 Wordcloud 库显示中文词云图。注意使用停用词列表 excludes 排出一些意义不大的词。

```python
import jieba
from wordcloud import WordCloud
excludes = ["什么","一个","我们","那里","你们","如今", "说道","知道","老太太",
"起来","姑娘","这里","出来","他们","众人","自己","一面","太太", "只见","怎么",
"奶奶","两个","没有","不是","不知","这个","听见"]
txtfilepath = '红楼梦.txt'
with open(txtfilepath, encoding = 'utf - 8') as f:      # 打开文件
    txt = f.read()                                       # 读取文本文件的所有内容
    words = jieba.cut(txt)                               # 使用精确模式对文本进行分词
    words = [word for word in words if len(word)> 1]    # 去除单个词语
    newtxt = ''.join(words)                              # 使用空格,将 jieba 分词结果拼接成文本
    wc = WordCloud(background_color = "white", width = 800, height = 600,
        font_path = "msyh.ttc",
        max_words = 100,
        max_font_size = 80,
        stopwords = excludes)
    wc.generate(newtxt)
    wc.to_file('红楼梦.png')
```

运行程序将生成如图 8-7 所示的"红楼梦.png"词云图像文件。

图 8-7 使用 Wordcloud 库显示红楼梦词云图

【例8.20】 编写程序(wc_2020政府工作报告.py),先通过 jieba 库将文件"2020政府工作报告.txt"进行文本分词处理,然后使用 Wordcloud 库显示中文词云图。通过指定词云形状(五角星)的掩码图片(star.jpg),生成炫酷的词云图。

```python
import jieba
from wordcloud import WordCloud
import numpy as np
from PIL import Image
```

```
mask1 = np.array(Image.open("star.jpg"))          #读取为np-array类型,以传递给mask参数
txtfilepath = '2020政府工作报告.txt'
with open(txtfilepath, encoding = 'utf-8') as f:  #打开文件
    txt = f.read()                                 #读取文本文件的所有内容
    words = jieba.cut(txt)                         #使用精确模式对文本进行分词
    words = [word for word in words if len(word)>1]   #去除单个词语
    newtxt = ''.join(words)                        #使用空格,将jieba分词结果拼接成文本
    wc = WordCloud(background_color = "white", width = 800, height = 600,
        font_path = "msyh.ttc",
        max_words = 100,
        mask = mask1,
        max_font_size = 80)
    wc.generate(newtxt)
    wc.to_file('2020政府工作报告.png')
```

　　运行程序将生成如图8-8所示的"2020政府工作报告.png"词云图像文件。从图中可以看出,2020年政府工作报告的关键词汇和重点是"发展""加强""建设""就业""保障""推动""促进""经济"等。

图 8-8　使用 Wordcloud 库显示政府工作报告词云图

 ## 8.6　应用举例

8.6.1　文本统计

　　文本统计程序可以从文本文件中读取字符串序列,统计文本中包含的段落数、行数、句数、单词数,以及统计各单词出现的频率。

　　频率计数广泛用于从海量的数据中统计各种事件出现的频率。例如,语言学家从文章中发现单词的使用模式;商人从订单中发现重要的客户等。

　　【例8.21】　文本统计示例程序(text_stat.py)。统计美国小说家马克·吐温1876年发表的长篇小说《汤姆·索亚历险记》(The Adventures of Tom Sawyer)中的文本信息:段落数、行数、句数、单词数,以及出现频率最高的10个单词。

```
import re
import collections
def analyze_text(text):
    paragraphs = re.split("\n\n", text)
    paragraph_count = len(paragraphs)
    print("段落数: {0}".format(paragraph_count))
    lines = re.split("\n", text)
    line_count = len(lines)
    print("行数: {0}".format(line_count))
    sentences = re.split("[.?!]", text)
    sentence_count = len(sentences)
    print("句数: {0}".format(sentence_count))
    words = re.split(r"\W + ", text)
    word_count = len(words)
    print("单词数: {0}".format(word_count))
    freqs = collections.Counter(words)
    print("频率最高的 10 个单词: ")
    for (w, n) in freqs.most_common(10):
        print("{0:10}:{1:10}".format(w, n))
if __name__ == "__main__":
    filename = "tomsawyer.txt"
    with open(filename,"r") as f:
        text = f.read()
    analyze_text(text.strip())
```

程序运行结果如图 8-9 所示。

```
段落数: 2
行数: 3
句数: 12
单词数: 240
频率最高的10个单词:
Tom       :        10
s         :        10
and       :        10
of        :         9
the       :         8
is        :         7
his       :         7
in        :         6
a         :         5
Huck      :         5
```

图 8-9 汤姆·索亚历险记文本统计

8.6.2 基因预测

基因是生命的本质,生物学家用字母 A、C、T 和 G 分别代表生物体 DNA 的四个碱基。基因由密码子组成,每个密码子是由一系列代表氨基酸的三个碱基组成的序列。

判断某字符串是否对应一个潜在的基因的准则如下:

(1) 基因长度为 3 的倍数。

(2) 以 ATG 标识基因的开始,以 TAG、TAA 或者 TGA 标识基因的结束。

(3) 除了结束部分,中间部分不包括 TAG、TAA 或者 TGA。

编写程序,查找输出定义文件中行字符串为潜在基因的思维和流程如下:

(1) 以文本方式打开文件。

(2) 循环读取各行内容,判断是否为潜在基因,如果是,输出行号和行的内容。

【例 8.22】 基因预测示例程序(gene_scan.py)。

```python
def isPotentialGene(dna):
    # 基因长度为 3 的倍数, 否则返回 False
    if len(dna) % 3 != 0:
        return False
    # 基因以 ATG 开始, 否则返回 False
    if not dna.startswith('ATG'):
        return False
    # 基因以 TAG、TAA 或者 TGA 结束, 否则返回 False
    if dna[-3:] not in ('TAG', 'TAA', 'TGA'):
        return False
    # 基因中间部分不包括 TAG、TAA 或者 TGA, 否则返回 False
    for i in range(3, len(dna)-3, 3):
        if dna[i:i+3] in ('TAG', 'TAA', 'TGA'):
            return False
    return True
if __name__ == "__main__":
    filename = "gene.txt"
    for lineno, line in enumerate(open(filename, "r")):
        if isPotentialGene(line.strip()):
            print("{0}:{1}".format(lineno+1, line.strip()))
```

程序运行结果如下:

```
2:ATGCGCCTGCGTCTGTACTAG
```

8.6.3 字符串简单加密和解密

基于按位逻辑异或的简单加密算法的原理如下: 给定明文字符(例如 A)和密钥字符(例如 P), 其对应的 ASCII 码的按位逻辑异或即是加密后的密文字符, 密文字符的 ASCII 码与相同密钥字符的 ASCII 码为加密前的明文。例如:

```python
>>> ord('A') ^ ord('P')     # 输出: 17
>>> chr(17 ^ ord('P'))      # 输出: 'A'
```

故基于按位逻辑异或的简单字符串加密算法和解密算法可以共用一个函数, 其设计思路如下:

(1) 给定字符串 text(例如 The quick brown fox jumps over the lazy dog)和 key(例如 Python_1), 使用 itertools.cycle(key)构造一个循环字符串迭代器 keys。

(2) 循环处理 text 的每个字符, 使用 keys 中对应字符进行按位逻辑异或运算, 结果就是加密后的密文(如果解密, 结果就是解密后的明文)。

【例 8.23】　字符串简单加密和解密(crypt.py)。

```python
from itertools import cycle
def crypt(text, key):
    result = []
    keys = cycle(key)
    for ch in text:
        result.append(chr(ord(ch)^ord(next(keys))))
    return ''.join(result)
#测试代码
if __name__ == '__main__':
    plain = 'The quick brown fox jumps over the lazy dog'
    key = 'Python_1'
    print('加密前明文:{}'.format(plain))
    encrypted = crypt(plain, key)
    print('加密后密文:{}'.format(encrypted))
    decrypted = crypt(encrypted, key)
    print('解密后明文:{}'.format(decrypted))
```

程序运行结果如图 8-10 所示。

加密前明文：The quick brown fox jumps over the lazy dog
加密后密文：□□□H6R;Y□□ □1□6□♠H□□2A#Y□
　　　　　E8T□□□&□4□□
解密后明文：The quick brown fox jumps over the lazy dog

图 8-10　字符串加密和解密

本章小结

第 **9** 章

视频讲解

面向对象的程序设计基础

类是一种数据结构,可以包含数据成员和函数成员。程序中可以定义类,并创建和使用其对象实例。

 9.1 面向对象的概念

面向对象的程序设计具有三个基本特征,即封装、继承和多态,可以大大增加程序的可靠性、代码的可重用性和程序的可维护性,从而提高程序开发效率。

9.1.1 对象的定义

所谓对象(object),从概念层面讲,就是某种事物的抽象(功能)。抽象原则包括数据抽象和过程抽象两个方面:数据抽象就是定义对象的属性,过程抽象就是定义对象的操作。

面向对象的程序设计强调把数据(属性)和操作(服务)结合为一个不可分割的系统单位(即对象),对象的外部只需要知道它做什么,而不必知道它如何做。

从规格层面讲,对象是一系列可以被其他对象使用的公共接口(对象交互)。从语言实现层面来看,对象封装了数据和代码(数据和程序)。

9.1.2 封装

封装(encapsulation)是面向对象的主要特性。所谓封装,是把客观事物抽象并封装成对象,即将数据成员、属性、方法和事件等集合在一个整体内。通过访问控制,还可以隐藏内部成员,但只允许可信的对象访问或操作自己的部分数据或方法。

封装保证了对象的独立性,可以防止外部程序破坏对象的内部数据,同时便于程序的维护和修改。

9.1.3 继承

继承(inheritance)是面向对象的程序设计中代码重用的主要方法。继承允许使用现有类的功能,并在无须重新改写原来的类的情况下,对这些功能进行扩展。继承可以避免代码复制和相关的代码维护等问题。

9.1.4　多态性

派生类具有基类的所有非私有数据和行为以及新类自己定义的所有其他数据或行为,即子类具有两个有效类型:子类的类型及其继承的基类的类型。对象可以表示多个类型的能力称为多态性(polymorphism)。

多态性允许每个对象以自己的方式去响应共同的消息,从而允许用户以更明确的方式建立通用软件,提高软件开发的可维护性。

 9.2　类对象和实例对象

类是一个数据结构,类定义数据类型的数据(属性)和行为(方法)。对象是类的具体实体,也可以称为类的实例(instance)。

在 Python 语言中,类称为类对象(class object);类的实例称为实例对象(instance object)。

9.2.1　类对象

类使用关键字 class 声明。类的声明格式如下:

```
class 类名:
    类体
```

其中,类名为有效的标识符,命名规则一般为多个单词组成的名称,每个单词除第一个字母大写外,其余的字母均小写;类体由缩进的语句块组成。

定义在类体内的元素都是类的成员。类的主要成员包括两种类型,即描述状态的数据成员(属性)和描述操作的函数成员(方法)。

class 语句实际上是 Python 的复合语句,Python 解释器解释执行 class 语句时,会创建一个类对象。

【例 9.1】　创建(定义)类示例(Person1.py)。定义类 Person1,即创建类对象。

```
class Person1:         # 定义类 Person1
    pass               # 类体为空语句
# 测试代码
p1 = Person1()         # 创建和使用类对象
print(Person1, type(Person1), id(Person1))
print(p1, type(p1), id(p1))
```

程序运行结果如下:

```
< class '__main__.Person1'> < class 'type'> 1986645787488
<__main__.Person1 object at 0x000001CE8D860EE0 > < class '__main__.Person1'> 1986649263840
```

9.2.2　实例对象

类是抽象的，如果要使用类定义的功能，就必须实例化类，即创建类的对象。在创建实例对象后，可以使用"."运算符来调用其成员。

注意　创建类的对象、创建类的实例、实例化类等说法是等价的，都说明以类为模板生成了一个对象的操作。

实例对象的创建和调用格式如下：

```
anObject = 类名(参数列表)
anObject.对象函数 或者 anObject.对象属性
```

Python 创建实例对象的方法无须使用关键字 new，而是直接像调用函数一样调用类对象并传递参数。因此，类对象是可调用对象（callable）。Python 内置函数中包括 bool、int、str、list、dict、set 等均为可调用内置类对象，在有的场合也称之为函数，例如使用 str()函数把数值 123 转换为字符串的形式为 str(123)。

【例 9.2】　实例对象的创建和使用示例。

```
>>> c1 = complex(1, 2)
>>> c1.conjugate()          #输出：(1－2j)
>>> c1.real                 #输出：1.0
```

说明　语句 c1 = complex(1，2)创建类 complex 的实例对象并绑定到变量 c1；表达式 c1.conjugate()调用实例对象 c1 的 conjugate()方法，返回其共轭值(1－2j)；表达式 c1.real 引用实例对象 c1 的实部，返回值 1.0。

9.3　属性

类的数据成员是在类中定义的成员变量（域），用来存储描述类的特征的值，称之为属性。属性可以被该类中定义的方法访问，也可以通过类对象或实例对象进行访问。在函数体或代码块中定义的局部变量只能在其定义的范围内进行访问。

属性实际上是在类中的变量。Python 变量不需要声明，可直接使用。建议在类定义的开始位置初始化类属性，或者在构造函数(_ _init_ _())中初始化实例属性。

9.3.1　实例对象属性

通过"self.变量名"定义的属性称为实例对象属性，也称为实例对象变量。类的每个实例都包含了该类的实例对象变量一个单独副本,实例对象变量属于特定的实例。实例对象变量在类的内部通过 self 访问,在外部通过对象实例访问。

实例对象属性一般在__init__()方法中通过如下形式初始化:

```
self.实例变量名 = 初始值
```

然后,在其他实例函数中,通过 self 访问:

```
self.实例变量名 = 值          # 写入
self.实例变量名               # 读取
```

或者,创建对象实例后,通过对象实例访问:

```
obj1 = 类名()                # 创建对象实例
obj1.实例变量名 = 值          # 写入
obj1.实例变量名               # 读取
```

【例 9.3】 实例对象属性示例(Person2.py)。定义类 Person2,定义实例属性。

```
class Person2:                        # 定义类 Person2
    def __init__(self, name,age):     # __init__()方法
        self.name = name              # 初始化 self.name,即成员变量 name(域)
        self.age = age                # 初始化 self.age,即成员变量 age(域)
    def say_hi(self):                 # 定义类 Person2 的函数 say_hi()
        # 在实例方法中通过 self.name 读取成员变量 name(域)
        print('您好, 我叫', self.name)
# 测试代码
p1 = Person2('张三',25)               # 创建对象
p1. say_hi ()                         # 调用对象的方法
print(p1.age)                         # 通过 p1.age(obj1.变量名)读取成员变量 age(域)
```

程序运行结果如下:

```
您好, 我叫 张三
25
```

9.3.2　类对象属性

Python 也允许声明属于类对象本身的变量,即类对象属性,也称为类属性、类变量、类对象变量、静态属性。类属性属于整个类,不是特定实例的一部分,而是所有实例之间共享一个副本。

类对象属性一般在类体中通过如下形式初始化:

```
类变量名 = 初始值
```

然后,在其类定义的方法中或外部代码中,通过类名访问:

```
类名.类变量名 = 值          #写入
类名.类变量名              #读取
```

【例9.4】 类对象属性示例(Person3.py)。定义类 Person3,定义类对象属性。

```
class Person3:
    count = 0                   #定义属性 count,表示计数
    name = "Person"             #定义属性 name,表示名称
#测试代码
Person3.count += 1              #通过类名访问,将计数加 1
print(Person3.count)           #类名访问,读取并显示类属性
print(Person3.name)            #类名访问,读取并显示类属性
p1 = Person3()                  #创建实例对象 1
p2 = Person3()                  #创建实例对象 2
print((p1.name, p2.name))      #通过实例对象访问,读取成员变量的值
Person3.name = "雇员"          #通过类名访问,设置类属性值
print((p1.name, p2.name))      #读取成员变量的值
p1.name = "员工"               #通过实例对象访问,设置实例对象成员变量的值
print((p1.name, p2.name))      #读取成员变量的值
```

程序运行结果如图 9-1 所示。

```
1
Person
('Person', 'Person')
('雇员', '雇员')
('员工', '雇员')
```

图 9-1　类对象属性的运行结果

说明　类属性如果通过"obj.属性名"来访问,则属于该实例的实例属性。虽然类属性可以使用对象实例来访问,但这样容易造成困惑。所以建议不要这样使用,而是应该使用标准的访问方式"类名.类变量名"。

9.3.3　私有属性和公有属性

Python 类的成员没有访问控制限制,这与其他面向对象的程序设计语言不同。

通常约定使用两个下画线开头,但是不以两个下画线结束的属性是私有的(private),其他为公共的(public)。不能直接访问私有属性,但可以在方法中访问。

【例9.5】 私有属性示例(private.py)。

```
class A:
    __name = 'class A'      #私有类属性
    def get_name():
        print(A.__name)      #在类方法中访问私有类属性
#测试代码
```

```
A.get_name()
A.__name          ♯导致错误,不能直接访问私有类属性
```

程序运行结果如图 9-2 所示。

```
class A
Traceback (most recent call last):
  File "C:\pythonb\ch09\private.py", line 7, in <module>
    A.__name          #导致错误,不能直接访问私有类属性
AttributeError: type object 'A' has no attribute '__name'
```

图 9-2　私有属性的运行结果

9.3.4　特殊属性

Python 对象中包含许多以双下画线开始和结束的方法,称之为特殊属性(special attributes)。

【例 9.6】　探索对象的特殊属性。

```
>>> i = 123        ♯声明一个整型对象
>>> dir(i)         ♯显示对象 i 的所有成员
>>> i.__class__    ♯特殊属性__class__,返回其所属的类.输出:< class 'int'>
```

9.4　方法

9.4.1　对象实例方法

方法是与类相关的函数,类方法的定义与普通的函数一致。

一般情况下,类方法的第一个参数一般为 self,这种方法称之为对象实例方法。对象实例方法对类的某个给定的实例进行操作,可以通过 self 显式地访问该实例。对象实例方法的声明格式如下:

```
def 方法名(self,[形参列表]):
    函数体
```

对象实例方法的调用格式如下:

```
对象.方法名([实参列表])
```

值得注意的是,虽然类方法的第一个参数为 self,但调用时,用户不需要也不能给该参数传值。事实上,Python 自动把对象实例传递给该参数。

例如,假设声明了一个类 MyClass 和类方法 my_func(self,p1,p2),则:

```
obj1 = MyClass()          ♯创建 MyClass 的对象实例 obj1
obj1.my_func (p1,p2)      ♯调用对象实例 obj1 的方法
```

调用对象实例 obj1 的方法 obj1. my_func(p1,p2)，Python 自动转换为 MyClass. my_func (obj1,p1,p2)，即自动把对象实例 obj1 传值给 self 参数。

注意 Python 中的 self 等价于 C++ 中的 self 指针和 Java、C♯ 中的 this 关键字。虽然没有限制第一个参数名必须为 self，但建议读者遵循惯例，这样便于阅读和理解，且集成开发环境（IDE）也会提供相应的支持。

【例 9.7】 实例方法示例（PersonMethod. py）。定义类 Person4，创建其对象，并调用对象函数。

```
class Person4:                        #定义类 Person4
    def say_hi(self, name):           #定义方法 say_hi()
        self.name = name              #把参数 name 赋值给 self.name,即成员变量 name(域)
        print('您好, 我叫', self.name)
p4 = Person4()                        #创建对象实例
p4.say_hi('Alice')                    #调用对象实例的方法
```

程序运行结果如下：

```
您好, 我叫 Alice
```

9.4.2 __init__()方法（构造函数）

在 Python 类体中可以定义特殊的方法__init__()方法。__init__()方法即构造函数（构造方法），用于执行类的实例的初始化工作。创建完对象后调用，初始化当前对象的实例，无返回值。

【例 9.8】 __init__()方法示例（PointInit. py）。定义类 Point，表示平面坐标点。

```
class Point:
    def __init__(self, x = 0, y = 0):    #构造函数
        self.x = x
        self.y = y
p1 = Point()                             #创建对象
print("p1({0},{1})".format(p1.x, p1.y))
p1 = Point(5, 5)                         #创建对象
print("p1({0},{1})".format(p1.x, p1.y))
```

程序运行结果如下：

```
p1(0,0)
p1(5,5)
```

9.4.3 私有方法与公有方法

与私有属性类似,Python 约定使用两个下画线开头,但不以两个下画线结束的方法是私有的(private),其他为公共的(public)。以双下画线开始和结束的方法是 Python 专有的特殊方法。不能直接访问私有方法,但可以在其他方法中访问。

【例9.9】 私有方法示例(BookPrivate.py)。

```
class Book:                          ＃定义类 Book
    def __init__(self, name, author, price):
        self.name = name            ＃把参数 name 赋值给 self.name,即成员变量 name(域)
        self.author = author        ＃把参数 author 赋值给 self.author,即成员变量 author(域)
        self.price = price          ＃把参数 price 赋值给 self.price,即成员变量 price(域)
    def __check_name(self):          ＃定义私有方法,判断 name 是否为空
        if self.name == '': return False
        else: return True
    def get_name(self):              ＃定义类 Book 的方法 get_name()
        if self.__check_name():print(self.name,self.author)    ＃调用私有方法
        else:print('No value')
b = Book('Python 程序设计教程','江红',59.0)    ＃创建对象
b.get_name()                         ＃调用对象的方法
b.__check_name()                     ＃直接调用私有方法,非法
```

程序运行结果如图 9-3 所示。

```
Python程序设计教程 江红
Traceback (most recent call last):
    File "C:\pythonb\ch09\BookPrivate.py", line 14, in <module>
        b.__check_name()                #直接调用私有方法, 非法
AttributeError: 'Book' object has no attribute '__check_name'
```

图 9-3 私有方法的运行结果

9.4.4 方法重载

在其他程序设计语言中方法可以重载,即可以定义多个重名的方法,只要保证方法签名是唯一的。方法签名包括三个部分,即方法名、参数数量和参数类型。

但 Python 本身是动态语言,方法的参数没有声明类型(调用传值时确定参数的类型),参数的数量由可选参数和可变参数来控制。故 Python 对象方法不需要重载,定义一个方法即可实现多种调用,从而实现相当于其他程序设计语言的重载功能。

【例9.10】 方法重载示例1(Person21Overload.py)。

```
class Person21:                      ＃定义类 Person21
    def say_hi(self, name = None):   ＃定义类方法 say_hi()
        self.name = name            ＃把参数 name 赋值给 self.name,即成员变量 name(域)
        if name == None: print('您好! ')
        else: print('您好, 我叫', self.name)
p21 = Person21()                     ＃创建对象
```

```
p21.say_hi()              #调用对象的方法,无参数
p21.say_hi('威尔逊')       #调用对象的方法,带参数
```

程序运行结果如下：

```
您好!
您好,我叫 威尔逊
```

在 Python 类体中可以定义多个重名的方法,虽然不会报错,但只有最后一个方法有效。所以建议不要定义重名的方法。

【例 9.11】 方法重载示例 2(Person22Overload.py)。

```
class Person22:                   #定义类 Person22
    def say_hi(self, name):       #定义类方法 say_hi(),带两个参数
        print('您好,我叫', self.name)
    def say_hi(self, name, age):  #定义类方法 say_hi(),带三个参数
        print('hi, {0}, 年龄: {1}'.format(name,age))
p22 = Person22()                  #创建对象
p22.say_hi('Lisa', 22)            #调用对象的方法
#p22.say_hi('Bob')        #TypeError: say_hi() missing 1 required positional argument: 'age'
```

程序运行结果如下：

```
hi, Lisa,年龄: 22
```

9.5   对象的特殊方法

9.5.1   对象的特殊方法概述

Python 对象中包含许多以双下画线开始和结束的方法,称之为特殊方法(special method)。特殊方法通常在针对对象的某种操作时自动调用。

例如,创建对象实例时(p1 = Person('张三', 23))自动调用其__init__()方法；在解释执行 a＜b 时,自动调用对象 a 的__lt__()方法。特殊方法如表 9-1 所示。

表 9-1 Python 特殊方法

特 殊 方 法	含 义
__lt__()、__add__()等	对应运算符＜、＋等
__init__()、__del__()	创建或销毁对象时调用
__len__()	对应于内置函数 len()
__setitem__()、__getitem__()	按索引赋值、取值
__repr__(self)	对应于内置函数 repr()

续表

特 殊 方 法	含　义
__str__(self)	对应于内置函数 str()
__bytes__(self)	对应于内置函数 bytes()
__format__(self，format_spec)	对应于内置函数 format()
__bool__(self)	对应于内置函数 bool()
__hash__(self)	对应于内置函数 hash()
__dir__(self)	对应于内置函数 dir()

【例 9.12】　对象的特殊方法示例(SpecialMethod.py)。

```python
class Person:
    def __init__(self, name, age):        #特殊方法(构造函数)
        self.name = name
        self.age = age
    def __str__(self):                    #特殊方法,输出成员变量
        return '{0}, {1}'.format(self.name,self.age)
#测试代码
p1 = Person('张三', 23)
print(p1)
```

程序运行结果如下:

```
张三, 23
```

9.5.2　运算符重载与对象的特殊方法

Python 的运算符和部分内置函数实际上是通过调用对象的特殊方法实现的。例如:

```
>>> x = 12; y = 23
>>> x + y              #等价于调用 x.__add__(y).输出: 35
>>> x.__add__(y)       #输出: 35
```

在 Python 类体中,通过重写各运算符所对应的特殊方法,即可以实现运算符的重载。
【例 9.13】　运算符重载示例(OpOverload.py)。

```python
class MyList:                          #定义类 MyList
    def __init__(self, * args):        #构造函数
        self.__mylist = []             #初始化私有属性,空列表
        for arg in args:
            self.__mylist.append(arg)
    def __add__(self, n):              #重载运算符"+",每个元素增加 n
        for i in range(0, len(self.__mylist)):
            self.__mylist[i] += n
```

```
    def __sub__(self, n):         # 重载运算符"-",每个元素减少 n
        for i in range(0, len(self.__mylist)):
            self.__mylist[i] -= n
    def __mul__(self, n):         # 重载运算符"*",每个元素乘以 n
        for i in range(0, len(self.__mylist)):
            self.__mylist[i] * = n
    def __truediv__(self, n):   # 重载运算符"/",每个元素除以 n
        for i in range(0, len(self.__mylist)):
            self.__mylist[i] / = n
    def __len__(self):            # 对应于内置函数 len(),返回列表长度
        return(len(self.__mylist))
    def __repr__(self):           # 对应于内置函数 str(),显示列表
        str1 = ''
        for i in range(0, len(self.__mylist)):
            str1 += str(self.__mylist[i]) + ''
        return str1
# 测试代码
m = MyList(1, 2, 3, 4, 5)       # 创建对象
m + 2; print(repr(m))           # 每个元素加 2
m - 1; print(repr(m))           # 每个元素减 1
m * 4; print(repr(m))           # 每个元素乘 4
m / 2; print(repr(m))           # 每个元素除 2
print(len(m))                   # 列表长度
```

程序运行结果如图 9-4 所示。

```
3 4 5 6 7
2 3 4 5 6
8 12 16 20 24
4.0 6.0 8.0 10.0 12.0
5
```

图 9-4　运算符重载的运行结果

 9.6　继承

9.6.1　派生类

Python 支持多重继承,即一个派生类可以继承多个基类。派生类的声明格式如下:

```
class 派生类名(基类 1, [基类 2, …]):
    类体
```

其中,派生类名后为所有基类的名称元组。如果在类定义中没有指定基类,则默认其基类为 object。object 是所有对象的根基类,定义了公用方法的默认实现,如 __new__()。例如:

```
class Foo:
    pass
```

等同于：

```
class Foo(object):
    pass
```

声明派生类时，必须在其构造函数中调用基类的构造函数。调用格式如下：

```
基类名.__init__(self, 参数列表)
super().__init__(参数列表)
```

【例 9.14】 派生类示例（DerivedClass.py）。创建基类 Person，包含两个数据成员 name 和 age；创建派生类 Student，包含一个数据成员 stu_id。

```
class Person:                                    # 基类
    def __init__(self, name, age):               # 构造函数
        self.name = name                         # 姓名
        self.age = age                           # 年龄
    def say_hi(self):                            # 定义基类方法 say_hi()
        print('您好, 我叫{0}, {1}岁'.format(self.name,self.age))
class Student(Person):                           # 派生类
    def __init__(self, name, age, stu_id):       # 构造函数
        super().__init__(name, age)              # 调用基类构造函数
        self.stu_id = stu_id                     # 学号
    def say_hi(self):                            # 定义派生类方法 say_hi()
        Person.say_hi(self)                      # 调用基类方法 say_hi()
        print('我是学生, 我的学号为: ', self.stu_id)
p1 = Person('张王一', 33)                         # 创建对象
p1.say_hi()
s1 = Student('李姚二', 20, '2021101001')          # 创建对象
s1.say_hi()
```

程序运行结果如下：

```
您好, 我叫张王一, 33 岁
您好, 我叫李姚二, 20 岁
我是学生, 我的学号为: 2021101001
```

9.6.2 类成员的继承和重写

通过继承，派生类继承基类中除构造方法之外的所有成员。如果在派生类中重新定义从基类继承的方法，则派生类中定义的方法覆盖从基类中继承的方法。

【例 9.15】 类成员的继承和重写示例(SubClass.py)。

```
class Dimension:                              ＃定义类 Dimensions
    def __init__(self, x, y):                 ＃构造函数
        self.x = x                            ＃x 坐标
        self.y = y                            ＃y 坐标
    def area(self):                           ＃基类的方法 area()
        pass
class Circle(Dimension):                      ＃定义类 Circle(圆)
    def __init__(self, r):                    ＃构造函数
        Dimension.__init__(self, r, 0)
    def area(self):                           ＃覆盖基类的方法 area()
        return 3.14 * self.x * self.x         ＃计算圆面积
class Rectangle(Dimension):                   ＃定义类 Rectangle(矩形)
    def __init__(self, w, h):                 ＃构造函数
        Dimension.__init__(self, w, h)
    def area(self):                           ＃覆盖基类的方法 area()
        return self.x * self.y                ＃计算矩形面积
d1 = Circle(2.0)                              ＃创建对象：圆
d2 = Rectangle(2.0, 4.0)                      ＃创建对象：矩形
print(d1.area(), d2.area())                   ＃计算并打印圆和矩形面积
```

程序运行结果如下：

```
12.56 8.0
```

在该例中，派生类 Circle 和 Rectangle 继承了基类的成员变量 x 和 y，重写了继承的方法 area()。

 ## 9.7 应用举例

在 Python 语言、标准库和第三方库中定义了大量的类，类是 Python 语言的主要数据结构。用户也可以通过自定义类创建和使用新的数据结构。

9.7.1 颜色(Color)类

Color 类封装使用 RGB 颜色模型表示颜色及相应功能。Color 类的设计思路如下：

（1）定义带三个 0～255 的整数参数 r、g、b 的构造函数，用于初始化对应于红、绿、蓝三种颜色分量的实例对象属性_r、_g 和_b。

（2）通过装饰器@property 定义三个可以作为属性访问的实例对象方法 r()、g()和 b()。

（3）定义用于计算颜色亮度的方法 luminance(self)：$Y = 0.299 r + 0.587g + 0.114b$。

（4）定义用于转换为灰度颜色亮度的方法 toGray(self)。

（5）定义用于比较两种颜色兼容性的方法 isCompatible(self，c)。颜色兼容性指在以一种颜色为背景时另一种颜色的可阅读性。一般而言，前景色和背景色的亮度差至少应该

是128。例如,白纸黑字的亮度差为255。

【例 9.16】　实现 RGB 颜色模型的 Color 类(color.py)。

```
class Color:
    """表示 RGB 模型的类"""
    def __init__(self, r = 0, g = 0, b = 0):
        """构造函数"""
        self._r = r          # Red 红色分量
        self._g = g          # Green 绿色分量
        self._b = b          # Blue 蓝色分量
    @property
    def r(self):
        return self._r
    @property
    def g(self):
        return self._g
    @property
    def b(self):
        return self._b
    def luminance(self):
        """计算并返回颜色的亮度"""
        return .299 * self._r + .587 * self._g + .114 * self._b
    def toGray(self):
        """转换为灰度颜色"""
        y = int(round(self.luminance()))
        return Color(y, y, y)
    def isCompatible(self, c):
        """比较前景色和背景色是否匹配"""
        return abs(self.luminance() - c.luminance()) >= 128.0
    def __str__(self):
        """重载方法,输出: (r, g, b)"""
        return '({},{},{})'.format(self._r,self._g,self._b)
# 常用颜色
WHITE       = Color(255, 255, 255)
BLACK       = Color(  0,   0,   0)
RED         = Color(255,   0,   0)
GREEN       = Color(  0, 255,   0)
BLUE        = Color(  0,   0, 255)
CYAN        = Color(  0, 255, 255)
MAGENTA     = Color(255,   0, 255)
YELLOW      = Color(255, 255,   0)
# 测试代码
if __name__ == '__main__':
    c = Color(255, 200, 0) # ORANGE(橙色)
    print('颜色字符串:{}'.format(c))                       # 输出颜色字符串
    print('颜色分量: r={},g={},b={}'.format(c.r, c.g, c.b))   # 输出个颜色分量
    print('颜色亮度:{}'.format(c.luminance()))             # 输出颜色亮度
    print('转换为幅度颜色:{}'.format(c.toGray()))          # 输出转换后的灰度颜色
    print('{}和{}是否匹配:{}'.format(c,RED,c.isCompatible(RED)))   # 比较与红色是否匹配
```

程序运行结果如图 9-5 所示。

```
颜色字符串: (255, 200, 0)
颜色分量: r=255, g=200, b=0
颜色亮度: 193.64499999999998
转换为幅度颜色: (194, 194, 194)
(255, 200, 0)和(255, 0, 0)是否匹配: False
```

图 9-5   RGB 颜色模型 Color 类的运行结果

9.7.2   直方图（Histogram）类

Histogram 类封装直方图（包括数据及基本统计功能）。Histogram 类的设计思路如下：

（1）定义带一个整数参数 n 的构造函数，用于初始化存储数据的列表，列表长度为 n，列表各元素初始值为 0。

（2）定义实例对象方法 addDataPoint(self, i)，用于增加一个数据点。

（3）定义用于计算数据点个数之和、平均值、最大值、最小值的实例对象方法，即 count()、mean()、max() 和 min()。

（4）定义用于绘制简单直方图的实例对象方法 draw()。

【例 9.17】   实现直方图 Histogram 类（histogram. py）。

```python
import random
import math
class Stat:
    def __init__(self, n):
        self._data = []
        for i in range(n):
            self._data.append(0)
    def addDataPoint(self, i):
        """增加数据点"""
        self._data[i] += 1
    defcount(self):
        """计算数据点个数之和(统计数据点个数)"""
        return sum(self._data)
    def mean(self):
        """计算各数据点个数的平均值"""
        return sum(self._data)/len(self._data)
    def max(self):
        """计算各数据点个数的最大值"""
        return max(self._data)
    def min(self):
        """计算各数据点个数的最小值"""
        return min(self._data)
    def draw(self):
        """绘制简易直方图"""
        for i in self._data:
            print('#'* i)
#测试代码
```

```
if __name__ == '__main__':
    ♯随机生成 100 个的 0 到 9 的数
    st = Stat(10)
    for i in range(100):
        score = random.randrange(0,10)
        st.addDataPoint(math.floor(score))
    print('数据点个数:{}'.format(st.count()))
    print('数据点个数的平均值:{}'.format(st.mean()))
    print('数据点个数的最大值:{}'.format(st.max()))
    print('数据点个数的最小值:{}'.format(st.min()))
    st.draw()            ♯绘制简易直方图
```

程序运行结果(随机生成,每次运行结果不同)如图 9-6 所示。

```
数据点个数:100
数据点个数的平均值:10.0
数据点个数的最大值:17
数据点个数的最小值:5
########
##########
########
########
######
##############
###############
####
###############
######
```

图 9-6 直方图 Histogram 类的运行结果

 本章小结

视频讲解

模块和模块化程序设计

模块对应于 Python 源代码文件。Python 模块中可以定义变量、函数和类。多个功能相似的模块(源文件)可以组织成一个包(文件夹)。用户通过导入其他模块,可以使用该模块中定义的变量、函数和类,从而重用其功能。Python 包含了数量众多的模块,可以实现不同的功能和应用。

 ## 10.1　模块化程序设计的概念

10.1.1　模块化程序设计

如果程序中包含多个可以复用的函数或类,则通常把相关的函数和类分组包含在单独的模块(module)中。这些提供计算功能的模块称为模块(或函数模块),导入并使用这些模块的程序,则称为客户端程序。

把计算任务分离成不同模块的程序设计方法称为模块化编程(modular programming)。使用模块可以将计算任务分解为大小合理的子任务,并实现代码的重用功能。

10.1.2　模块的 API

在客户端使用模块提供的函数时,无须了解其实现细节。模块和客户端之间遵循的契约称为 API((Application Programming Interface,应用程序编程接口)。

API 用于描述模块中提供的函数的功能和调用方法。

模块化程序设计的基本原则是先设计 API(即模块提供的函数或类的功能描述),然后实现 API(即编写程序,实现模块函数或类),最后在客户端中导入并使用这些函数或类。

通过内置函数 help()可以查看 Python 模块的 API。其语法格式为:

```
import 模块名
help(模块名)
```

在查看模块 API 之前,需要使用 import 语句导入模块,也可以使用 Python 在线帮助查看模块的 API。

【例 10.1】 通过内置函数 help() 查看 math 模块的 API 的过程和部分结果如图 10-1 所示。

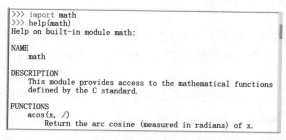

图 10-1 通过内置函数 help() 查看 math 模块的 API

【例 10.2】 通过 Python 在线帮助查看 math 模块的 API。

(1) 运行 Python 内置集成开发环境 IDLE。

(2) 打开 Python Docs。执行 IDLE 菜单命令 Help|Python Docs,打开 Python 帮助文档。

(3) 定位到 math 模块,查看其 API。如图 10-2 所示。

图 10-2 math 模块的 API

10.1.3 模块的实现

"实现"是指实现用于重用的函数或类的代码,模块的实现就是若干实现函数或类的代码的集合,保存在一个扩展名为 .py 的文件中。

模块的实现必须遵循 API 规约,可以采用不同算法实现 API,这为模块的改进和版本升级提供了无缝对接,只需要使用遵循 API 的新的实现,所有客户端程序无须修改即可以正常运行。模块通常是使用 Python 语言编写的程序(.py 文件)。

注意　Python 内置模块使用 C 编写并已链接到 Python 解释器内，还可以使用 C 或 C++ 扩展编写模块（编译为共享库或 DLL 文件）。

10.1.4　模块的客户端

客户端遵循 API 提供的调用接口，导入和调用模块中实现的函数功能。

API 允许任何客户端直接使用模块，而无须检测模块中定义的代码，例如可以直接使用模块 math 和 random。

【例 10.3】　模块的客户端示例（client.py）。在 $[0, \pi]$ 区间均匀输出函数 $y = \sin(x) + \sin(5x)$ 所对应的 n 个函数值。其中，n 由命令行第一个参数所确定。

```
import math
import sys
n = int(sys.argv[1])
for i in range(n + 1):
    x = math.pi * i / n
    y = math.sin(x) + math.sin(5 * x)
    print(x, y)
```

程序运行结果如图 10-3 所示。

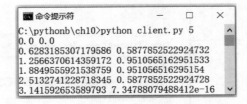

图 10-3　模块的客户端示例程序运行结果

10.1.5　模块化程序设计的优越性

模块化程序设计是现代程序设计的基本理念之一，具有如下优越性。

（1）可以编写大规模的系统程序：通过把复杂的任务分解为子任务，可以实现团队合作开发，完成大规模的系统程序。

（2）控制程序的复杂度：分解后的子任务的实现模块代码规模一般控制在数百行之内，从而可以控制程序的复杂度，各代码调试可以限制在少量的代码范围。

（3）实现代码重用：一旦实现了通用模块如 math、random 等，任何客户端都可以通过导入模块，直接重用代码，而无须重复实现。

（4）增强可维护性：模块化程序设计可以增强程序的可维护性。通过改进一个模块的实现，可以使得使用该模块的客户端同时被改进。

10.2　模块的设计和实现

10.2.1　模块设计的一般原则

模块设计的指导性原则一般包括如下几点。

(1) 先设计 API,再实现模块。

(2) 控制模块的规模,只为客户端提供需要的函数。实现包含大量函数的模块会增加模块的复杂性。例如,Python 的 math 模块中就不包含正割函数、余割函数和余切函数,因为这些函数很容易通过函数 math. sin()、math. cos()和 math. tan()的计算而得。

(3) 在模块中编写测试代码,并消除全局代码。

(4) 使用私有函数实现不被外部客户端调用的模块函数。

(5) 通过文档提供模块帮助信息。

10.2.2　API 设计

API 定义客户端和实现之间的契约。API 是一个明确的规范,规定"实现"的具体功能是什么。

API 通常由两部分组成,即可用函数的签名的精确规范,以及描述函数作用的非正式自然语言描述。API 一般使用表格的形式描述模块中的变量、函数和类。

当编写一个新模块时,建议先设计 API,然后实现模块。

【例 10.4】　设计实现算术四则运算的模块(my_math1. py)的 API。设计结果如表 10-1 所示。

表 10-1　my_math1. py 模块的 API

函 数 调 用	功 能 描 述
add(x,y)	加法函数 add(x,y)
sub(x,y)	减法函数 sub(x,y)
mul(x,y)	乘法函数 mul(x,y)
div(x,y)	除法函数 div(x,y)

10.2.3　创建模块

Python 模块对应于包含 Python 代码的源文件(其扩展名为. py),在文件中可以定义变量、函数和类。

在模块中除了可以定义变量、函数和类之外,还可以包含一般的语句,称之为主块(全局语句)。当运行该模块,或者导入该模块时,主块语句将依次执行。

一般而言,独立运行的源代码中主要包含主块,以实现相应的功能。作为库的模块,主要包含可供调用的变量、函数和类,还可以包含用于测试的主块代码。

值得注意的是,主块代码语句只在模块第一次被导入时被执行,重复导入时,不会多次导入多次执行。

【例 10.5】 创建模块 my_math1.py,在模块中定义了算术四则运算。

```
PI = 3.14                    #定义常量
def add(x, y):               #定义函数
    return x + y             #加
def sub(x, y):               #定义函数
    return x - y             #减
def mul(x, y):               #定义函数
    return x * y             #乘
def div(x, y):               #定义函数
    return x / y             #除
```

10.2.4　模块的私有函数

实现模块时,有时候需要在模块中定义仅在模块中使用的辅助函数。辅助函数不提供给客户端直接调用,故称之为私有函数。

按惯例,Python 程序员使用下画线开始的函数名作为私有函数。私有函数客户端不应该直接调用,故 API 中不包括私有函数。Python 语言没有强制不允许调用私有函数的机制,程序员应该避免直接调用私有函数。

【例 10.6】 创建模块 normal.py,实现正态分布的概率密度函数 pdf(),其函数形式为：$f(x|\mu,\sigma)=\dfrac{1}{\sigma\sqrt{2\pi}}e^{\frac{-(x-\mu)^2}{2\sigma^2}}$。

```
import math
def _phi(x):
    return math.exp(- x * x/2.0) / math.sqrt(2 * math.pi)
def pdf(x, mu = 0.0, sigma = 1.0):
    return _phi(float((x - mu) / sigma)) / sigma
#测试代码
if __name__ == '__main__':  #如果独立运行时,则运行测试代码
    for i in range(0,101):
        print(i, pdf(i, mu = 78, sigma = 10))
```

程序运行结果如下：

```
0 2.4528552856964323e - 15
1 5.324148372252943e - 15
…(略)
```

这也就是期望值为 78、标准差为 10 时各分数的概率。

10.2.5　模块的测试代码

每个模块都有一个名称,通过特殊变量__name__可以获取模块的名称。例如：

```
>>> import os
>>> os.chdir(r'c:\pythonb\ch10')
>>> import my_math1
>>> my_math1.__name__      #输出: 'my_math1'
```

特别地,当一个模块被用户单独运行时,其__name__的值为'__main__'。故可以把模块源代码文件的测试代码写在相应的测试判断中,以保证只有单独运行时才会运行测试代码。

【例10.7】　创建模块 my_math2.py。测试代码只有独立运行时才执行。

```
PI = 3.14                                #定义常量
def add(x, y):                           #定义函数
    return x + y                         #加
def sub(x, y):                           #定义函数
    return x - y                         #减
def mul(x, y):                           #定义函数
    return x * y                         #乘
def div(x, y):                           #定义函数
    return x / y                         #除
#测试代码
def main():
    print('123 + 456 = ', add(123, 456))    #加
    print('123 - 456 = ', sub(123, 456))    #减
    print('123 * 456 = ', mul(123, 456))    #乘
    print('123 / 456 = ', div(123, 456))    #除
if __name__ == '__main__':               #如果独立运行时,则运行测试代码
    main()
```

程序运行结果如下:

```
123 + 456 = 579
123 - 456 = -333
123 * 456 = 56088
123 / 456 = 0.269736842105263316
```

10.2.6　编写模块文档字符串

在程序源代码中,可以在特定的地方添加描述性文字,以说明包、模块、函数、类、类方法的相关信息。

在函数的第一个逻辑行的字符串称为函数的文档字符串。函数的文档字符串用于提供有关函数的帮助信息。

文档字符串一般遵循下列惯例:文档字符串是一个多行字符串;首行以大写字母开始,句号结尾;第二行是空行;从第三行开始是详细的描述。

用户可以使用三种方法抽取函数的文档字符串帮助信息:①使用内置函数:help(函数名);②使用函数的特殊属性:函数名.__doc__;③第三方自动化工具也可以抽取文档字符串信息,以形成帮助文档。

【例10.8】 查看文档字符串示例帮助信息。

```
>>> help(abs)
Help on built-in function abs in module builtins:
abs(x, /)
    Return the absolute value of the argument.
>>> print(abs.__doc__)            #输出: Return the absolute value of the argument.
```

同样,在包的__init__. py 中的注释,称为包的文档字符串；在文件头部注释,称为模块的文档字符串；在 class 声明后第一个逻辑行的注释,称为类文档字符串。

【例10.9】 文档字符串示例(doc. py)。

```
"""doc 模块说明文档"""          #模块注释
def d2b(i):                    #定义函数 d2b()
    """函数 d2b()的说明文档"""
    print(bin(i))
class Doc:                     #定义类 Doc
    """类 Doc 的说明文档"""
    def sayHello(self):        #定义类 Doc 的方法 sayHello()
        """方法 sayHello()的说明文档"""
        print('hi')
```

运行过程和结果如下：

```
>>> import doc
>>> doc.__doc__                #输出: 'doc 模块说明文档'
>>> doc.d2b.__doc__            #输出: '函数 d2b()的说明文档'
>>> doc.Doc.__doc__            #输出: '类 Doc 的说明文档'
>>> doc.Doc.sayHello.__doc__   #输出: '方法 sayHello()的说明文档'
```

10.2.7 按字节编译的 . pyc 文件

在导入模块时,python 解释器为加快程序的启动速度,会在与模块文件同一目录下的 __pycache__ 子目录下生成. pyc 文件。

. pyc 文件是经过编译后的字节码,这样下次导入时,如果模块源代码. py 文件没有修改(通过比较两者的时间戳),则直接导入. pyc 文件,从而提高程序效率。

按字节编译的. pyc 文件是在导入模块时由 python 解释器自动完成,无须程序员手动编译。

 ## 10.3 包

10.3.1 包的概念

在大型项目中往往需要创建许多模块,这些功能相似的模块可以使用包组成层次组织结构,以便于维护和使用。

Python 模块是.py 文件,而包则是文件夹。只要文件夹中包含一个特殊的文件__init__.py,则 Python 解释器将该文件夹作为包,其中的模块文件(.py 文件)属于包中的模块。

特殊文件__init__.py 可以为空,也可以包含属于包的代码,当导入包或该包中的模块时执行__init__.py。

包可以包含子包,没有层次限制。包可以有效避免名称空间冲突。

【例 10.10】　包示例如图 10-4 所示。

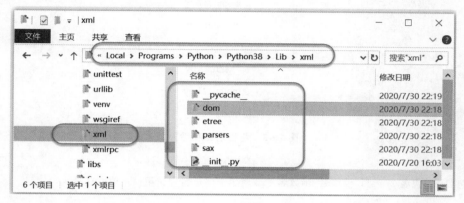

图 10-4　包示例

图 10-4 的包示例目录结构表明,在 Python 标准库中(Lib 目录下),包含包 xml。xml 是顶级包,包含子包 dom、etree、parsers 和 sax。

10.3.2　创建包

包和模块组成的层次组织结构对应于文件夹和模块文件。

创建包,首先需要在指定目录中创建对应包名的目录;然后在该目录下创建一个特殊文件__init__.py 文件;最后在该目录下创建模块文件。

【例 10.11】　创建包示例。在"C:\pythonb\ch10\"目录中创建如图 10-5 所示的目录结构。

其中,package1 是顶级包,包含子包 subPackage1 和 subPackage2;包 subPackage1 包含模块 module11、module12 和 module13;包 subPackage2 包含模块 module21 和 module22。

10.3.3　包的导入和使用

使用 import 语句导入包中的模块时,需要指定对应的包名。其基本形式如下:

```
import [包名 1.[包名 2. …]].模块名　　#导入包中模块
```

其中,包名是模块的上层组织包的名称。注意,包名和模块名区分大小写。

在导入包中模块后,可以使用全限定名称访问包中模块定义的成员:

```
\package1
    __init__.py
    \subPackage1
        __init__.py
        module11.py
        module12.py
        module13.py
    \subPackage2
        __init__.py
        module21.py
        module22.py
```

图 10-5　包目录结构示例

```
[包名1.[包名2.…]].模块名.函数名    #使用全限定名称调用模块中的成员
```

用户也可以使用 from … import 语句直接导入包中模块的成员。其基本形式如下：

```
from [包名1.[包名2.…]].模块名 import 成员名    #导入模块中的具体成员
```

同一个包/子包的模块，可以直接导入相同包/子包的模块，而不需要指定包名。这是因为同一个包/子包的模块位于同一个目录。例如，如果包 subPackage2 中包含模块 module21 和 module22，则在模块 module22 中可以通过 import module21 直接导入 module21。

当直接导入包时（import 包名），将执行包目录下的 __init__.py（其中创建的名称有效），但不会导入目录下的模块和子包（子目录）。例如：

```
>>> import xml
>>> xml.dom    #报错。AttributeError: module 'xml' has no attribute 'dom'
```

使用"from 包名 import *"并不会自动导入一个包中的所有模块（子包），而是导入__init__.py 中指定的模块或子包。例如：

```
>>> from xml import *
>>> xml.dom
<module 'xml.dom' from 'C:\Users\jh\AppData\Local\Programs\Python\Python38\lib\xml\dom\__init__.py'>
```

【例 10.12】　包的导入和使用示例。

```
>>> from xml.dom import minidom
>>> doc = minidom.Document()
```

10.4   名称空间与名称查找顺序

1. 名称空间概述

在 Python 程序中,每一个名称(变量名、函数名或类型名)都有一个作用范围。在其作用范围之内,可以直接引用该名称;在其作用范围之外,该名称不存在,引用该名称将导致一个错误 NameError。则这个作用范围称为名称空间(name space),也称为命名空间。

2. 名称查找顺序

当代码中使用名称 x 时,Python 解释器把 x 解释为对象名(对象、函数、变量等),并按如下名称空间顺序查找以 x 命名的对象。

(1)局部名称空间。当前函数或类的方法中定义的局部变量。

(2)全局名称空间。当前的模块(.py 文件)中定义的变量、函数或类。

(3)内置名称空间。对每个模块都是全局的。作为最后的尝试,Python 将假设 x 是内置函数或变量。

如果最后查找不到以 x 命名的对象,则抛出 NameError 错误。

【例 10.13】 名称查找示例。

```
>>> math.e      #报错.NameError: name 'math' is not defined
>>> import math
>>> math.e      #输出: 2.718281828459045
```

导入 math 模块前,Python 查找不到以 e 命名的对象,故抛出错误 NameError。导入 math 模块之后,查找到 math 模块中的全局变量 e,故返回其值。

10.5   应用举例: 基于模块的库存管理系统

本案例通过一个多模块的库存管理系统案例,帮助读者深入了解基于模块的 Python 应用程序的开发流程。

10.5.1   库存管理系统的 API 设计

本节实现一个简单的基于模块的库存管理系统。系统采用 JSON 文件来保存数据。产品信息设计为字典,键为 sku_id(产品 ID),值为 sku_name(产品名称),使用 products.json 实现其持续化。货架位置信息也设计为字典,键为 loc_id(货架 ID),值为 loc_name(货架名称),使用 location.json 实现其持续化。商品库存信息设计为列表[sku_id, loc_id]的列表,使用 items.json 实现其持续化。

库存管理系统设计为三个模块文件，即 data.py、ui.py 和 main.py。

库存管理系统 data.py 负责数据的管理，其 API 设计如表 10-2 所示。

表 10-2   库存管理系统 data.py 模块的 API

全局变量/函数	功 能 描 述
_products	保存产品信息的字典：sku_id:sku_name
_locations	保存货架位置的字典：loc_id:loc_name
_items	保存商品库存的列表，元素为列表[sku_id,loc_id]
init()	从磁盘 JSON 格式文件中读取数据
_save_products()	把产品信息数据_products 以 JSON 格式保存到磁盘文件
_save_locations()	把货架位置数据_locations 以 JSON 格式保存到磁盘文件
_save_items()	把商品库存数据_items 以 JSON 格式保存到磁盘文件
get_products()	返回产品信息
get_locations()	返回货架位置信息
get_items()	返回货架商品信息
add_product(sku_id, sku_name)	增加一个产品 sku_id、sku_name
add_location(loc_id, loc_name)	增加一个货架位置 loc_id、loc_name
add_item(sku_id, loc_id)	入库一件商品：商品 sku_id、货架 sku_id
remove_item(sku_id, loc_id)	出库一件商品：商品 sku_id、货架 sku_id，返回 True；如果不存在，返回 False

库存管理系统 ui.py 负责用户界面交互，其 API 设计如表 10-3 所示。

表 10-3   库存管理系统 ui.py 模块的 API

全局变量/函数	功 能 描 述
prompt_for_action()	提示功能菜单，返回用户输入选择
prompt_for_old_sku_id()	提示用户输入有效的产品 sku_id 并返回有效的产品 ID。如果用户输入为空，则返回 None
prompt_for_new_sku_id()	提示用户输入新的产品 sku_id 并返回新的产品 ID。如果用户输入为空，则返回 None
prompt_for_sku_name()	提示用户输入产品名称 sku_name 并返回产品名称。如果用户输入为空，则返回 None
prompt_for_old_loc_id()	提示用户输入有效的货架位置 loc_id 并返回有效的货架位置 ID。如果用户输入为空，则返回 None
prompt_for_new_loc_id()	提示用户输入新的货架位置 loc_id 并返回新的货架位置 ID。如果用户输入为空，则返回 None
prompt_for_loc_name()	提示用户输入货架位置名称 loc_name 并返回货架位置名称。如果用户输入为空，则返回 None
report_products()	产品信息报表
report_locations()	货架位置报表
report_items()	库存信息报表

10.5.2　库存管理系统的功能设计

库存信息管理系统主要包括如下功能。

（1）产品信息报表。调用 ui.report_products()，显示产品信息列表。

（2）增加产品信息。调用 ui.prompt_for_new_sku_id()，提示用户输入新的产品 ID，调用 ui.prompt_for_sku_name()，提示用户输入产品名称。调用 data.add_product(sku_id, sku_name)增加新的产品。如果用户输入为空，则返回 None，即什么也不做。

（3）货架位置报表。调用 ui.report_location()，显示货架位置信息列表。

（4）增加货架位置。调用 ui.prompt_for_new_loc_id()，提示用户输入新的货架位置 ID，调用 ui.prompt_for_loc_name()，提示用户输入货架名称。调用 data.add_location(sku _id, sku_name)增加新的货架。如果用户输入为空，则返回 None，即什么也不做。

（5）商品库存信息报表。调用 ui.report_items()，显示库存信息列表。

（6）商品入库管理。调用 ui.prompt_for_old_sku_id()，提示用户输入产品 ID，调用 ui.prompt_for_old_loc_id()，提示用户输入货架 ID。调用 data.add_item(sku_id, loc_id)，实现商品入库。如果用户输入为空，则返回 None，即什么也不做。

（7）商品出库管理。调用 ui.prompt_for_old_sku_id()，提示用户输入产品 ID，调用 ui.prompt_for_old_loc_id()，提示用户输入货架 ID。调用 data.remove_item(sku_id, loc_id)，实现商品出库。如果库存不存在，则报错。如果用户输入为空，则返回 None，即什么也不做。

10.5.3　主模块 main.py 的实现

主模块导入 data 和 ui 模块。在 main.py 中，定义 main()函数，首先调用 data.init()，从磁盘 JSON 格式文件中读取数据。然后在无限循环中，调用 ui.prompt_for_action()显示功能菜单，接受用户输入，并根据用户的功能选择，实现各模块相应功能。

【例10.14】　库存管理系统主模块 main.py。

```
"""库存管理系统：基于 JSON"""
import data
import ui
def main():
    data.init()
    while True:
        action = ui.prompt_for_action()
        if action == 'QUIT':
            break
        elif action == 'REPORT_PRODUCTS':
            ui.report_products()
        elif action == 'ADD_PRODUCT':
```

```
                sku_id = ui.prompt_for_new_sku_id()
                if sku_id != None:
                    sku_name = ui.prompt_for_sku_name()
                    if sku_name != None:
                        data.add_product(sku_id, sku_name)
            elif action == 'REPORT_LOCATIONS':
                ui.report_locations()
            elif action == 'ADD_LOCATION':
                loc_id = ui.prompt_for_new_loc_id()
                if loc_id != None:
                    loc_name = ui.prompt_for_loc_name()
                    if loc_name != None:
                        data.add_location(loc_id, loc_name)
            elif action == 'REPORT_ITEMS':
                ui.report_items()
            elif action == 'ADD_ITEM':
                sku_id = ui.prompt_for_old_sku_id()
                if sku_id != None:
                    loc_id = ui.prompt_for_old_loc_id()
                    if loc_id != None:
                        data.add_item(sku_id, loc_id)
            elif action == 'REMOVE_ITEM':
                sku_id = ui.prompt_for_old_sku_id()
                if sku_id != None:
                    loc_id = ui.prompt_for_old_loc_id()
                    if loc_id != None:
                        if not data.remove_item(sku_id, loc_id):
                            print('该库存不存在')
############################################################
if __name__ == "__main__":
    main()
```

10.5.4　用户界面交互模块 ui.py 的实现

用户界面交互模块导入 data 模块。实现表 10-3 所示的 API。

【例 10.15】　库存管理系统用户界面交互模块 ui.py。

```
import data
def prompt_for_action():
    """提示功能菜单.返回用户输入选择 """
    while True:
        print('-------------- 库存信息管理系统 -------------- ')
```

```
            print('|1: 产品信息报表                        |')
            print('|2: 增加产品信息                        |')
            print('|3: 货架位置报表                        |')
            print('|4: 增加货架位置                        |')
            print('|5: 商品库存信息报表                      |')
            print('|6: 商品入库管理                        |')
            print('|7: 商品出库管理                        |')
            print('| 0:退出                            |')
            print('------------------------------------------ ')
            choice = input('请选择功能菜单(0-7):')
            if choice == '0': return 'QUIT'
            elif choice == '1': return 'REPORT_PRODUCTS'
            elif choice == '2': return 'ADD_PRODUCT'
            elif choice == '3': return 'REPORT_LOCATIONS'
            elif choice == '4': return 'ADD_LOCATION'
            elif choice == '5': return 'REPORT_ITEMS'
            elif choice == '6': return 'ADD_ITEM'
            elif choice == '7': return 'REMOVE_ITEM'
    def report_products():
        """产品信息报表 """
        for (k, v) in data.get_products().items():
            print('{0:8}  {1}'.format(k, v))
    def prompt_for_old_sku_id():
        """提示用户输入有效的产品 sku_id 并返回有效产品 ID,或者返回 None """
        while True:
            sku_id = input("请输入产品 ID:")
            if sku_id == "":
                return None
            elif sku_id not in data.get_products():
                print("该产品不存在, 请重新输入")
            else:
                return sku_id
    def prompt_for_new_sku_id():
        """提示用户输入新的产品 sku_id 并返回新产品 ID,或者返回 None """
        while True:
            sku_id = input("请输入新的产品 ID:")
            if sku_id == "": return None
            elif sku_id in data.get_products():
                print("该产品已经存在,请重新输入")
            else:
                return sku_id
    def report_locations():
        """货架位置报表 """
        for (k, v) in data.get_locations().items():
            print('{0:8}  {1}'.format(k, v))
    def prompt_for_old_loc_id():
        """提示用户输入有效的货架位置 loc_id 并返回有效货架位置 ID,或者返回 None """
        while True:
```

```
                loc_id = input("请输入货架位置 ID:")
                if loc_id == "":
                    return None
                elif loc_id not in data.get_locations():
                    print("该货架位置不存在,请重新输入")
                else:
                    return loc_id
def prompt_for_new_loc_id():
    """提示用户输入新的货架位置 loc_id 并返回,或者返回 None """
    while True:
        loc_id = input("请输新的货架位置 ID:")
        if loc_id == "": return None
        elif loc_id in data.get_locations():
            print('该货架位置已经存在,请重新输入')
        else:
            return loc_id
def prompt_for_sku_name():
    """提示用户输入产品名称 sku_name 并返回产品名称,或者返回 None """
    while True:
        sku_name = input("请输入产品名称:")
        if sku_name == "": return None
        else: return sku_name
def prompt_for_loc_name():
    """提示用户输入货架位置名称 loc_name 并返回货架位置名称,或者返回 None """
    while True:
        loc_name = input("请输入货架位置名称:")
        if loc_name == "": return None
        else: return loc_name
def report_items():
    """库存信息报表 """
    for (k, v) in data.get_items():
        sku_name = data.get_products()[k]
        loc_name = data.get_locations()[v]
        print('{0:8} {1}: {2:8}{3}'.format(k,sku_name,v,loc_name))
```

10.5.5　数据处理模块 data.py 的实现

数据处理模块实现表 10-2 所示的 API。通过 Python 标准库模块 json 中的 loads()函数和 dumps()函数,可以实现从 JSON 文件读取数据和转储数据到 JSON 文件的功能。

【例 10.16】　库存管理系统数据处理模块 data.py。

```
import os
import json
# 全局变量
```

```python
_products = {}          # 保存产品信息的字典: sku_id:sku_name
_locations = {}         # 保存货架位置的字典: loc_id:loc_name
_items = []             # 保存商品库存的列表,元素为元组(sku_id,loc_id)
def init():
    """从磁盘 JSON 格式文件中读取数据"""
    global _products, _locations, _items
    if os.path.exists("products.json"):
        f = open("products.json", "r", encoding = 'utf-8')
        _products = json.loads(f.read())
        f.close()
    if os.path.exists("locations.json"):
        f = open("locations.json", "r", encoding = 'utf-8')
        _locations = json.loads(f.read())
        f.close()
    if os.path.exists("items.json"):
        f = open("items.json", "r", encoding = 'utf-8')
        _items = json.loads(f.read())
        f.close()
def _save_products():
    """把产品信息数据_products 以 JSON 格式保存到磁盘文件"""
    global _products
    f = open("products.json", "w", encoding = 'utf-8')
    f.write(json.dumps(_products, ensure_ascii = False))
    f.close()
def _save_locations():
    """把货架位置数据_locations 以 JSON 格式保存到磁盘文件"""
    global _locations
    f = open("locations.json", "w", encoding = 'utf-8')
    f.write(json.dumps(_locations))
    f.close()
def _save_items():
    """把商品库存数据_items 以 JSON 格式保存到磁盘文件"""
    global _items
    f = open("items.json", "w", encoding = 'utf-8')
    f.write(json.dumps(_items))
    f.close()
def get_products():
    """返回产品信息 """
    global _products
    return _products
def get_locations():
    """返回货架位置信息 """
    global _locations
    return _locations
```

```python
def get_items():
    """返回商品库存信息 """
    global _items
    return _items
def add_product(sku_id, sku_name):
    """增加一个产品 sku_id、sku_name """
    global _products
    _products[sku_id] = sku_name
    _save_products()
def add_location(loc_id, loc_name):
    """增加一个货架位置 loc_id、loc_name """
    global _locations
    _locations[loc_id] = loc_name
    _save_locations()
def add_item(sku_id, loc_id):
    """入库一件商品：商品 sku_id、货架 sku_id """
    global _items
    _items.append((sku_id, loc_id))
    _save_items()
def remove_item(sku_id, loc_id):
    """出库一件商品：商品 sku_id、货架 sku_id,返回 True; 如果不存在,返回 False"""
    global _items
    for i in range(len(_items)):
        if sku_id == _items[i][0] and loc_id == _items[i][1]:
            del _items[i]
            _save_items()
            return True
    return False
```

10.5.6　系统测试运行

在 Windows 命令行窗口中输入命令"python main. py",程序运行结果如图 10-6 所示。

```
C:\pythonb\ch10>python main.py
-----------库存信息管理系统-----------
1: 产品信息报表
2: 增加产品信息
3: 货架位置报表
4: 增加货架位置
5: 商品库存信息报表
6: 商品入库管理
7: 商品出库管理
0: 退出
----------------------------------
请选择功能菜单(0-7):_
```

图 10-6　基于模块的库存管理系统主界面

分别输入 0~7,测试基于模块的库存管理系统的各个功能。

本章小结

视频讲解

数据库访问基础

应用程序往往使用数据库来存储大量的数据。Python 提供了对大多数数据库的支持。使用 Python 中相应的模块可以连接到数据库,进行查询、插入、更新和删除等操作。

 11.1 数据库基础

11.1.1 数据库的概念

数据库就是存储数据的仓库,即存储在计算机系统中结构化的、可共享的相关数据的集合。数据库中的数据按一定的数据模型组织、描述和存储,可以最大限度地减少数据的冗余度。

数据库系统(Database System,DB)是指在计算机系统中引入数据库后组成的系统。数据库系统一般包括计算机硬件、操作系统、数据库(Database)、数据库管理系统(Database Management System,DBMS)、开发工具、应用系统、数据库管理员(Database Administrator,DBA)和用户等。

数据库管理系统(Database Management System,DBMS)是用于管理数据的计算机软件。数据库管理系统使用户能够方便地定义数据、操作数据以及维护数据。其主要功能如下:

(1) 数据定义功能。使用数据定义语言(Data Definition Language,DDL),可以生成和维护各种数据对象的定义。

(2) 数据操作功能。使用数据操作语言(Data Manipulation Language,DML),可以对数据库进行查询、插入、删除和修改等基本操作。

(3) 数据库的管理和维护。数据库的安全性、完整性、并发性、备份和恢复等功能。

目前流行的数据库管理系统产品可以分为以下两类。

(1) 适合于企业用户的网络版 DBMS,例如,Oracle、Microsoft SQL Server、IBM DB2 等。

(2) 适合于个人用户的桌面 DBMS,例如,Microsoft Access 等。

11.1.2 数据库模型

现实世界的数据可以抽象为概念模型（conceptual model），也称为信息模型。信息模型可以转换为数据库模型。数据的抽象转换过程如图 11-1 所示。

图 11-1 数据的抽象转换过程

1. 概念模型

表示概念模型的方法有很多，最常用的是实体-联系（entity-relationship）方法。实体-联系方法把世界看作由实体（entity）和联系（relationship）构成的。

实体是指现实世界中具有一定特征或属性并与其他实体有联系的对象，在关系模型中实体通常是以表的形式来表现。表的每一行描述实体的一个实例，表的每一列描述实体的一个特征或属性。

联系是指实体之间的对应关系，通过联系就可以使用一个实体的信息来查找另一个实体的信息。联系可以分为以下三种。

- 一对一（1：1）：例如，一个部门只能有一个经理，而一个经理只能在一个部门任职，部门和经理为一对一的联系。
- 一对多（1：m）：例如，一个部门有多名员工，而一名员工只能在一个部门工作，部门和员工为一对多的联系。
- 多对多（n：m）：例如，一名学生可以选修多门课程，而一门课程可以有多名选修的学生，学生和课程是多对多的联系。

两个实体之间的三种联系如图 11-2 所示。

图 11-2 实体间的联系

2. E-R 图

E-R 图也称实体-联系图（entity relationship diagram），提供了表示实体类型、属性和联系的方法，用来描述现实世界的概念模型。

E-R 图通常包含以下四个部分。

（1）矩形框：表示实体，在框中记入实体名。

（2）菱形框：表示联系，在框中记入联系名。

（3）椭圆形框：表示实体或联系的属性，将属性名记入框中。对于主属性名，则在其名称下画一条下画线。

（4）连线：实体与属性之间、实体与联系之间、联系与属性之间用直线相连，并在直线上标注联系的类型。

例如，学生选课系统的 E-R 图如图 11-3 所示。

图 11-3　学生选课系统的 E-R 图

3. 常用的数据库模型

常用的数据库模型包括以下几种。

（1）层次模型（hierarchical model）。

（2）网状模型（network model）。

（3）关系模型（relational model）。

（4）面向对象的数据模型（object oriented model）。

11.1.3　关系数据库

关系模型具有完备的数学基础，简单灵活，易学易用，已经成为数据库的标准。目前流行的 DBMS 都是基于关系模型的关系数据库管理系统。关系模型把世界看作由实体和联系构成的。

关系数据库中，常见的数据库对象包括表、视图、触发器、存储过程等。

数据库中的表由行（row）和列（column）组成。列由同类的信息组成，又称为字段（field）；列的标题称为字段名。行是指包括了若干列信息项的一行数据，也称为记录（record）或元组（tuple）。一个数据库表由一条或多条记录组成，没有记录的表称为空表。

如果某个字段或字段组合可以唯一标识一条记录，则称之为候选键（candidate key）。

每个数据表中通常都有一个主关键字(primary key),用于唯一确定一条记录。如果一个字段是另一张表的主键,则称之为外键(foreign key)。

例如图11-4中"学号"字段即为Exam数据表的主关键字。

列标题(字段名)

学号	姓名	班级	语文	数学	英语	计算机
03101	张咏	1	87	97	89	90
03102	刘炎	1	100	90	95	96
03103	王政	1	78	85	70	55
03104	李石	1	20	56	38	67
03105	姚亮	1	97	90	95	92
03201	张晶	2	50	45	67	89
03202	姜玲	2	90	98	97	93
03203	汪茗	2	98	100	96	97
03204	赵骅	2	44	56	46	58
03205	桑恬	2	76	70	86	80
03206	陆锋	2	87	88	85	90

行(记录)

图11-4 数据表的行(记录)和列(字段)信息

11.2 Python 数据库访问模块

11.2.1 通用数据库访问模块

1. ODBC

ODBC(Open Database Connectivity,开放数据库互连)提供了一种标准的应用程序编程接口API方法来访问数据库管理系统。

在Windows平台上,常用的数据库产品都实现了其各自的ODBC驱动程序,包括Oracle、IBM DB2、Microsoft SQL Server、Microsoft Access等数据库。通过ODBC可以实现通用的数据库访问。Python提供了如下几种通过ODBC访问数据的模块。

- ODBC Interface:随PythonWin附带发行的模块。
- pyodbc:开源的Python ODBC接口,完整实现了DB-API 2.0接口。
- mxODBC:流行的mx系列工具包中的一部分(非商业开发需付费),实现了绝大部分DB-API 2.0接口。

2. JDBC

JDBC(Java Database Connectivity,Java数据库连接)是基于Java的面向对象的应用编程接口,描述了一套访问关系数据库的Java类库标准。

Jython 2.1以后的发行版中,包括通过JDBC访问数据的模块zxJDBC,建立在底层的JDBC接口之上,支持DB-API 2.0接口。

11.2.2　专用数据库访问模块

　　Python 针对各种流行的数据库，提供了各种专用的数据库访问模块，参见表 11-1 所示。

表 11-1　**Python 专用数据库访问模块**

数　据　库	Python 模块	网　　址
MySQL	mysql-python	http://sourceforge.net/projects/mysql-python
PostgreSQL	PyGreSQL	http://www.pygresql.org/
Oracle	DCOracle2	http://www.zope.org/Members/matt/dco2
IBM DB2	pydb2	http://sourceforge.net/projects/pydb2
SQL Server	pymssql	http://pymssql.sourceforge.net/

11.2.3　SQLite 数据库和 sqlite3 模块

1. SQLite 数据库

　　SQLite 是一款开源的轻型的数据库，占用资源非常低，广泛用于各种嵌入式设备中。SQLite 支持各种主流的操作系统，包括 Windows、Linux、UNIX 等，并与许多程序语言紧密结合，包括 Python。

　　SQLite 是遵守 ACID(原子性 Atomicity、一致性 Consistency、隔离性 Isolation、持久性 Durability)的关系数据库管理系统，实现了大多数的 SQL-92 标准，包括事务、触发器和多数的复杂查询。

　　SQLite 不进行类型检查，例如，可以把字符串插入到整数列中。该特点特别适于与无类型的脚本语言（例如 Python）一起使用。

　　SQLite 整个数据库，包括数据库定义、表、索引和数据本身等，都存储在一个单一的文件中，其事务处理通过锁定整个数据文件而完成。

　　SQLite 引擎不是程序与之通信的独立进程，而是在编程语言内直接调用 API 来实现，即 SQLite 是应用程序的组成部分，所以具有内存消耗低、延迟时间短、整体结构简单等优点。

　　SQLite 目前的版本是 3，其官方网址为"http://www.sqlite.org"。

2. SQLite 支持的数据类型

　　SQLite 支持的数据类型包括 NULL、INTEGER、REAL、TEXT 和 BLOB，分别对应 Python 的数据类型 None、int、float、str 和 bytes。

　　用户可以使用适配器（adapters），以存储更多的 Python 类型到 SQLite 数据库；也可以使用转换器（converters），把 SQLite 数据类型转换为 Python 的数据类型。

3. sqlite3 模块

　　Python 标准库 sqlite3 模块使用 C 语言实现，提供访问和操作 SQLite 数据库的各种功能。sqlite3 模块主要包括下列常量、函数和对象。

- sqlite3. version：常量，版本号。
- sqlite3. connect(database)：函数，连接到数据库，返回 Connect 对象。
- sqlite3. Connect：数据库连接对象。
- sqlite3. Cursor：游标对象。
- sqlite3. Row：行对象。

 11.3　使用 sqlite3 模块连接和操作 SQLite 数据库

11.3.1　访问数据库的典型步骤

Python 的数据库模块具有统一的接口标准，数据库操作遵循一致的模式。使用 sqlite3 模块操作数据的典型步骤如下：

1. 导入相应的数据库模块

Python 标准库中带有 sqlite3 模块，用户可以使用如下命令直接导入。

```
import sqlite3
```

2. 建立数据库连接，返回 Connection 对象

使用数据库模块的 connect() 函数建立数据库连接，返回连接对象 con，命令形式如下：

```
con = sqlite3.connect(connectstring)    # 连接到数据库,返回 sqlite3.Connection 对象
```

其中，connectstring 是连接字符串。对于不同的数据库连接对象，其连接字符串的格式也不相同。sqlite 的连接字符串为数据库的文件名，例如"C:\DB\example. db"。如果指定连接字符串为":memory:"，则可以创建一个内存数据库。例如：

```
>>> import sqlite3
>>> con = sqlite3.connect(r"C:\DB\db1.db")
```

如果"C:\DB\db1. db"存在，则打开数据库；否则创建并打开数据库"C:\DB\db1. db"。创建数据库连接对象（Connection 对象）后，用户可以设置其属性。例如：

```
>>> con.isolation_level = None        # 设置事务隔离级别,默认为自动提交
>>> con.row_factory = sqlite3.Row     # 设置连接对象使用的行工厂对象
```

3. 创建游标对象 cur

使用如下命令可以调用 con. cursor() 函数创建游标对象 cur：

```
cur = con.cursor()                          ♯创建游标对象
```

4. 使用 Cursor 对象的 execute() 执行 SQL 命令返回结果

调用 cur.execute()/executemany()/executescript() 方法查询数据库，调用形式如下：

- cur.execute(sql)：执行 SQL 语句。
- cur.execute(sql, parameters)：执行带参数的 SQL 语句。
- cur.executemany(sql, seq_of_parameters)：根据参数执行多次 SQL 语句。
- cur.executescript(sql_script)：执行 SQL 脚本。

一般地，建议直接使用 Connection 对象的 execute()/executemany()/executescript() 方法。事实上，它们是 Cursor 对象对应方法的快捷方式，系统创建一个临时 Cursor 对象，然后调用对应的方法，并返回 Cursor 对象。具体如下：

- con.execute(sql)：执行 SQL 语句，返回结果。
- con.execute(sql, parameters)：执行带参数的 SQL 语句，返回结果。
- con.executemany(sql, seq_of_parameters)：根据参数执行多次 SQL 语句，返回结果。
- con.executescript(sql_script)：执行 SQL 脚本。

例如：

```
>>> con.execute("create table if not exists t1(id primary key, name)")
```

将创建一个包含 id(主码)和 name 两个字段的表 t1。

SQL 语句字符串中可以使用占位符"?"表示参数，传递的参数使用元组；或者使用命名参数，传递参数则使用字典。例如：

```
>>> con.execute("insert into t1(id, name) values (?, ?)", ('001', '北京'))
>>> con.execute("insert into t1(id, name) values (:id, :name)", {'id':'027', 'name':'武汉'})
```

5. 获取游标的查询结果集

调用 cur.fetchall()/cur.fetchone()/cur.fetchmany() 返回查询结果，调用形式如下：

- cur.fetchone()：返回结果集的下一行(Row 对象)；无数据时，返回 None。
- cur.fetchall()：返回结果集的剩余行(Row 对象列表)；无数据时，返回空 list。
- cur.fetchmany(size)：返回结果集的多行(Row 对象列表)；无数据时，返回空 list。
- cur.rowcount：返回影响的行数、结果集的行数。

Row 对象 r 为一行查询结果系列，支持下列访问。

- r[i]：按索引访问，返回第 i 列的数据。
- len(r)：返回列数。
- tuple(r)：把数据转换为元组。

例如：

```
>>> cur = con.cursor()          # 创建游标对象
>>> cur.execute("select * from t1")# 执行 SQL 查询
>>> r = cur.fetchone()          # 获取一行 Row 对象结果
>>> r[0], r[1]                  # 获取一行记录信息
```

当然也可以直接使用循环输出结果。例如：

```
>>> for row in con.execute("select * from t1"):
        print(row[0], row[1])
```

6. 数据库的提交和回滚

根据数据库事务隔离级别的不同，可以提交或回滚，命令形式如下：

- conn.commit()：提交。
- conn.rollback()：回滚。

7. 关闭 Cursor 对象和 Connection 对象

最后，需要关闭打开的 Cursor 对象和 Connection 对象，命令形式如下：

- cur.close()：关闭 Cursor 对象。
- con.close()：关闭 Connection 对象。

11.3.2　创建数据库和表

使用 sqlite3.connect("数据库文件名")可以创建或打开 SQLite 数据库，并返回连接对象 con；使用 con.execute("create table …")可以创建表。

【例 11.1】　创建数据库和表（DBCreate.py）。创建数据库 sales，并在其中创建表 region，表中包含 id 和 name 两个字段（列），其中 id 为主码（primary key）。

```
import sqlite3
# 创建 SQLite 数据库：C:\Pythonb\ch11\sales.db
con = sqlite3.connect(r"C:\Pythonb\ch11\sales.db")
# 创建表 regions，包含两个列，id(主码)和 name
con.execute("create table region(id primary key, name)")
```

11.3.3　数据库表的插入、更新和删除操作

在数据库表中插入、更新和删除记录的一般步骤如下：

（1）建立数据库连接。

（2）根据 SQL 中的 Insert、Update、Delete 语句，使用 con.execute(sql)执行数据库记录插入、更新、删除操作，并根据返回的值判断操作结果。

（3）提交操作。

（4）关闭数据库。

【例 11.2】 数据库表记录的插入、更新和删除操作示例（DBUpdate.py）。在数据库 sales 的数据表 region 中插入、更新、删除若干条记录。

```
import sqlite3
regions = [("021", "上海"),('022', "天津"),("023", "重庆"),("024", "沈阳")]
#打开 SQLite 数据库：C:\Pythonb\ch11\sales.db
con = sqlite3.connect(r"C:\Pythonb\ch11\sales.db")
#使用不同的方法分别插入一行数据
con.execute("insert into region(id, name) values ('020', '广东')")
con.execute("insert into region(id, name) values (?, ?)", ('001', '北京'))
#插入多行数据
con.executemany("insert into region(id, name) values (?, ?)", regions)
#修改一行数据
con.execute("update region set name = ? where id = ?", ('广州','020'))
#删除一行数据
n = con.execute("delete from region where id = ?", ("024",))
print('删除了', n.rowcount, '行记录')
con.commit()              #提交
con.close()               #关闭数据库
```

11.3.4 数据库表的查询操作

查询数据库的一般步骤如下：
（1）建立数据库连接。
（2）根据 SQL Select 语句，使用 con.execute(sql)执行数据库查询操作，返回游标对象 cur。
（3）循环输出结果。

【例 11.3】 查询数据表中的记录信息（DBquery.py）。查询并输出数据库 sales 的数据表 region 中的所有记录内容。

```
import sqlite3
#打开 SQLite 数据库：C:\Pythonb\ch11\sales.db
con = sqlite3.connect(r"C:\Pythonb\ch11\sales.db")
#查询数据库表的记录内容
cur = con.execute("select id, name from region")
for row in cur:      #循环输出结果
    print(row)
```

程序运行结果如下：

```
('020', '广州')
('001', '北京')
('021', '上海')
('022', '天津')
('023', '重庆')
```

11.4 使用 SQLiteStudio 查看和维护 SQLite 数据库

使用 SQLite 可视化工具可以方便查看程序运行后更新数据库的结果。

【例 11.4】 下载、安装和使用 SQLiteStudio.exe。

（1）下载 SQLiteStudio。在浏览器中输入 SQLiteStudio 官网地址"https://sqlitestudio.pl/"，下载最新版本（SQLiteStudio-3.2.1.zip）。

（2）运行 SQLiteStudio。解压缩下载的文件到本地任何目录下，双击运行解压缩的程序 SQLiteStudio.exe，打开 SQLiteStudio。

（3）打开数据库。按 Ctrl＋O 组合键，选择打开数据库"C:\Pythonb\ch11\jwxt.db"，查看数据库中表的结构，或者查看表的数据，如图 11-5 所示。

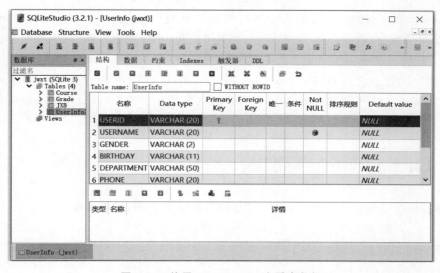

图 11-5 使用 SQLiteStudio 查看表数据

本章小结

第章

视频讲解

Python计算生态

Python 计算生态的强大之处在于其计算生态环境（ecosystem），提供了解决不同领域的包，例如网络爬虫、数据分析、文本处理、数据可视化、用户图形界面、人工智能、机器学习、Web 开发、游戏开发等。

开源程序的理念就是 DRY（Don't Repeat Yourself）。使用 Python 社区中不同领域的专家提供的解决专业问题的第三包，不仅可以提高程序开发效率，而且还能够提高程序开发质量。

12.1 Python 标准库

Python 标准安装包中包含一部分常用的库，被称为 Python 标准库。

受限于 Python 安装包的设定大小，标准库数量通常为 270 个左右。标准库随安装包一起安装，用户可以直接使用。

1. 与文本处理相关的模块

除了内置数据类型 str，标准库中提供了广泛的字符串操作和其他文本处理服务模块。另外，codecs 模块也与文本处理高度相关。文本处理相关的主要模块如下。

（1）string：常见的字符串操作，包括字符串常量、格式化字符、辅助函数等。

（2）re：正则表达式操作，包括处理正则表达式的对象和函数。

（3）difflib：计算差异的辅助工具。

（4）textwrap：文本自动换行与填充。

（5）unicodedata：Unicode 数据库。

（6）stringprep：因特网字符串预备。

（7）readline：GNU readline 接口。

（8）rlcompleter：GNU readline 的补全函数。

2. 二进制数据服务模块

标准库中提供了一些操作二进制数据的基本模块。有关二进制数据的其他操作，请参见与文件格式和网络协议有关的标准库。二进制数据服务的主要模块如下。

（1）struct：将字节串解读为打包的二进制数据。

（2）codecs：编解码器注册和相关基类。

3. 与数据结构相关的模块

Python 语言除了提供丰富的内置数据结构类型（dict、list、set、frozenset、tuple、str、bytes、bytearray），还通过标准库提供了许多专门的数据类型，例如日期和时间、固定类型的数组、堆队列、双端队列以及枚举等。数据结构相关的主要模块如下。

（1）datetime：基本的日期和时间类型。

（2）calendar：日历相关函数。

（3）collections：容器数据类型。

（4）collections.abc：容器的抽象基类。

（5）heapq：堆队列算法。

（6）bisect：数组二分查找算法。

（7）array：高效的数值数组。

（8）weakref：弱引用。

（9）types：动态类型创建和内置类型名称。

（10）copy：浅层（shallow）和深层（deep）复制操作。

（11）pprint：数据美化输出。

（12）reprlib：另一种 repr() 实现。

（13）enum：对枚举的支持。

4. 与数值计算相关的模块

Python 标准库中提供与数值计算相关的模块。numbers 模块定义了数字类型的抽象层次结构。math 和 cmath 模块包含浮点数和复数的各种数学函数。decimal 模块支持使用任意精度算术的十进制数的精确表示。数值计算相关的主要模块如下。

（1）numbers：数字的抽象基类。

（2）math：数学函数。

（3）cmath：关于复数的数学函数。

（4）decimal：十进制定点和浮点运算。

（5）fractions：分数及其运算。

（6）random：生成伪随机数。

（7）statistics：数学统计函数。

5. 函数式编程模块

Python 语言支持函数式编程范式。标准库中提供了相关模块以及函数和类，以支持函数式编程风格以及在可调用对象上的通用操作。函数式编程相关的主要模块如下。

（1）itertools：为高效循环而创建迭代器的函数。

（2）functools：高阶函数和可调用对象上的操作。

（3）operator：标准运算符替代函数。

6. 与文件和目录访问相关的模块

Python 标准库提供了处理磁盘文件和目录的模块，以可移植的方式操作路径以及创建临时文件。文件和目录访问相关的主要模块如下。

（1）pathlib：面向对象的文件系统路径。

（2）os.path：常用路径操作。

（3）fileinput：迭代来自多个输入流的行。

（4）stat：解析 stat()结果。

（5）filecmp：文件及目录的比较。

（6）tempfile：生成临时文件和目录。

（7）glob：UNIX 风格路径名模式扩展。

（8）fnmatch：UNIX 文件名模式匹配。

（9）linecache：随机读写文本行。

（10）shutil：高阶文件操作。

7. 数据持久化模块

Python 标准库中提供了支持在磁盘上以持久形式存储 Python 数据的模块。pickle 和 marshal 模块可以将 Python 数据类型转换为字节流，然后从字节中重新创建对象。各种与 DBM 相关的模块支持一系列基于散列的文件格式，这些格式存储字符串到其他字符串的映射。数据持久化相关的主要模块如下。

（1）pickle：Python 对象序列化。

（2）copyreg：注册配合 pickle 模块使用的函数。

（3）shelve：Python 对象持久化。

（4）marshal：内部 Python 对象序列化。

（5）dbm：UNIX 数据库接口。

（6）sqlite3：SQLite 数据库 DB-API 2.0 接口模块。

8. 与数据压缩和存档相关的模块

Python 标准库中提供了模块支持 zlib、gzip、bzip2 和 LZMA 数据压缩算法，以及创建 ZIP 和 TAR 格式的归档文件的模块。数据压缩和存档包含如下相关的主要模块。

（1）zlib：与 gzip 兼容的压缩。

（2）gzip：对 gzip 格式的支持。

（3）bz2：对 bzip2 压缩算法的支持。

（4）lzma：使用 LZMA 算法压缩。

（5）zipfile：使用 ZIP 存档。

（6）tarfile：读写 TAR 归档文件。

9. 与文件格式相关的模块

Python 标准库中包含如下解析不同文件格式的主要模块。

（1）csv：CSV 文件读写。

（2）configparser：配置文件解析器。

（3）netrc：netrc 文件处理。

（4）xdrlib：编码与解码 XDR 数据。

（5）plistlib：生成与解析 Mac OS X .plist 文件。

10. 与加密服务相关的模块

Python 标准库中包含如下实现各种加密算法的主要模块。

（1）hashlib：安全哈希与消息摘要。

（2）hmac：基于密钥的消息验证。

（3）secrets：生成安全随机数字用于管理密码。

11. 与通用操作系统服务相关的模块

Python 标准库中提供了在所有的操作系统上可用的操作系统特性的接口模块，例如文件和时钟，具体如下。

（1）os：多种操作系统接口。

（2）io：处理流的核心工具。

（3）time：时间的访问和转换。

（4）argparse：命令行选项、参数和子命令解析器。

（5）getopt：C 风格的命令行选项解析器。

（6）logging：日志记录工具。

（7）logging.config：日志记录配置。

（8）logging.handlers：日志处理。

（9）getpass：便携式密码输入工具。

（10）curses：终端字符单元显示的处理。

（11）curses.textpad：curses 程序的文本输入小部件。

（12）curses.ascii：ASCII 码字符实用工具。

（13）curses.panel：curses 的面板扩展。

（14）platform：获取底层平台的标识数据。

（15）errno：标准 errno 系统符号。

（16）ctypes：Python 的外部函数库。

12. 与并发计算相关的模块

Python 标准库中提供了如下与多线程和并行计算相关的主要模块。

（1）threading：基于线程的并行。

（2）multiprocessing：基于进程的并行。

（3）multiprocessing.shared_memory：可以从进程直接访问的共享内存。

（4）concurrent：并行任务。

（5）concurrent.futures：启动并行任务。

（6）subprocess：子进程管理。

（7）sched：事件调度器。

（8）queue：一个同步的队列类。

（9）_thread：底层多线程 API。

（10）_dummy_thread：_thread 的替代模块。

（11）dummy_threading：可以直接替代 threading 模块。

13. 上下文变量模块

Python 标准库提供了相关 API 用于管理、存储和访问上下文相关状态的模块 contextvars，用于上下文变量管理。

14. 与网络和进程间通信相关的模块

Python 标准库中提供了如下实现网络和进程间通信的机制的模块。其中，signal 和 mmap 模块仅适用于同一台机器上的两个进程，其他模块支持两个或多个进程可用于跨机器通信的网络协议。

（1）asyncio：异步 I/O。

（2）socket：底层网络接口。

（3）ssl：套接字对象的 TLS/SSL 封装。

（4）select：等待 I/O 完成。

（5）selectors：高级 I/O 复用库。

（6）asyncore：异步 socket 处理器。

（7）asynchat：异步 socket 指令/响应处理器。

（8）signal：设置异步事件处理程序。

（9）mmap：内存映射文件支持。

15. 与互联网数据处理相关的模块

Python 标准库提供了如下处理互联网上常用数据格式的模块。

（1）email：电子邮件与 MIME 处理包。

（2）json：JSON 编码和解码器。

（3）mailcap：Mailcap 文件处理。

（4）mailbox：操作各种格式的电子邮箱。

（5）mimetypes：映射文件名到 MIME 类型。

（6）base64：Base16、Base32、Base64、Base85 数据编码。

（7）binhex：对 binhex4 文件进行编码和解码。

（8）binascii：二进制数和 ASCII 码互转。

（9）quopri：编码与解码经过 MIME 转码的可打印数据。

（10）uu：对 uuencode 文件进行编码与解码。

16. 与结构化标记处理相关的模块

Python 标准库提供了如下处理各种形式的结构化数据标记的模块，包括标准通用标记语言（SGML）、超文本标记语言（HTML）以及可扩展标记语言（XML）的接口。

（1）html：超文本标记语言支持，包含子模块 html. parser 和 html. entities。

（2）xml：扩展标记语言支持，包括子模块 xml. etree. ElementTree、xml. dom、xml. dom. minidom、xml. dom. pulldom、xml. sax、xml. sax. handler、xml. sax. saxutils、xml. sax. xmlreader、xml. parsers. expat。

17. 与互联网协议和支持相关的模块

Python 标准库提供了如下实现互联网协议的模块，大多数依赖于系统模块 socket。

（1）webbrowser：Web 浏览器控制器。

（2）cgi：公共网关接口支持。

（3）cgitb：用于 CGI 脚本的回溯管理器。

（4）wsgiref：WSGI 实用工具和参考实现。

（5）urllib：URL 处理模块。

（6）urllib. request：用于打开 URL 的可扩展库。

（7）urllib. response：urllib 使用的 Response 类。

（8）urllib. parse：将 URL 解析为组件。

（9）urllib. error：urllib. request 引发的异常类。

（10）urllib. robotparser：robots. txt 语法分析程序。

（11）http：HTTP 模块。

（12）http. client：HTTP 客户端。

（13）ftplib：FTP 客户端。

（14）poplib：POP3 客户端。

（15）imaplib：IMAP4 客户端。

（16）nntplib：NNTP 客户端。

（17）smtplib：SMTP 客户端。

（18）smtpd：SMTP 服务器。

（19）telnetlib：Telnet 客户端。

（20）uuid：基于 RFC 4122 的 UUID 对象。

（21）socketserver：一种网络服务器框架。

（22）http. server：HTTP 服务器。

（23）http. cookies：HTTP 状态管理。

（24）http. cookiejar：HTTP 客户端的 Cookie 处理。

（25）xmlrpc：XMLRPC 服务端与客户端模块。

（26）xmlrpc. client：XML-RPC 客户端访问。

（27）xmlrpc. server：基本 XML-RPC 服务器。

（28）ipaddress：IPv4/IPv6 操作库。

18. 与多媒体服务相关的模块

Python 标准库中提供了如下实现多媒体应用的各种算法或接口的模块。

（1）audioop：处理原始音频数据。

（2）aifc：读取和写入 AIFF 和 AIFC 文件。

（3）sunau：读写 Sun AU 文件。

（4）wave：读写 WAV 格式文件。

（5）chunk：读取 IFF 分块数据。

（6）colorsys：颜色系统间的转换。

（7）imghdr：推测图像类型。

（8）sndhdr：推测声音文件的类型。

（9）ossaudiodev：访问 OSS 兼容的音频设备。

19．与国际化相关的模块

Python 标准库中提供了如下国际化模块，以帮助用户编写不依赖于语言和区域设置的软件。

（1）gettext：多语种国际化服务。

（2）locale：国际化服务。

20．与程序框架相关的模块

Python 标准库中提供了如下与程序框架相关的模块。

（1）turtle：海龟绘图。

（2）cmd：支持面向行的命令解释器。

（3）shlex：简单词法分析。

21．与 Tk 图形用户界面（GUI）相关的模块

Python 标准库中提供了如下 Tk 图形用户界面编程接口相关的模块。

（1）tkinter：Tcl/Tk 的 Python 接口。

（2）tkinter.ttk：Tk 主题小部件。

（3）tkinter.tix：Tk 扩展组件。

（4）tkinter.scrolledtext：滚动文字控件。

（5）IDLE：集成开发环境。

22．与开发工具相关的模块

Python 标准库中提供了如下开发工具相关的模块。

（1）typing：类型标注支持。

（2）pydoc：文档生成器和在线帮助系统。

（3）doctest：测试交互性的 Python 示例。

（4）unittest：单元测试框架。

（5）unittest.mock：模拟对象库。

（6）2to3：自动将 Python 2 代码转为 Python 3 代码。

（7）test：Python 回归测试包。

（8）test.support：Python 测试套件的实用程序。

（9）test.support.script_helper：Python 执行测试的实用程序。

23．与调试和性能分析相关的模块

Python 标准库中提供了如下与调试和性能分析相关的模块。

（1）bdb：调试框架。

（2）faulthandler：转储 Python 回溯。

（3）pdb：Python 的调试器。

（4）timeit：测量小代码片段的执行时间。

（5）trace：跟踪 Python 语句执行。

（6）tracemalloc：跟踪内存分配。

24．与软件打包和分发相关的模块

Python 标准库中提供了如下帮助用户发布和安装 Python 软件的模块。

（1）distutils：构建和安装 Python 模块。

（2）ensurepip：引导 pip 安装程序。

（3）venv：创建虚拟环境。

（4）zipapp：管理可执行 Python 归档文件。

25. 与 Python 运行时服务相关的模块

Python 标准库中提供了如下与 Python 解释器及其环境交互的模块。

（1）sys：系统相关的参数和函数。

（2）sysconfig：提供对 Python 配置信息的访问。

（3）builtins：内建对象。

（4）__main__：顶层脚本环境。

（5）warnings：警告控制。

（6）dataclasses：数据类。

（7）contextlib：为 with 语句上下文提供的工具。

（8）abc：抽象基类。

（9）atexit：退出处理器。

（10）traceback：打印或检索堆栈回溯。

（11）__future__：Future 语句定义。

（12）gc：垃圾回收器接口。

（13）inspect：检查对象。

（14）site：指定域的配置钩子。

26. 自定义 Python 解释器模块

Python 标准库提供了如下允许编写类似于 Python 交互式解释器接口的模块。

（1）code：解释器基类。

（2）codeop：编译 Python 代码。

27. 与导入模块相关的模块

Python 标准库提供了如下用于导入其他 Python 模块的新方法和定制导入过程的钩子的模块。

（1）zipimport：从 ZIP 存档中导入模块。

（2）pkgutil：包扩展工具。

（3）modulefinder：查找脚本使用的模块。

（4）runpy：定位和执行 Python 模块。

（5）importlib：import 的实现。

28. 与 Python 语言服务相关的模块

Python 标准库提供了如下模块来帮助使用 Python 语言，支持标记化、解析、语法分析、字节码反汇编以及各种其他工具。

（1）parser：访问 Python 解析树。

（2）ast：抽象语法树。

（3）symtable：访问编译器的符号表。

（4）symbol：与 Python 解析树一起使用的常量。

（5）token：与 Python 解析树一起使用的常量。

（6）keyword：检验 Python 关键字。

（7）tokenize：对 Python 代码使用的标记解析器。

（8）tabnanny：模糊缩进检测。

（9）pyclbr：Python 模块浏览器支持。

（10）py_compile：编译 Python 源文件。

（11）compileall：字节编译 Python 库。

（12）dis：Python 字节码反汇编器。

（13）pickletools：pickle 开发者工具集。

29. 与 Windows 系统相关的模块

Python 标准库提供了如下用于 Windows 平台的模块。

（1）msilib：读写 Microsoft 安装文件。

（2）msvcrt：来自 MS VC++运行时的有用例程。

（3）winreg：Windows 注册表访问。

（4）winsound：Windows 声音播放界面。

30. UNIX 专有服务模块

Python 标准库提供了如下用于 UNIX、Linux 平台的模块。

（1）posix：最常见的 POSIX 系统调用。

（2）pwd：用户密码数据库。

（3）spwd：影子密码数据库。

（4）grp：组数据库。

（5）crypt：检查 UNIX 密码的函数。

（6）termios：POSIX 风格的 tty 控制。

（7）tty：终端控制功能。

（8）pty：伪终端工具。

（9）fcntl：fcntl 和 ioctl 系统调用。

（10）pipes：终端管道接口。

（11）resource：资源使用信息。

（12）nis：Sun 的 NIS(黄页)接口。

（13）syslog：UNIX syslog 库例程。

31. 与杂项服务相关的模块

Python 标准库还提供了一个杂项服务的模块 formatter，用于通用格式化输出。

 ## 12.2   第三方库和 PyPI

更广泛的 Python 计算生态被称为 Python 第三方库。Python 语言有数十万第三方库，覆盖几乎所有的信息技术领域。这些第三方库由全球各行业专家、工程师和爱好者开发和维护,需要额外安装才能够使用。

PyPI(Python Package Index)是 Python 提供的第三方库索引官方网站,其网址为 "https://pypi.org/"。PyPI 列出了数量众多的第三方库的基本信息。

1. PyPI 官网

通过 PyPI 官网可以查找和浏览第三方库的基本信息,如图 12-1 所示。

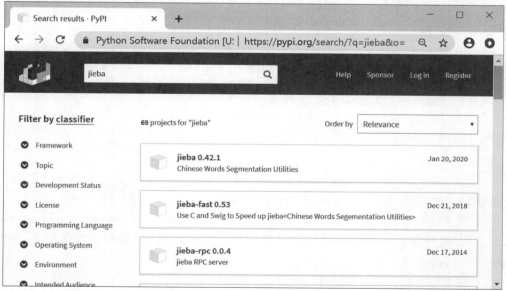

图 12-1 PyPI 官网界面

2. 使用 pip 安装和管理第三方库

查找并了解要使用的第三方库的基本信息后,可以使用 pip 安装和管理大部分 Python

第三方库。具体信息请参见本书第 1.3.6 节。

3. 下载并安装第三方库

在 Python 的计算生态环境中，有些第三方库以源代码方式提供。

例如，网络爬虫框架 Scrapy 框架依赖于众多的第三方库（包括第三方库 Twisted），其中在 Windows 10 环境 Python 3 中使用 pip 安装 Twisted 时需要 Visual Studio 的编译支持。而一般计算机不满足该条件，故可以通过下载 Twisted 库的编译版本进行安装。

第三方库的编译版本一般后缀为. whl，即 wheel（轮子）的意思，把 Python 库比作轮子。Python 语言编写程序的设计理念是不需要自己造轮子，而是使用相关领域专家提供的轮子（库）。

在网站 https://www. lfd. uci. edu/～gohlke/pythonlibs/中，提供了主要的 Windows 平台的 Python 第三方库，如图 12-2 所示，用户可以根据需要下载第三方库到本地文件夹并安装使用。

图 12-2　下载 Python 第三方库安装包

【例 12.1】　下载和安装 Twisted 库的编译版本。

（1）打开如 12-2 所示的下载网址"https://www. lfd. uci. edu/～gohlke/pythonlibs/＃twisted"，根据所安装的 Python 对应版本下载安装相应的 whl 文件到本地文件夹。例如，C:\tmp\Twisted-18. 4. 0-cp36-cp36m-win_amd64. whl。

（2）在 Windows 命令行提示符下运行如下命令行命令，以安装 Twisted 库。

C:\WINDOWS\system32 > pip install C:\tmp\Twisted-18. 4. 0-cp37-cp37m-win_amd64. whl

12.3 Python 科学计算环境

12.3.1 Python 科学计算环境发行包

通过安装 Python 科学计算环境发行包,用户可以自动安装常用的科学计算包及其依赖项,从而提高效率。常用的 Python 科学计算包括 Anaconda、WinPython、Python(x,y)、Canopy 等。

1. Anaconda

Anaconda 是 Python 的一个开源发行版本,主要面向科学计算。Anaconda 附带了conda(包管理器)、Python 和 150 多个科学包及其依赖项。使用 Anaconda,无须花费大量时间安装众多的第三方 Python 包,用户就可以立即开始处理数据。

安装 Anaconda 后,就相当于安装了 Python、IPython、集成开发环境 Spyder、Jupyter Notebook 以及一些常用的科学计算包。

Anaconda 的官网地址为"https://www.anaconda.com/"。

2. WinPython

WinPython 是基于 Windows 平台的 Python 的一个开源发行版本,主要面向教育科学计算。集成的 WinPython 软件包管理器(WPPM)有助于安装、卸载或升级 Python 软件包。

WinPython 实际上是整合了 IDE 工具 Spyder 和一些科学计算包,默认包含了 NumPy、SciPy、Matplotlib、sklearn 等工具包,完全可以替代 MATLAB 进行科学计算。

WinPython 的官网地址为"https://winpython.github.io/"。

3. Python(x,y)

Python(x,y)是一个免费的科学和工程开发包,提供了数学计算、数据分析和可视化展示等功能,包括 QT 图形用户界面和 Spyder 集成交互开发环境。

Python(x,y)的目的旨在帮助 MATLAB 用户和 C/C++ 以及 FORTRAN 用户过渡到Python 计算生态环境,其特色是提供了 C/C++ 以及 FORTRAN 语言程序的封装功能。

Python(x,y)官网地址为 https://python-xy.github.io/,其主要功能如图 12-3 所示。

12.3.2 安装和使用 Anaconda

如果计算机上已经安装了 Python,安装 Anaconda 不会有任何影响。实际上,脚本和程序使用的默认 Python 是 Anaconda 附带的 Python。

【例 12.2】 下载和安装 Anaconda 应用程序。

(1) 打开 Anaconda 官网下载页面(网址为 https://www.anaconda.com/download/),如图 12-4 所示。注意,如果网速太慢,也可以从国内清华大学开源软件镜像站(https://mirrors.tuna.tsinghua.edu.cn/anaconda/archive/)下载 Anaconda3-2020.07-Windows-x86_64.exe(位于页面最底部)。

图 12-3 Python(x,y) 的主要功能

图 12-4　下载 Anaconda

（2）下载 Anaconda 安装程序。单击图 12-4 中的"64-Bit Graphical Installer(466 MB)"超链接，下载目前最新 Windows 版本的安装程序 Anaconda3-2020.07-Windows-x86_64.exe。

（3）安装 Anaconda 应用程序。双击运行安装程序 Anaconda3-2020.07-Windows-x86_64.exe，根据安装向导，安装 Anaconda 应用程序。

安装好 Anaconda 应用程序之后，Windows 开始菜单包括如图 12-5 所示的菜单。

图 12-5　安装好 Anaconda 之后的 Windows 开始菜单

其中，Anaconda Prompt 是设置了 Anaconda 路径环境变量的命令提示行，建议相关命令行操作在该命令行窗口中运行。

在 Anaconda Prompt 窗口中输入 python、ipython、spyder、jupyter notebook 等命令，分别进入 Python 交互命令行、IPython 交互命令行、Spyder IDE、启动 Web 端的 Jupyter Notebook，也可以使用 conda 命令行配置 Anaconda。

12.3.3　使用 IPython 进行交互式科学计算

IPython 是一个基于 Python Shell 的交互式解释器，比默认 Shell 增加了强大的编辑和交互功能，主要包括 Tab 键自动补全、获得对象信息、调用系统 Shell 命令、历史记录等。

IPython 还提供了功能强大、内建的 Magic 函数，即任何第一个字母为％的行视为 Magic 函数的特殊调用，都可以控制 IPython，为其增加许多系统功能。

【例 12.3】　IPython 使用示例。

（1）启动 IPython。在 Anaconda Prompt 窗口中输入 ipython 命令，进入 IPython 交互命令行界面。

（2）查看 Magic 函数列表。输入"％lsmagic"后按 Enter 键，可以查看 Magic 函数列表。结果如图 12-6 所示。

```
In [1]: %lsmagic
Out[1]:
Available line magics:
%aimport %alias %alias_magic %autoawait %autocall %automagic %autoreload %autosave %bookmark %cd %clear %cls %colors %config
%connect_info %copy %ddir %debug %dhist %dirs %doctest_mode %echo %ed %edit %env %gui %hist %history %killbgscripts %ldir
%less %load %load_ext %loadpy %logoff %logon %logstate %logstop %ls %lsmagic %macro %magic %matplotlib %mkdir
%more %notebook %page %pastebin %pdb %pdef %pdoc %pfile %pinfo %pinfo2 %popd %pprint %precision %prun %psearch %psource
%pushd %pwd %pycat %pylab %qtconsole %quickref %recall %rehashx %reload_ext %ren %rep %rerun %reset %reset_selective %rmdir
%run %save %sc %set_env %store %sx %system %tb %time %timeit %unalias %unload_ext %varexp %who %who_ls %whos %xdel
%xmode

Available cell magics:
%%! %%HTML %%SVG %%bash %%capture %%cmd %%debug %%file %%html %%javascript %%js %%latex %%markdown %%perl %%prun %%pypy %
%python %%python2 %%python3 %%ruby %%script %%sh %%svg %%sx %%system %%time %%timeit %%writefile

Automagic is ON, % prefix IS NOT needed for line magics.
```

图 12-6　查看 Magic 函数列表

（3）使用"％timeit"命令快速测量代码运行时间。示例如图 12-7 所示。

```
In [2]: %timeit sum(range(1000000))
39.5 ms ± 712 µs per loop (mean ± std. dev. of 7 runs, 10 loops each)
```

图 12-7　使用％timeit 命令快速测量代码运行时间

（4）使用"％run"命令运行脚本。示例如图 12-8 所示。

```
In [3]: %run c:\src\bigint.py
2的1024次方:
17976931348623159077293051907890247336179769789423065727343008115773267580550096313270847732240753602112011387987139933
57658789768814416622492847430639474124377767893424865485276302219601246094119453082952085005768838150682342462881147391
31105408272371633505106845862982399472459384797163048353563296242241 37216
```

图 12-8　使用％run 命令运行脚本

（5）使用"％pylab"进行交互式计算。"％pylab"可以使得 NumPy 和 Matplotlib 中的科学计算功能生效（支持基于向量和矩阵的高效操作、交互可视化），从而可以在控制台进行交互式计算和动态绘图。示例如图 12-9 和图 12-10 所示。

```
In [4]: %pylab
Using matplotlib backend: Qt5Agg
Populating the interactive namespace from numpy and matplotlib

In [5]: x=linspace(-10, 10, 1000)

In [6]: plot(x, sin(x))
Out[6]: [<matplotlib.lines.Line2D at 0x23b7454dc18>]
```

图 12-9　使用％pylab 进行交互式计算

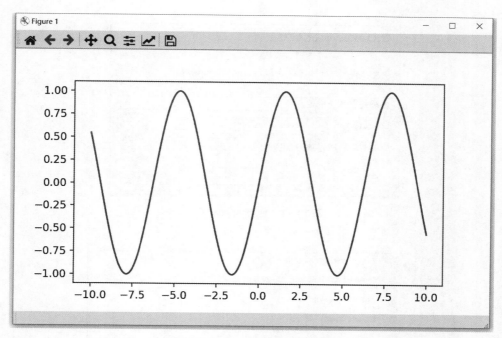

图 12-10 使用 %pylab 在控制台动态绘图的结果

12.3.4 使用集成开发环境 Spyder 开发程序

Spyder 是使用 Python 进行科学计算和编程的开源集成开发环境,其界面与 MATLAB 的"工作空间"相似。

【例 12.4】 集成开发环境 Spyder 使用示例。

(1) 启动 Spyder,如图 12-11 所示。

图 12-11 Spyder 窗口

(2) 创建项目。通过菜单命令 Projects|New Project,打开 Create new project 对话框,输入项目名称,选择项目位置,单击 Create 创建项目,如图 12-12 所示。

(3) 新建模块文件。按 Ctrl+N 组合键新建模块文件 untiled0.py(默认文件名,保存时可以指定文件名)。

(4) 使用代码提示输入和编辑代码。Spyder 提供代码提示功能,即输入名称的前几个字母后,按 Tab 键,可以弹出代码提示框,如图 12-13 所示。

图 12-12　创建 Spyder 项目

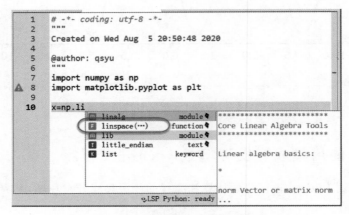

图 12-13　使用代码提示输入和编辑代码

（5）运行和调试程序。输入如图 12-14 左侧中所示代码，按 Ctrl＋S 组合键将程序保存为 npplt. py。按快捷键 F5 运行程序，结果如图 12-14 右侧所示。

图 12-14　程序及其运行结果

（6）调试程序。在程序编辑窗口的代码左侧双击可以设置断点。按 Ctrl＋F5 组合键可以调试运行程序。另外，运行程序结束后，在右侧的 IPython Console 面板中，可以输入代码，进一步在当前程序变量环境中运行代码。

12.3.5 使用 Jupyter Notebook 进行数据分析

Jupyter Notebook 是一种交互式的数据分析与记录工具,它既是一个交互计算平台,又是一个记录计算过程的"笔记本",它是数据分析、科学计算以及交互计算的"利器"。

Jupyter Notebook 的特点是支持可重复性的互动计算,即可以重复更改并且执行曾经的输入记录。它可以记录演算过程,并保存成其他很多格式,例如 Python 脚本、HTML、PDF 等。很多课程、数据和博客是用 Jupyter Notebook 写作的。

Jupyter Notebook 使用浏览器作为界面,向后台的 IPython 服务器发送请求,并显示结果。在浏览器的界面中使用单元格(Cell)输入保存各种信息。单元格主要有 Code(输入、编辑和执行 Python 代码)和 MarkDown(输入、编辑和显示 Markdown 格式的文本)两种类型。

Jupyter Notebook 由服务端和客户端两部分组成。服务端可以运行在本机,也可以运行在远程服务器上,它主要包含负责运算的 IPython kernel,以及一个 HTTP/HTTPS 服务器(Tornado),主要负责代码的解释和计算;而客户端是浏览器,主要负责与用户进行交互,接受用户的输入,以及渲染输出。

【例 12.5】 Jupyter Notebook 使用示例。

(1) 启动 Jupyter Notebook。启动本地服务器,并在默认浏览器中打开主页,如图 12-15 所示。

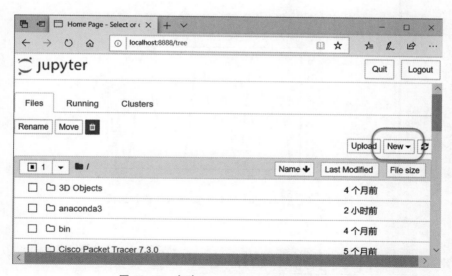

图 12-15 启动 Jupyter(IPython)Notebook

(2) 新建一个 Notebook 文件。单击如图 12-15 右上部的 New 下拉菜单,选择"Python 3",新建一个名为 Untitled 的 Notebook。

(3) 输入 Markdown 文本。在第一个单元格输入框中,输入"使用 IPython Notebook 进行科学计算",并设置单元格的类型为 Markdown,如图 12-16 所示。

(4) 输入并执行 Python 代码。使用菜单命令 Insert|Insert Cell Below 或者按快捷键 B,在下方插入一个单元格,输入图 12-17 中所示的代码,按 Ctrl+Enter 组合键,执行并显示结果。

图 12-16　输入 Markdown 文本

图 12-17　在 Jupyter Notebook 输入代码并执行

 12.4　科学计算和数据处理

科学计算和数据处理分析是 Python 优势方向之一，Python 提供大批相关的高质量的第三方库。

1. NumPy

Python 扩展模块 NumPy 提供了更高效的数值处理功能。NumPy 模块主要提供数组和矩阵处理功能，还包括一些高级功能，例如傅里叶变换等。NumPy 的官网地址为"https://numpy.org/"。

NumPy库是Python的数值计算扩展,其内部使用C语言编写,对外采用Python语言进行封装,因此基于NumPy的Python程序可以达到接近C语言的处理速度。NumPy是其他Python数据分析库的基础依赖库,已经成为科学计算事实上的"标准库"。许多科学计算库(包括Matplotlib、Pandas、SciPy和SymPy等)均基于NumPy库。

通过在Windows命令行界面执行"pip install numpy"命令可以安装最新版本的NumPy及其依赖包。

2. SciPy

Python扩展模块SciPy提供了用于科学计算的功能。SciPy模块包括统计、优化、整合、线性代数、傅里叶变换、信号和图像处理、常微分方程求解器等功能。

SciPy的官网地址为"https://www.scipy.org/"。

通过在Windows命令行界面执行"pip install scipy"命令可以安装最新版本的SciPy及其依赖包。

3. Pandas

Pandas是基于NumPy库的用于数据处理和分析的第三方库。Pandas提供了标准的数据模型和大量快速便捷处理数据的函数和方法,可以实现大型数据集的处理和分析任务。

Pandas提供两种最基本的数据类型Series和DataFrame,分别表示一维数组和二维数组类型。

Pandas的官网地址为"https://pandas.pydata.org"。

通过在Windows命令行界面执行"pip install pandas"命令可以安装最新版本的Pandas及其依赖包。

4. SymPy

SymPy是一个支持符号计算的Python第三方库,是一个全功能的计算机代数系统。SymPy代码简洁、易于理解,支持符号计算、高精度计算、模式匹配、绘图、解方程、微积分、组合数学、离散数学、几何学、概率与统计、物理学等领域的计算和应用。

SymPy的官网地址为"https://www.sympy.org"。

通过在Windows命令行界面执行"pip install sympy"命令可以安装最新版本的SymPy及其依赖包。

 ## 12.5　文本处理与分析

文本处理是Python的优势方向之一,Python提供大批相关的高质量的第三方库。

1. pdfminer

pdfminer是可以从PDF文档中提取各类信息的第三方库,能够获取PDF中文本的准确位置、字体、行数等信息,能够将PDF文件转换为HTML及文本格式。

pdfminer的官网地址为"https://pypi.org/project/pdfminer/"。

通过在Windows命令行界面执行"pip install pdfminer"命令可以安装最新版本的pdfminer及其依赖包。

2. openpyxl

openpyxl 是处理 Microsoft Excel 文档的 Python 第三方库，支持读写 Excel 的 xls、xlsx、xlsm、xltx、xltm 等格式文件。

openpyxl 的官网地址为"https://pypi.org/project/openpyxl/"。

通过在 Windows 命令行界面执行"pip install openpyxl"命令可以安装最新版本的 openpyxl 及其依赖包。

3. python-docx

python-docx 是处理 Microsoft Word 文档的 Python 第三方库，支持读取、查询以及修改 doc、docx 等格式文件。

python-docx 的官网地址为"https://pypi.org/project/python-docx/"。

通过在 Windows 命令行界面执行"pip install python-docx"命令可以安装最新版本的 python-docx 及其依赖包。

4. NLTK

NLTK（Natural Language ToolKit）是一套基于 Python 的自然语言处理工具集。NLTK 包含 Python 模块、数据集和教程，用于自然语言处理（NLP，Natural Language Processing）的研究和开发。

NLTK 的官网地址为"https://www.nltk.org"。

通过在 Windows 命令行界面执行"pip install nltk"命令可以安装最新版本的 NLTK 及其依赖包。

5. jieba

jieba 是目前最好的 Python 中文分词组件。jieba 支持三种分词模式：精确模式、全模式和搜索引擎模式。jieba 还支持自定义词典等功能，是中文文本处理和分析不可或缺的利器。

jieba 的官网地址为"https://github.com/fxsjy/jieba"。

通过在 Windows 命令行界面执行"pip install jieba"命令可以安装最新版本的 jieba 及其依赖包。

有关 jieba 详细的使用方法，请参见本书 8.4 节的内容以及相关帮助文档。

 ## 12.6　数据可视化

数据可视化是 Python 的优势方向之一，Python 提供大批相关的高质量的第三方库。通过数据可视化，用户可以把分析结果通过图形可视化方式展示出来，从而增加表现力。

1. Matplotlib

Matplotlib 是提供数据绘图功能的 Python 第三方库，广泛用于科学计算的二维数据可视化，可以绘制 100 多种的数据可视化效果。Matplotlib 的官网地址为"https://matplotlib.org"。

通过在 Windows 命令行界面执行"pip install matplotlib"命令可以安装最新版本的

Matplotlib 及其依赖包。

为了实现快速绘图,Matplotlib 的 pyplot 子库提供了和 MATLAB 类似的绘图 API,方便用户快速绘制 2D 图表,包括直方图、饼图、散点图等。Matplotlib 配合 NumPy 模块使用,可以实现科学计算结果的可视化显示。

【例 12.6】 使用 Matplotlib 模块绘制 y＝sin(x)的函数曲线(sine.py)。

```
import matplotlib.pyplot as plt    ＃导入 matplotlib 模块中的子模块 pyplot
import math                        ＃导入 math 模块
x = [2 * math.pi * i/100 for i in range(100)]
y = [math.sin(i) for i in x]
plt.title('y = sin(x)');plt.xlabel('x');plt.ylabel('sin(x)')
plt.plot(x, y)
plt.show()
```

程序运行结果如图 12-18 所示。

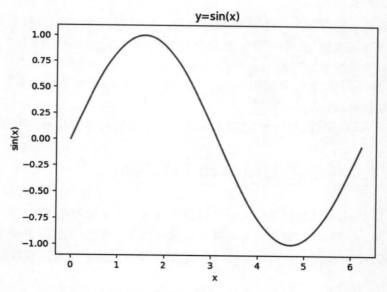

图 12-18　使用 **Matplotlib** 模块绘制 y＝sin(x)的函数曲线

2. Seaborn

Seaborn 是基于 Matplotlib 进行再封装开发的第三方库,并且支持 NumPy 和 Pandas。Seaborn 能够对统计类数据进行有效的可视化展示,它提供了一批高层次的统计类数据的可视化展示效果。

Seaborn 的官网地址为"https://seaborn.pydata.org/"。

通过在 Windows 命令行界面执行"pip install seaborn"命令可以安装最新版本的 Seaborn 及其依赖包。

3. VTK

VTK(Visualization Toolkit,视觉工具函数库)是一个开源、跨平台、支持平行处理的图形应用函数库,用于实现可编程的专业三维可视化。Python 的 VTK 库是封装了标准 VTK 库的 Python 第三方库。VTK 的官网地址为"https://vtk.org/"和"https://pypi.org/project/vtk/"。

通过在 Windows 命令行界面执行"pip install vtk"命令可以安装最新版本的 VTK 及其依赖包。或者,用户也可以下载对应的 Python 安装包(例如 vtk-9.0.1-cp35-cp35m-win_amd64.whl)到本地计算机,然后使用 pip 进行安装。

4．Mayavi

Mayavi 基于 VTK 开发的 Python 第三方库,可以方便快速绘制三维可视化图形。Mayavi 也被称为 Mayavi2。Mayavi 的官网地址为"https://pypi.org/project/mayavi/"。

通过在 Windows 命令行界面执行"pip install mayavi"命令可以安装最新版本的 Mayavi 及其依赖包。用户也可以下载对应的 Python 安装包到本地计算机,然后使用 pip 进行安装。

5．Wordcloud

Wordcloud 是实现词云图的 Python 第三方库。用户可以通过词云图(也称为文字云)对文本中出现频率较高的"关键词"予以视觉化的展现,从而突出文本中的主旨。

Wordcloud 的官网地址为"https://github.com/amueller/word_cloud"。

通过在 Windows 命令行界面执行"pip install wordcloud"命令可以安装最新版本的 Wordcloud 及其依赖包。

有关 Wordcloud 详细的使用方法,请参见本书 8.5 节的内容以及相关帮助文档。

12.7　网络爬虫和 Web 信息提取

网络爬虫是 Python 的优势方向之一。网络爬虫通过跟踪超链接系统访问 Web 页面的程序。每次访问一个网页时,就会分析网页内容,提取结构化数据信息。最简单最直接的方法是使用 urllib(或者 requests)库请求网页得到结果,然后使用正则表达式匹配分析并抽取信息。

虽然可以使用正则表达式来匹配网页以获取相应的信息,但对于复杂的网页,使用第三方工具(例如,BeautifulSoup 4),可以更加优雅和高效地分析页面内容和抽取数据信息。

为了简化和标准化实现网络爬虫的方法,可以使用第三方网络爬虫框架(如 Scrapy)。网络爬虫框架定义了网络爬虫的结构,用户只需要实现框架中自定义的部分,就可以完美实现一个高效健壮的爬虫。

1．requests

requests 是使用 Python 语言基于 urllib3 编写的,采用的是 Apache2 Licensed 开源协议的 HTTP 库,requests 比 urllib 更加方便,可以为用户节约大量的工作时间。

requests 的官网地址为"https://pypi.org/project/requests/"。

通过在 Windows 命令行界面执行"pip install requests"命令可以安装最新版本的 requests 及其依赖包。

2. re

re 是 Python 标准库中自带的正则表达式库。无须安装,即可以使用正则表达式来匹配使用 requests 抓取的网页以获取相应的信息。

有关 re 详细的使用方法,请参见本书 8.3 节的内容以及相关帮助文档。

3. Beautifulsoup4

Beautifulsoup4(Beautiful Soup 或 bs4)是用于解析和处理 HTML 和 XML 的 Python 第三方库,其最大优点是能根据 HTML 和 XML 语法建立解析树,从而高效解析其中的内容。

Beautifulsoup4 的官网地址为"https://pypi.org/project/beautifulsoup4/"。

通过在 Windows 命令行界面执行"pip install beautifulsoup4"命令可以安装最新版本的 beautifulsoup4 及其依赖包。

4. Scrapy

Scrapy 是最流行的 Python 语言爬虫框架之一,用于从网页面中提取结构化的数据。Scrapy 框架是高层次的 Web 获取框架,本身包含了成熟的网络爬虫系统所应该具有的部分共用功能,广泛用于数据挖掘、监测和自动化测试。Scrapy 的官网地址为"https://scrapy.org/"。

通过在 Windows 命令行界面执行"pip install scrapy"命令可以安装最新版本的 Scrapy 及其依赖包。

5. Pyspider

Pyspider 是一款灵活便捷的爬虫框架。与 Scrapy 框架相比,Pyspider 更适合用于中小规模的爬取工作。Pyspider 提供了强大的 WebUI 和脚本编辑器、任务监控和项目管理和结果查看功能。

Pyspider 的官网地址为"https://github.com/binux/pyspider"。

通过在 Windows 命令行界面执行"pip install pyspider"命令可以安装最新版本的 Pyspider 及其依赖包。

 ## 12.8　机器学习和深度学习

Python 语言是机器学习和人工智能的重要基础语言。

1. Scikit-learn

Scikit-learn(简称 sklearn)是基于 NumPy、SciPy 和 Matplotlib 构建的简单且高效的数据挖掘和数据分析工具。Scikit-learn 的基本功能主要包括分类、回归、聚类、数据降维、模型选择和数据预处理六个部分。Scikit-learn 的官网地址为"https://scikit-learn.org/"。

通过在 Windows 命令行界面执行"pip install scikit-learn"命令可以安装最新版本的 Scikit-learn 及其依赖包。

2. TensorFlow

TensorFlow 是谷歌公司基于神经网络算法库 DistBelief 研发的人工智能学习系统,也是用来支撑著名的 AlphaGo 系统的后台框架,被广泛应用于各类机器学习(machine learning)算法的编程实现。Tensor(张量)指 N 维数组,Flow(流)指基于数据流图的计算,TensorFlow 描述张量从流图的一端流动到另一端的计算过程。TensorFlow 的官网地址为"https://www.tensorflow.org"。

通过在 Windows 命令行界面执行"pip install tensorflow"命令可以安装最新版本的 TensorFlow 及其依赖包。

3. Theano

Theano 是为执行深度学习中大规模神经网络算法的运算而设计的机器学习框架,擅长处理多维数组。Theano 是一个偏向底层开发的库,偏向于学术研究。

Theano 的官网地址为"http://www.deeplearning.net/software/theano"。

通过在 Windows 命令行界面执行"pip install Theano"命令可以安装最新版本的 Theano 及其依赖包。

4. Keras

Keras 是一个由 Python 编写的开源人工神经网络库,可以作为 Tensorflow、Microsoft-CNTK 和 Theano 的高阶应用程序接口,从而进行深度学习模型的设计、调试、评估、应用和可视化。

Keras 的官网地址为"https://keras.io"。

通过在 Windows 命令行界面执行"pip install keras"命令可以安装最新版本的 Keras 及其依赖包。

12.9 图形用户界面

相对于字符界面的控制台应用程序,基于图形化用户界面(Graphic User Interface,GUI)的应用程序可以提供丰富的用户交互界面,从而实现各种复杂功能的应用程序。

Python 计算生态环境中提供了众多的图形用户界面库。

1. tkinter

tkinter(Tk interface,Tk 接口),是 Tk 图形用户界面工具包标准的 Python 接口。tkinter 是 Python 标准库中提供的 GUI 库,支持跨平台的图形用户界面应用程序开发,包括 Windows、Linux、UNIX 和 Macintosh 操作系统。

tkinter 的特点是简单实用。tkinter 是 Python 语言的标准库之一,Python 自带的 IDLE 就是采用它开发的。tkinter 开发的图形界面,其显示风格是本地化的。

基于 tkinter 模块创建的图形用户界面组成通常包括如下内容。

(1) 通过类 Tk 的无参构造函数创建应用程序主窗口(也称根窗口、顶层窗口)。

```
from tkinter import *    # 导入 tkinter 模块的所有内容
root = Tk()              # 创建 1 个 Tk 根窗口组件 root
```

(2) 在应用程序主窗口中,添加各种可视化组件,例如文本框(Label)、按钮(Button)

等。通过对应组件类的构造函数,可以创建其实例并设置其属性。例如:

```
btnSayHi = Button(root)        # 创建一个按钮组件 btnSayHi,作为 root 的子组件
btnSayHi["text"] = "Hello"     # 设置 btnSayHi 的 text 属性
```

(3) 调用组件的 pack( )/grid( )/place( ) 方法,通过几何布局管理器(Geometry Manager),调整其显示位置和大小。例如:

```
btnSayHi.pack()        # 调用组件的 pack 方法,调整其显示位置和大小
```

(4) 通过绑定事件处理程序,响应用户操作(如单击按钮)引发的事件。例如:

```
def sayHi(e):                              # 定义事件处理程序
    messagebox.showinfo("Message","Hello, world!")    # 弹出消息框
btnSayHi.bind("< Button - 1 >",sayHi)      # 绑定事件处理程序,鼠标左键
root.mainloop()        # 调用组件的 mainloop 方法,进入事件循环
```

【例12.7】 创建图形用户界面程序(Hello1.py)。创建应用程序主窗口。在应用程序主窗口中,单击"Hello"按钮,将弹出"Hello,world!"消息框,程序运行结果如图 12-19 所示。

图 12-19 图形用户界面程序运行结果

```
from tkinter import *           # 导入 tkinter 模块所有内容
from tkinter import messagebox  # 导入 tkinter 模块中的子模块 messagebox
root = Tk()                     # 创建 1 个 Tk 根窗口组件 root
btnSayHi = Button(root)         # 创建 1 个按钮组件 btnSayHi,作为 root 的子组件
btnSayHi["text"] = "Hello"      # 设置 btnSayHi 的 text 属性
btnSayHi.pack()                 # 调用组件的 pack 方法,调整其显示位置和大小
def sayHi(e):                   # 定义事件处理程序
    messagebox.showinfo("Message","Hello, world!")    # 弹出消息框
btnSayHi.bind("< Button - 1 >",sayHi)    # 绑定事件处理程序,鼠标左键
root.mainloop()                 # 调用组件的 mainloop()方法,进入事件循环
```

2. PyQt5

Qt5 适合于大型应用程序开发。PyQt5 是 Qt5 图形用户界面工具包标准的 Python 接口。Qt Designer 界面设计器支持快速开发 PyQt5 图形界面用户程序。

PyQt5 是基于 Qt5 应用框架的 Python 第三方库，包含超过 620 个类和近 6000 个函数和方法，是 Python 中最为成熟的商业级 GUI 第三方库，可以在 Windows、Linux 和 Mac OS X 等操作系统上跨平台使用。PyQt5 的官网地址为"https：//pypi. org/project/PyQt5/"。

通过在 Windows 命令行界面执行"pip install PyQt5"命令可以安装最新版本的 PyQt5 及其依赖包。

3. wxPython

wxPython 是作为优秀的跨平台 GUI 库 wxWidgets 的 Python 封装。使用 wxPython 可以很方便地创建完整的、功能健全的图形用户界面应用程序。

wxWidgets 是一个相当稳定、高效、面向对象的 GUI 库，可以运行在 Windows、UNIX （GTK/Motif/Lesstif）和 Macintosh 平台上。

wxPython 的官网地址为"https：//www. wxpython. org"。

通过在 Windows 命令行界面执行"pip install wxPython"命令可以安装最新版本的 wxPython 及其依赖包。

4. PyGtk

Gtk 是 Linux 下 Gnome 的核心 GUI 开发库，功能齐全。PyGtk 模块是 Gnome 图形用户界面工具包 Gtk 标准的 Python 接口。glade 界面设计器支持快速开发 PyGtk 图形界面用户程序。PyGtk 具有跨平台性。pyGtk 的官网地址为"https：//pypi. org/project/PyGTK/"。

通过在 Windows 命令行界面执行"pip install PyGtk"命令可以安装最新版本的 PyGtk 及其依赖包。

5. PyGObject

PyGObject 是另一个流行的 Python 图形用户界面第三方库。PyGObject 为基于 GObject 的库（例如 GTK、GStreamer、WebKitGTK、Glib、GIO 等）提供绑定。这些库可以支持 GTK＋3 图形界面工具集。PyGObject 的官网地址为"https：//pypi. org/project/PyGObject/"。

通过在 Windows 命令行界面执行"pip install PyGObject"命令可以安装最新版本的 PyGObject 及其依赖包。

12.10　图形和图像处理

在图形绘制和图像处理方面，通过第三方库，可以实现高效的图形绘制和图像处理功能。

1. turtle

turtle 是 Python 标准库中提供的一个很流行的绘制图像的函数库。可以创建一个小乌龟对象，在一个横轴为 x、纵轴为 y 的坐标系原点（0,0）位置开始，它根据一组函数指令的控制,在这个平面坐标系中移动,从而在它爬行的路径上绘制图形。

有关 turtle 详细的使用方法,请参见本书 2.10 节的内容以及相关帮助文档。

2. Pillow(PIL)

Pillow 是 Python 中的图像处理库(PIL,Python Image Library),提供了广泛的文件格式支持,强大的图像处理能力,主要包括图像储存、图像显示、格式转换以及基本的图像处理操作等。

Pillow 的官网地址为"https://python-pillow.org"。

通过在 Windows 命令行界面执行"pip install pillow"命令可以安装最新版本的 Pillow 及其依赖包。

3. OpenCV-Python

OpenCV(Open Computer Vision Library,开源计算机视觉库)是应用最广泛的计算机视觉库之一。OpenCV-Python 是 OpenCV 的 Python API,由于后台是采用 C/C++ 编写的代码,因而运行速度快,是 Python 生态环境中执行计算密集型任务的计算机视觉处理的最佳选择。

OpenCV-Python 的官网地址为"https://github.com/skvark/opencv-python"。

通过在 Windows 命令行界面执行"pip install opencv-python"命令可以安装最新版本的 OpenCV-Python 及其依赖包。

4. SimpleCV

SimpleCV 集成了许多强大的开源计算机视觉库。使用 SimpleCV,用户可以在统一的框架下使用高级算法,例如特征检测、滤波和模式识别。使用者不需要清楚一些细节,比如图像比特深度、文件格式、颜色空间、缓冲区管理、特征值还有矩阵和图像的存储等。

SimpleCV 的官网地址为"http://simplecv.org/"。

通过在 Windows 命令行界面执行"pip install SimpleCV"命令可以安装最新版本的 SimpleCV 及其依赖包。

 ## 12.11 Web 开发

Web 开发是 Python 语言流行的一个重要方向,Python 提供了众多的开发框架,为 Python 服务器后端开发提供了高效的工具。

1. Django

Django 是 Python 生态中最流行的开源 Web 应用框架。Django 采用 MTV 模式 (Model 模型、Template 模板、View 视图)模型,可以高效地实现快速 Web 网站开发。

Django 的官网地址为"https://www.djangoproject.com"。

通过在 Windows 命令行界面执行"pip install django"命令可以安装最新版本的 Django 及其依赖包。

2. Pyramid

Pyramid 是一个通用、开源的 Python Web 应用程序开发框架。Pyramid 的特色是灵活性，开发者可以灵活选择所使用的数据库、模板风格、URL 结构等内容。

Pyramid 的官网地址为"https://pypi.org/project/pyramid/"。

通过在 Windows 命令行界面执行"pip install pyramid"命令可以安装最新版本的 Pyramid 及其依赖包。

3. Flask

Flask 是轻量级 Web 应用框架，也被称为微框架。使用 Flask 开发 Web 应用十分方便，甚至几行代码即可建立一个小型网站。Flask 核心十分简单，通过扩展模块形式来支持诸如数据库访问等的抽象访问层。

Flask 的官网地址为"https://flask.palletsprojects.com/"。

通过在 Windows 命令行界面执行"pip install flask"命令可以安装最新版本的 Flask 及其依赖包。

 ## 12.12　游戏开发

在游戏开发方面，Python 语言也渐渐成为重要的支撑语言。

1. Pygame

Pygame 是一个入门级 Python 游戏开发框架，提供了大量与游戏相关的底层逻辑和功能支持。Pygame 是在 SDL 库基础上进行封装的 Python 第三方库。SDL（Simple DirectMedia Layer，简单直接媒体层）是开源、跨平台的多媒体开发库，通过 OpenGL 和 Direct3D 底层函数提供对音频、键盘、鼠标和图形硬件的简洁访问。除了制作游戏外，Pygame 还用于制作多媒体应用程序。

Pygame 的官网地址为"https://www.pygame.org"。

通过在 Windows 命令行界面执行"pip install pygame"命令可以安装最新版本的 Pygame 及其依赖包。

2. Panda3D

Panda3D 是一个开源、跨平台的 3D 渲染和游戏开发库。Panda3D 由迪士尼和卡耐基梅隆大学娱乐技术中心共同进行开发，支持很多先进游戏引擎的特性，例如法线贴图、光泽贴图、HDR、卡通渲染和线框渲染等。

Panda3D 的官网地址为"https://www.panda3d.org"。

通过在 Windows 命令行界面执行"pip install panda3d"命令可以安装最新版本的 Panda3D 及其依赖包。

3. Cocos2d

Cocos2d 是一个构建 2D 游戏和图形界面交互式应用的框架。Cocos2d 基于 OpenGL

进行图形渲染,能够利用 GPU 进行加速。Cocos2d 引擎采用树形结构来管理游戏对象,一个游戏划分为不同场景,一个场景又分为不同层,每个层处理并响应用户事件。

Cocos2d 的官网地址为"https://www.cocos2d.org"。

通过在 Windows 命令行界面执行"pip install cocos2d"命令可以安装最新版本的 Cocos2d 及其依赖包。

 ## 12.13　其他第三方库

除了前文列举的第三方库,还有许多实用有趣的 Python 第三方库。

1. PyInstaller

PyInstaller 是最常用的 Python 程序打包和发布第三方库,用于将 Python 源程序生成直接运行的程序。生成的可执行程序可以分发到对应的 Windows 或 Mac OS X 平台上运行。

PyInstaller 的官网地址为"https://www.pyinstaller.org"。

通过在 Windows 命令行界面执行"pip install pyinstaller"命令可以安装最新版本的 PyInstaller 及其依赖包。

有关 PyInstaller 详细的使用方法,请参见本书 1.5 节的内容以及相关帮助文档。

2. WeRoBot

WeRoBot 是一个微信公众号开发框架,也称为微信机器人框架。WeRoBot 可以解析微信服务器发来的消息,并将消息转换成 Message 或者 Event 类型。

WeRoBot 的官网地址为"https://pypi.org/project/WeRoBot"。

通过在 Windows 命令行界面执行"pip install werobot"命令可以安装最新版本的 WeRoBot 及其依赖包。

3. MyQR

MyQR 是一个能够生成基本二维码、艺术二维码和动态效果二维码的 Python 第三方库。

MyQR 的官网地址为"https://pypi.org/project/MyQR"。

通过在 Windows 命令行界面执行"pip install myqr"命令可以安装最新版本的 MyQR 及其依赖包。

4. Baidu-AIP

Baidu-AIP 是百度 AI 人工智能开放平台 Python 接口,支持语音、人脸、OCR、NLP、知识图谱、图像搜索等领域。

Baidu-AIP 的官网地址为"https://github.com/Baidu-AIP/python-sdk"。

通过在 Windows 命令行界面执行"pip install baidu-aip"命令可以安装最新版本的 Baidu-AIP 及其依赖包。

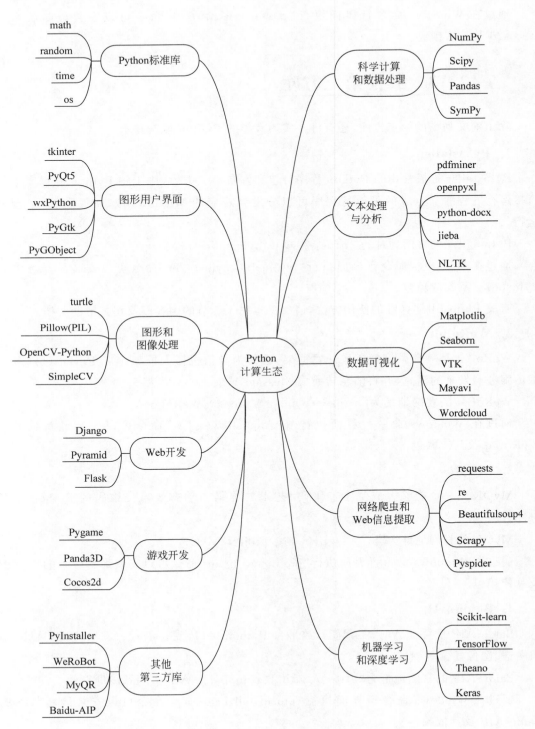

第 1 章

完成本章中的例 1.1～例 1.25,熟悉 Python 程序的编辑、开发和运行环境。

第 2 章

1. 完成本章中的例 2.1～例 2.39,熟悉 Python 语言基础知识的应用。

2. 编写程序,输入本金、年利率和年份,计算复利(结果保留两位小数)。运行结果参见实践图 2-1 所示。

```
请输入本金: 2000
请输入年利率: 5.6
请输入年份: 5
本金利率和为: 2626.33
```
实践图 2-1　计算复利的运行结果

提示:

可以使用"print(str.format("本金利率和为：{0:2.2f}"，amount))"的语句形式输出程序运行结果(结果保留两位小数)。

3. 编写程序,输入球的半径,计算球的表面积和体积(结果保留两位小数)。运行结果参见实践图 2-2 所示。

```
请输入球的半径: 2.5
球为表面积为: 78.54，体积为: 65.45
```
实践图 2-2　计算球的表面积和体积的运行结果

提示:

(1) 球的表面积的计算公式为 $4\pi r^2$,球的体积的计算公式为 $\frac{4}{3}\pi r^3$。

(2) 可以使用"print(str.format("球为表面积为：{0:2.2f},体积为：{1:2.2f}"，area，volume))"的语句形式输出程序运行结果。

4. 编写程序,声明函数 getValue(b，r，n),根据本金 b、年利率 r 和年数 n,计算最终收益 $v = b(1 + r)^n$。然后编写测试代码,提示输入本金、年利率和年数,显示最终收益(保留两位小数）。

5. 编写程序,求解一元二次方程 $x^2-10x+16=0$。运行结果参见实践图 2-3 所示。

方程x* x -10*x + 16 = 0 的解为：8.0 2.0

实践图 2-3　求解一元二次方程的运行结果

6. 编写程序,提示输入姓名和出生年份,输出姓名和年龄。运行结果参见实践图 2-4 所示。

请输入您的姓名：Mary
请输入您的出生年份：2001
您好！Mary。您17岁。

实践图 2-4　输出姓名和年龄的运行结果

提示：

（1）用户可以使用 datetime.date.today().year 返回当年的年份值。

（2）用户可以使用“print("您好！{0}。您{1}岁。".format(sName,age))”的语句形式输出程序运行结果。

7. 编写程序,格式化输出杨辉三角。杨辉三角即二项式定理的系数表,各元素满足如下条件：第一列及对角线上的元素均为 1；其余每个元素等于它上一行同一列元素与上一行前一列元素之和。运行结果参见实践图 2-5 所示。

提示：

用户可以使用“print("1".center(20))”的语句形式在一行打印 20 个字符,并且居中对齐。

8. 输入直角三角形的两个直角边,求三角形的周长和面积,以及两个锐角的度数。结果均保留一位小数。运行结果如实践图 2-6 所示。

```
       1
      1 1
     1 2 1
    1 3 3 1
   1 4 6 4 1
```

实践图 2-5　杨辉三角运行结果

请输入直角三角形的直角边A(>0)：　　4
请输入直角三角形的直角边B(>0)：　　4
直角三角形三边分别为：　a=4.0, b=4.0, c=5.7
三角形的周长 = 13.7, 面积 = 8.0
三角形两个锐角的度数分别为：45.0 和 45.0

实践图 2-6　直角三角形运行结果

提示：

（1）math.asin 函数返回正弦值为指定数字的弧度,math.acos 函数返回余弦值为指定数字的弧度。

（2）将弧度转换为角度的公式为：角度 $=\dfrac{弧度*180}{\pi}$。

（3）可以使用“round(asin(sinA) * 180 / pi, 0)”的语句形式求锐角 A 的度数。

（4）可以使用“print(str.format("三角形的周长 = {0:1.1f},面积 = {1:1.1f}", p, area))”的语句形式按题目要求输出三角形的周长和面积。

第 3 章

1. 完成本章中的例 3.1～例 3.36,熟悉 Python 语言的三种基本控制结构(顺序结构、选择结构、循环结构)以及错误和异常处理。

2. 编写程序,计算 $1+2+3+\cdots+100$ 之和。

3. 编写程序,计算 $10+9+8+\cdots+1$ 之和。

4. 编写程序,计算 $1+3+5+7+\cdots+99$ 之和。

5. 编写程序,计算 $2+4+6+8+\cdots+100$ 之和。

6. 编写程序,使用不同的实现方法,输出 $2000\sim3000$ 之间的所有闰年,运行结果如实践图 3-1 所示。

```
2000 2004 2008 2012 2016 2020 2024 2028 2032 2036 2040 2044 2048 2052 2056 2060 2064 2068
2072 2076 2080 2084 2088 2092 2096 2104 2108 2112 2116 2120 2124 2128 2132 2136 2140 2144
2148 2152 2156 2160 2164 2168 2172 2176 2180 2184 2188 2192 2196 2204 2208 2212 2216 2220
2224 2228 2232 2236 2240 2244 2248 2252 2256 2260 2264 2268 2272 2276 2280 2284 2288 2292
2296 2304 2308 2312 2316 2320 2324 2328 2332 2336 2340 2344 2348 2352 2356 2360 2364 2368
2372 2376 2380 2384 2388 2392 2396 2400 2404 2408 2412 2416 2420 2424 2428 2432 2436 2440
2444 2448 2452 2456 2460 2464 2468 2472 2476 2480 2484 2488 2492 2496 2504 2508 2512 2516
2520 2524 2528 2532 2536 2540 2544 2548 2552 2556 2560 2564 2568 2572 2576 2580 2584 2588
2592 2596 2604 2608 2612 2616 2620 2624 2628 2632 2636 2640 2644 2648 2652 2656 2660 2664
2668 2672 2676 2680 2684 2688 2692 2696 2704 2708 2712 2716 2720 2724 2728 2732 2736 2740
2744 2748 2752 2756 2760 2764 2768 2772 2780 2784 2788 2792 2796 2800 2804 2808 2812
2816 2820 2824 2828 2832 2836 2840 2844 2848 2852 2856 2860 2864 2868 2872 2876 2880 2884
2888 2892 2896 2904 2908 2912 2916 2920 2924 2928 2932 2936 2940 2944 2948 2952 2956 2960
2964 2968 2972 2976 2980 2984 2988 2992 2996
```

实践图 3-1　$2000\sim3000$ 之间的所有闰年运行结果

7. 编写程序,计算 $S_n=1-3+5-7+9-11+\cdots$。

提示:

可以使用 if $i\%2==0$ 的语句形式判断 i 是否为偶数。

8. 编写程序,计算 $S_n=1+1/2+1/3+\cdots$。

9. 编写程序,打印九九乘法表。要求输出九九乘法表的各种显示效果(上三角、下三角、矩形块等方式)。

10. 编写程序,输入三角形三条边,先判断是否可以构成三角形,如果可以,则进一步求三角形的周长和面积,否则报错"无法构成三角形!"。运行结果如实践图 3-2 所示(结果均保留一位小数)。

```
请输入三角形的边A:    3
请输入三角形的边B:    4
请输入三角形的边C:    5
三角形三边分别为:  a=3.0, b=4.0, c=5.0
三角形的周长 = 12.0, 面积 = 6.0
```

实践图 3-2　三角形周长和面积运行结果

提示:

(1) 三个数可以构成三角形必须满足如下条件:每条边长均大于 0,并且任意两边之和大于第三边。

(2) 已知三角形的三条边,则三角形的面积 $=\sqrt{h*(h-a)*(h-b)*(h-c)}$,其中,h 为三角形周长的一半。

11. 编写程序,输入 x,根据如下公式,计算分段函数 y 的值。分别利用"单分支语句""双分支结构"以及"条件运算语句"等方法实现。运行结果如实践图 3-3 所示。

$$y=\begin{cases} \dfrac{x^2-3x}{x+1}+2\pi+\sin x & x\geqslant 0 \\ \ln(-5x)+6\sqrt{|x|+e^4}-(x+1)^3 & x<0 \end{cases}$$

12. 编写程序,输入一元二次方程的三个系数 a、b 和 c,求 $ax^2+bx+c=0$ 方程的解。运行结果如实践图 3-4 所示。

```
请输入x:     -1
方法一: x = -1.0, y = 46.34793812414429
方法二: x = -1.0, y = 46.34793812414429
方法三: x = -1.0, y = 46.34793812414429
```

实践图 3-3   分段函数运行结果

```
请输入系数a:    0        请输入系数a:    0        请输入系数a:    1
请输入系数b:    0        请输入系数b:    1        请输入系数b:    -2
请输入系数c:    6        请输入系数c:    2        请输入系数c:    1
此方程无解!               此方程的解为: -2.0      此方程有两个相等实根: 1.0
```
　(a) 无解　　　　(b) 一个实根　　(c) 两个相等实根

```
请输入系数a:    1                请输入系数a:    1
请输入系数b:    -1               请输入系数b:    1
请输入系数c:    -6               请输入系数c:    0.5
此方程有两个不等实根: 3.0 和 -2.0   此方程有两个不等虚根: 0.5+0.5i 和 0.5-0.5i
```
　　(d) 两个不等实根　　　　　　(e) 两个共轭复根

实践图 3-4   求解一元二次方程运行结果

提示：

（1）方程 $ax^2+bx+c=0$ 的解有以下几种情况。

① $a=0$ and $b=0$，无解。

② $a=0$ and $b!=0$，有一个实根：$x=-\dfrac{c}{b}$。

③ $b^2-4ac=0$，有两个相等实根：$x_1=x_2=-\dfrac{b}{2a}$。

④ $b^2-4ac>0$，有两个不等实根：$x_1=-\dfrac{b}{2a}+\dfrac{\sqrt{b^2-4ac}}{2a}$，$x_2=-\dfrac{b}{2a}-\dfrac{\sqrt{b^2-4ac}}{2a}$。

⑤ $b^2-4ac<0$，有两个共轭复根：$x_1=-\dfrac{b}{2a}+\dfrac{\sqrt{4ac-b^2}}{2a}i$，$x_2=-\dfrac{b}{2a}-\dfrac{\sqrt{4ac-b^2}}{2a}i$。

（2）可以利用"print(str.format("此方程有两个不等虚根：{0}+{1}i 和 {0}-{1}i   "，realPart，imagPart))"的语句形式输出方程的两个共轭复根。

13. 编写程序，输入整数 n(n>=0)，分别利用 for 循环和 while 循环求 n!。运行结果如实践图 3-5 所示。

```
请输入非负整数n: -5
请输入非负整数n: 5
  for循环: 5! = 120
while循环: 5! = 120
```

实践图 3-5   阶乘运行结果

提示：

（1）n!= $n×(n-1)×(n-2)×\cdots×2×1$。例如，$5!=5×4×3×2×1=120$。特别地，$0!=1$。

（2）一般地，累乘的初值为 1，而累加的初值为 0。

（3）如果输入的是负整数，则继续提示输入非负整数，直至 n>=0。

14. 编写程序，产生两个 0～100 之间（包含 0 和 100）的随机整数 a 和 b，求这两个整数的最大公约数和最小公倍数。运行结果如实践图 3-6 所示。

整数1 = 88，整数2 = 16
最大公约数 = 8，最小公倍数 = 176

实践图 3-6　最大公约数和最小公倍数运行结果

提示：

（1）可以利用"random.randint(0,100)"的语句形式生成 0～100（包含 0 和 100）的随机整数。

（2）利用"辗转相除法"求最大公约数，具体算法如下：

① 对于已知的两个正整数 m、n，使得 m＞n。

② m 除以 n 得余数 r。

③ 若 r≠0，则令 m←n，n←r，继续相除得到新的余数 r。若仍然 r≠0，则重复此过程，直到 r＝0 为止。最后的 m 就是最大公约数。

（3）求得了最大公约数后，最小公倍数就是已知的两个正整数之积除以最大公约数的商。

15. 编程产生三个 0～100 之间（包含 0 和 100）的随机数 a、b 和 c，要求至少使用两种不同的方法，将三个数按从小到大的顺序排序。运行结果如实践图 3-7 所示（其中，a、b 和 c 的值随机生成）。

原始值：　　a=97，b=89，c=99
（方法一）升序值：　a=89，b=97，c=99
（方法二）升序值：　a=89，b=97，c=99

实践图 3-7　三个数比较大小运行结果

提示：

（1）方法一：先 a 和 b 比较，使得 a＜b；然后 a 和 c 比较，使得 a＜c，此时 a 最小；最后 b 和 c 比较，使得 b＜c。

（2）方法二：利用 max() 函数和 min() 函数求 a、b、c 三个数中最大数、最小数，而三个数之和减去最大数和最小数就是中间数。

（3）random.randint(0,100) 生成 0～100 之间（包含 0 和 100）的随机数。

（4）max(a，b，c) 返回 a、b 和 c 的最大值；min(a，b，c) 返回 a、b 和 c 的最小值。

16. 编程计算有固定工资收入的党员，每月所交纳的党费。工资基数 3000 元及以下者，交纳工资基数的 0.5%；工资基数 3000 元到 5000 元者，交纳工资基数的 1%；工资基数在 5000 元到 10000 元者，交纳工资基数的 1.5%；工资基数超过 10000 元者，交纳工资基数的 2%。运行结果如实践图 3-8 所示。

$$党费 \ f = \begin{cases} 0.5\% * salary & salary <= 3000 \\ 1\% * salary & 3000 < salary <= 5000 \\ 1.5\% * salary & 5000 < salary <= 10000 \\ 2\% * salary & salary > 10000 \end{cases}$$

请输入有固定工资收入的党员的月工资：12000
月工资 = 12000，交纳党费 = 240.0

实践图 3-8　党费交纳运行结果

17. 编程实现模拟袖珍计算器,要求输入两个操作数和一个操作符(＋、－、＊、/、％),根据操作符输出运算结果。特别注意"/"和"％"运算符的零除异常问题。运行结果如实践图3-9所示。

```
请输入操作数x：3        请输入操作数x：3
请输入操作数y：6        请输入操作数y：0
请输入操作符：+         请输入操作符：/
3.0 + 6.0 = 9.0        分母=0，零除异常！
```

实践图 3-9 　袖珍计算器运行结果

18. 输入三角形的三条边 a、b、c,判断此三边是否可以构成三角形。若能,进一步判断三角形的性质:等边、等腰、直角或其他三角形。本题的判断准则参见实践表 3-1 所示。运行结果如实践图 3-10 所示。

实践表 3-1 　各类三角形的判断准则

形　状	满足条件
三角形	三边均大于零,且任意两边之和大于第三边
等边三角形	三边均相等的三角形
等腰三角形	只有两边相等的三角形
直角三角形	勾股定理：斜边^2＝直角边 1^2＋直角边 2^2

```
请输入三角形的边a：1   请输入三角形的边a：5   请输入三角形的边a：5   请输入三角形的边a：3
请输入三角形的边b：2   请输入三角形的边b：5   请输入三角形的边b：5   请输入三角形的边b：4
请输入三角形的边c：3   请输入三角形的边c：5   请输入三角形的边c：5   请输入三角形的边c：5
无法构成三角形！       该三角形为等边三角形！  该三角形为等腰三角形！  该三角形为直角三角形！
```

实践图 3-10 　判断三角形运行结果

19. 编程实现鸡兔同笼问题。已知在同一个笼子里总共有 h 只鸡和兔,鸡和兔的总脚数为 f 只,其中,h 和 f 由用户输入,求鸡和兔各有多少只？要求使用两种方法:一是求解方程;二是利用循环进行枚举测试。运行结果如实践图 3-11 所示。

```
请输入总头数： 10
请输入总脚数(必须是偶数)：25    请输入总头数： 10
请输入总脚数(必须是偶数)：26    请输入总脚数(必须是偶数)：10
方法一：鸡：7 只，兔：3 只      方法一：无解，请重新运行测试！
方法二：鸡：7 只，兔：3 只      方法二：无解，请重新运行测试！
      (a) 合理解                  (b) 无解
```

实践图 3-11 　鸡兔同笼运行结果

提示:
(1) 已知鸡和兔的总头数为 h,总脚数为 f。假设鸡有 c 只,兔有 r 只。
(2) 方法一:求解方程法。由公式:

$$\begin{cases} c+r=h \\ 2c+4r=f \end{cases}$$

解得:

$$\begin{cases} r = \dfrac{f}{2} - h \\ c = h - r \end{cases}$$

由公式推得,鸡和兔的总脚数 f 必须是偶数,并且鸡和兔的数量必须是非负整数。

(3) 方法二:利用循环进行枚举测试。鸡的数量 c 取值范围为 0~h,则兔的数量 r 为 (h−c),如果满足条件(2c+4r==f),则求得解。

20. 输入任意实数 x,根据以下近似公式计算 e^x 的近似值,直到最后一项的绝对值小于 10^{-6} 为止。运行结果如实践图 3-12 所示。

$$e^x \approx 1 + x + \frac{x^2}{2} + \frac{x^3}{3!} + \cdots + \frac{x^n}{n!}$$

```
请输入x: 2
Pow(e,x) =  7.3890560703259105
```

实践图 3-12　e^x 运行结果

21. 输入任意实数 a(a>=0),用迭代法求 $x=\sqrt{a}$,要求计算的相对偏差小于 10^{-6}。运行结果如实践图 3-13 所示。求平方根的迭代公式为:

$$x_{n+1} = \frac{1}{2}\left(x_n + \frac{a}{x_n}\right)$$

```
2 的算术平方根= 1.4142135623746899
```

实践图 3-13　平方根运行结果

22. 我国汉代有位大将,名叫韩信。他每次集合部队,只要求部下先后按 1~3、1~5、1~7 报数,然后再报告一下各队每次报数的余数,他就知道到了多少人。他的这种巧妙算法,人们称为"鬼谷算",也叫"隔墙算",或称为"韩信点兵",外国人还称它为"中国余数定理"。即有一个数,用 3 除余 2,用 5 除余 3,用 7 除余 2,请问 0~1000 中这样的数有哪些?运行结果如实践图 3-14 所示。

```
0~1000中用3除余2,用5除余3,用7除余2的数有:
23 128 233 338 443 548 653 758 863 968
```

实践图 3-14　韩信点兵运行结果

23. 一球从 100 米的高度自由落下,每次落地后反弹回原高度的一半,再落下。求小球在第 10 次落地时,共经过多少米?第 10 次反弹多高?运行结果如实践图 3-15 所示。

24. 猴子吃桃问题。猴子第一天摘下若干个桃子,当天吃掉一半多一个;第二天接着吃了剩下的桃子的一半多一个;以后每天都吃了前一天剩下的桃子的一半多一个。到第 8 天再想吃桃时,发现只剩一个桃子了。请问猴子第一天共摘了多少个桃子?运行结果如实践图 3-16 所示。

```
第 8 天桃子数为： 1
第 7 天桃子数为： 4
第 6 天桃子数为： 10
第 5 天桃子数为： 22
第 4 天桃子数为： 46
第 3 天桃子数为： 94
第 2 天桃子数为： 190
第 1 天桃子数为： 382
```

小球在第10次落地时，共经过299.609375米
第10次反弹0.09765625米

实践图 3-15　自由落体运行结果　　　　实践图 3-16　猴子吃桃运行结果

提示：

这是一个递推问题。假设第 n 天的桃子数为 P_n，前一天(第 n−1)天的桃子数为 P_{n-1}，则：$P_n = \frac{1}{2}P_{n-1}-1$，也即：$P_{n-1}=2(P_n+1)$。现在已知第 8 天(n＝8)的桃子数 $P_8=1$，根据公式得第 7 天的桃子数 $P_7=4$，以此类推，可以求得第 1 天 P_1 的桃子数。

25. 计算 $S_n = 1 + 11 + 111 + 1111 + \cdots + 1111\cdots111$(最后一项是 n 个 1)。提示(第 1 项 $T_1=1$；第 2 项 $T_2=T_1\times10+1$；…；第 n 项 $=T_{(n-1)}\times10+1$)。n 是一个由随机数产生的 1～10(包括 1 和 10)中的一个正整数。运行结果如实践图 3-17 所示。

26. 利用循环结构，使用 turtle 库的 turtle.fd()函数和 turtle.seth()函数绘制一个等边三角形，边长为 200 像素，运行结果如实践图 3-18 所示。

实践图 3-17　计算 S_n(n 为随机数)的运行结果

实践图 3-18　绘制等边三角形

27. 利用循环结构，使用 turtle 库的 turtle.right()函数和 turtle.fd()函数绘制一个菱形四边形，边长为 200 像素，运行结果如实践图 3-19 所示。

28. 利用循环结构，使用 turtle 库的 turtle.fd()函数和 turtle.left()函数绘制一个正六边形，边长为 100 像素。运行结果如实践图 3-20 所示。

实践图 3-19　绘制菱形四边形　　　　实践图 3-20　绘制正六边形

29. 利用循环结构，使用 turtle 库的 turtle.circle()函数、turtle.seth()函数和 turtle.left()函数绘制一个四瓣花图形，从左上角花瓣开始，逆时针作画。运行结果如实践图 3-21 所示。

30. 利用循环结构，使用 turtle 库的 turtle.right()函数和 turtle.circle()函数绘制一个四叶草。运行结果如实践图 3-22 所示。

实践图 3-21　绘制四瓣花图形　　　　实践图 3-22　绘制四叶草图形

31. 利用循环结构,使用 turtle 库的 turtle.right()函数和 turtle.circle()函数绘制一个星星图形。运行结果如实践图 3-23 所示。

32. 利用循环结构,使用 turtle 库的 turtle.circle()函数和 turtle.seth()函数绘制套圈,最小的圆圈半径为 10 像素,不同圆圈之间的半径差是 40 像素。运行结果如实践图 3-24 所示。

实践图 3-23　绘制星星图形　　　　实践图 3-24　绘制套圈图形

33. 利用循环结构,使用 turtle 库的 turtle.circle()函数和 turtle.seth()函数绘制同心圆套圈,最小的圆圈半径为 10 像素,不同圆圈之间的半径差是 40 像素。运行结果如习题图 3-25 所示。

34. 利用循环结构,使用 turtle 库的 turtle.fd()函数和 turtle.seth()函数绘制螺旋状的正方形,正方形边长从 1 像素开始,第一条边从 0 度方向开始。运行结果如实践图 3-26 所示。

实践图 3-25　绘制同心圆套圈图形　　实践图 3-26　绘制螺旋状的正方形

35. 利用循环结构,使用 turtle 库的 turtle.fd()函数和 turtle.seth()函数绘制嵌套六角形,六角形边长从 1 像素开始,第一条边从 0 度方向开始,边长按照 3 个像素递增。运行结果如实践图 3-27 所示。

实践图 3-27　绘制嵌套六角形

第4章

1. 完成本章中的例4.1～例4.33,熟悉Python语言函数和函数式编程。

2. 编写程序,定义一个求阶乘的函数fact(n),并编写测试代码,要求输入整数n(n>=0)。运行结果参见实践图4-1所示。请分别使用递归和非递归方式实现。

```
请输入整数n（n>=0）：5
5 != 120
```

实践图4-1　阶乘运行结果

3. 编写程序,定义一个求Fibonacci(斐波那契)数列的函数fib(n),并编写测试代码,输出前20项(每项宽度5个字符位置,右对齐),每行输出10个。运行结果参见实践图4-2所示。请分别使用递归和非递归方式实现。

```
   1    1    2    3    5    8   13   21   34   55
  89  144  233  377  610  987 1597 2584 4181 6765
```

实践图4-2　斐波那契数列的运行结果

4. 编写程序,利用可变参数定义一个求任意个数数值的最小值的函数min_n(a, b, * c),并编写测试代码。例如,对于"print(min_n(8, 2))"以及"print(min_n(16, 1, 7, 4, 15))"的测试代码,程序运行结果如实践图4-3所示。

```
最小值为 2
最小值为 1
```

实践图4-3　利用可变参数求最小值的运行结果

5. 编写程序,利用元组作为函数的返回值,求序列类型中的最大值、最小值和元素个数,并编写测试代码,假设测试数据分别为s1=[9,7,8,3,2,1,55,6]、s2=["apple","pear","melon","kiwi"]和s3="TheQuickBrownFox"。运行结果参见实践图4-4所示。

```
list= [9, 7, 8, 3, 2, 1, 55, 6]
最大值= 55 ,最小值= 1 ,元素个数= 8
list= ['apple', 'pear', 'melon', 'kiwi']
最大值= pear ,最小值= apple ,元素个数= 4
list= TheQuickBrownFox
最大值= x ,最小值= B ,元素个数= 16
```

实践图4-4　元组作为函数返回值运行结果

提示:

函数形参为序列类型,返回值是形如"(最大值,最小值,元素个数)"的元组。

6. 利用循环结构和函数定义,并使用turtle库绘制类似斯洛克形状图案。运行结果如实践图4-5所示。

实践图4-5　斯洛克形状图案

第 5 章

1. 完成本章中的例 5.1～例 5.31,熟悉 Python 语言中序列数据类型(元组 tuple、列表 list、字符串 str 等)、字典和集合的运算和操作以及 Python 语言算法与数据结构的程序设计。

2. 编写程序,实现删除一个 list 中重复元素的功能。

提示:

可以利用 s.append(x)方法把对象 x 追加到列表 s 尾部。

3. 编写程序,求列表 s=[9,7,8,3,2,1,55,6]中的元素个数、最大值、最小值、元素之和、平均值。请思考,有哪几种实现方法?

提示:

可以分别利用 for 循环、while 循环、直接访问列表元素(for i in s···)、间接访问列表元素(for i in range(0,len(s))···)、正序访问(i=0; while i<len(s)···)、反序访问(i=len(s)-1; while i>=0···)以及 while True:...break 等各种方法。

4. 编写程序,将列表 s=[9,7,8,3,2,1,5,6]中的偶数变成它的平方,奇数保持不变。运行结果如实践图 5-1 所示。

提示:

可以利用"if (s[i] % 2) ==0:···"的语句形式判断列表中的第 i 个元素是否为偶数。

5. 编写程序,输入字符串,为其每个字符的 ASCII 码形成列表并输出,运行结果如实践图 5-2 所示。

```
变换前,s= [9, 7, 8, 3, 2, 1, 5, 6]
变换后,s= [9, 7, 64, 3, 4, 1, 5, 36]
```

实践图 5-1　奇数偶数运行结果

```
请输入一个字符串:ABCDE123
[65, 66, 67, 68, 69, 49, 50, 51]
```

实践图 5-2　ASCII 码列表运行结果

提示:

(1) 使用 ord(s[i])将字符转换为对应的 Unicode 码。

(2) 利用 s.append(x)方法将对象 x 追加到列表 s 尾部。

6. 假设有一个列表 studs 如下:

studs= [{'sid':'103', 'Chinese': 90, 'Math':95, 'English': 92},{'sid':'101', 'Chinese': 80, 'Math':85, 'English':82}, {'sid': '102', 'Chinese': 70, 'Math':75, 'English':72}],编写程序,将列表 studs 的数据内容提取出来,放到一个字典 scores 中,在屏幕上按学号从小到大的顺序显示输出 scores 的内容。运行结果如实践图 5-3 所示。

```
101:[80, 85, 82]
102:[70, 75, 72]
103:[90, 95, 92]
```

实践图 5-3　按学号顺序输出成绩的运行结果

7. 创建由'Monday'～'Sunday'七个值组成的字典,输出键列表、值列表以及键值列表。运行结果参见实践图 5-4 所示。

8. 随机生成 10 个 0(含)～10(含)的整数,分别组成集合 A 和集合 B,输出 A 和 B 的内容、长度、最大值、最小值以及它们的并集、交集和差集。运行结果参见实践图 5-5 所示。

```
1 2 3 4 5 6 7

Mon Tues Wed Thur Fri Sat Sun

(1, 'Mon') (2, 'Tues') (3, 'Wed') (4, 'Thur') (5, 'Fri') (6, 'Sat') (7, 'Sun')
```
实践图 5-4　字典运行结果

```
集合的内容、长度、最大值、最小值分别为：
{0, 8, 10, 5, 7} 5 10 0
{9, 2, 10, 5, 6} 5 10 2
A和B的并集、交集和差集分别为：
{0, 2, 5, 6, 7, 8, 9, 10} {10, 5} {0, 8, 7}
```
实践图 5-5　集合运行结果

第 6 章

1. 完成本章中的例 6.1～例 6.19，熟悉 Python 程序的输入和输出、文件处理以及文件目录的操作。

2. 从键盘输入一些字符，逐个把它们写到指定的文件中，直到输入一个@字符为止。程序运行结果如实践图 6-1 所示。程序执行后，out.txt 文件中内容为"时间是个常数，但也是个变数。勤奋的人无穷多，懒惰的人无穷少。"。

```
请输入文件名：
out.txt
请输入字符串：
时间是个常数，
但也是个变数。
勤奋的人无穷多，
懒惰的人无穷少。@
```
实践图 6-1　将键盘输入写入文件的运行结果

3. 请编写程序生成随机密码。具体要求如下。

（1）使用 random 库，采用 0x1010 作为随机数种子。

（2）密码由 26 个字母大小写、10 个数字字符和"！、@、#、$、%、^、&、*"等 8 个特殊符号组成。

（3）每个密码长度固定为 10 个字符。

（4）程序运行每次产生 10 个密码，每个密码一行。

（5）每次产生的 10 个密码首字符不能一样。

（6）程序运行后产生的密码保存在"随机密码.txt"文件中。

4. 请编写程序，使用字典和列表型变量完成某课程的考勤记录统计，某班有 100 名同学，名单由考生目录下文件 Name.txt 给出（每行一个学生姓名），某课程第一次考勤数据由考生目录下文件 1.csv 给出（每行一个出勤学生姓名）。请输出第一次缺勤同学的名单。

5. 请编写程序，使用字典和列表型变量完成某课程的考勤记录统计，某班有 100 名同学，名单由文件"名单.txt"给出，某课程 10 次考勤数据由文件 1.csv、2.csv、…、10.csv 给出。请输出全勤同学的姓名。

6. 一个人脸识别研究小组对若干名学生做了人脸识别的测试，将测试结果与被测试者的现场照片组合成文件名，写到了一个文件 dir_100.txt 中，每行是一个文件名的信息，示例如下：

```
['2109020621', '0']_116.jpg
['2109020621']_115.jpg
['2170603107', '2170603105', '0', '0']_1273.jpg
```

文件名各部分含义如下：

```
['识别出学号1','识别出学号2',…,'0表示检测到人脸但未识别出人']_照片的顺序编号.jpg
```

测试过程中，一个学生可能被抓拍到多张照片中，所以会在多个文件名中被识别，学号出现在多个文件名中；一张照片中，可能有多个人脸，但有些分辨率不够而识别不出来，文件名位置用'0'代替学号。

使用字典和列表变量进行数据分析，最终获取实际参加测试的学生人数和人均被测次数。

（1）读入 dir_100.txt 文件的内容，处理每一行文件名信息。将文件名中的学号内容以列表形式保存，丢掉'0'的字符串；照片的顺序编号作为字典的关键字，学号列表作为字典的值。转换后，显示字典中的每行信息，示例如下：

```
116:2109020621
115:2109020621
1273: 2170603107,2170603105
```

（2）将该字典中的学号提取出来，构造另一个字典，以学号作为字典的关键字，累计学号出现的次数，将累计值作为字典的值。格式示例如下：

```
2109020621:2
2170603107:1
2170603105:1
```

（3）累计字典中关键字的个数，即为实际参加测试的学生人数；累加每个关键字对应的值，即为所有学号测试次数；与实际测试人数之比，即为人均被测次数。将实际参加测试人数和人均被测次数显示输出在屏幕上，示例如下：

```
实际参加测试的人数是: 3
人均被测次数是: 1.3
```

7. 老王的血压有些高，医生让家属给老王测血压。老王的女儿记录了一段时间的血压测量值，在文件 xueyajilu.txt 中，内容示例如下：

```
2020/7/2 6:00,140,82,136,90,69
2020/7/2 15:28,154,88,155,85,63
2020/7/3 6:30,131,82,139,74,61
2020/7/3 16:49,145,84,139,85,73
2020/7/4 5:03,152,87,131,85,63
```

文件内各部分含义如下：

```
测量时间,左臂高压,左臂低压,右臂高压,右臂低压,心率
```

编写程序实现下述功能。

（1）使用字典和列表类型进行数据分析，获取老王的左臂和右臂血压情况五个项目（高压最大值、低压最大值、压差平均值、高压平均值和低压平均值）的对比表，输出到屏幕上，请注意每行三列对齐。

（2）上述显示的五个项目，如果左臂有大于50％的项目高于右臂，则输出"结论：左臂血压偏高"；如果有等于50％的项目高于右臂，则输出"结论：左臂血压与右臂血压相当"；如果有小于50％的项目高于右臂，则输出"结论：右臂血压偏高"。

（3）显示心率的平均值。

程序运行结果如实践图6-2所示。

对比项	左臂	右臂
高压最大值	154	155
低压最大值	88	90
压差平均值	59.8	56.2
高压平均值	144.4	140.0
低压平均值	84.6	83.8

结论：左臂血压偏高，心率的平均值为65.8

实践图 6-2　血压分析结果

8. 假设有一个关于职工第三季度每月工资发放情况的数据文件data.txt内容如下：

```
{'sid':'501','7月': 9000,'8月':9500,'9月':9200}
{'sid':'502','7月': 8000,'8月':8500,'9月':8200}
{'sid':'503','7月': 7000,'8月':7500,'9月':7200}
```

将文件中的数据内容提取出来，计算每个人的平均工资，将其转化为字典salary，按照key的递增序在屏幕上显示输出每个人的月工资和平均工资，结果示例如下：

```
501:[9000, 9500, 9200, 9233.0]
502:[8000, 8500, 8200, 8233.0]
503:[7000, 7500, 7200, 7233.0]
```

9. 《三国演义》（全名为《三国志通俗演义》，又称《三国志演义》）是元末明初小说家罗贯中创作的长篇章回体历史演义小说。这里给出一个《三国演义》的网络版本，文件名为"三国演义-网络版.txt"。请编写程序，对这个《三国演义》文本中出现的汉字和标点符号进行统计，字符与出现次数之间用冒号"："分隔，输出保存到"三国演义-汉字统计.txt"文件中，该文件要求采用CSV格式存储，参考格式如下（注意，不统计空格和回车字符）：

三:1432,国:587,演:14,义:350, …　（略）

10. 古代航海人为了方便在航海时辨别方位和观测天象，将散布在天上的星星运用想象力将它们连接起来，有一半是在古时候已命名，另一半是近代开始命名的。两千多年前古希腊的天文学家希巴克斯命名十二星座，依次为白羊座、金牛座、双子座、巨蟹座、狮子座、处女座、天秤座、天蝎座、射手座、摩羯座、水瓶座和双鱼座。给出二维数据存储CSV文件（SunSign.csv），内容如实践图6-3所示。

请编写程序，循环获得用户输入，直至用户输入exit退出。根据用户输入的星座名称，在CSV文件中查询并输出此星座及其对应的字符形式和出生日期范围。如果用户输入的星座名称有误，请输出"输入星座名称有误！"。如果用户输入exit，则程序退出。程序运行结果如实践图6-4所示。

```
星座,开始月日,结束月日,Unicode
水瓶座,1月20,2月18,9810
双鱼座,2月19,3月20,9811
白羊座,3月21,4月19,9800
金牛座,4月20,5月20,9801
双子座,5月21,6月21,9802
巨蟹座,6月22,7月22,9803
狮子座,7月23,8月22,9804
处女座,8月23,9月22,9805
天秤座,9月23,10月23,9806
天蝎座,1月024,11月22,9807
射手座,11月23,12月21,9808
摩羯座,12月22,11月9,9809
```

```
白羊座
白羊座♈的生日位于3月21-4月19之间
天牛座
输入星座名称有误!
exit
```

实践图 6-3　十二星座 CSV 数据文件　　　　实践图 6-4　星座查询运行结果

第 7 章

1. 完成本章中的例 7.1～例 7.16,熟悉 Python 语言中数值处理以及日期和时间处理的程序设计。

2. 编写程序,打印 2022 年 1～12 月的日历。运行结果如实践图 7-1 所示。

```
                                      2022

           January                   February                    March
  Mo Tu We Th Fr Sa Su       Mo Tu We Th Fr Sa Su       Mo Tu We Th Fr Sa Su
               1  2                1  2  3  4  5  6            1  2  3  4  5  6
   3  4  5  6  7  8  9        7  8  9 10 11 12 13        7  8  9 10 11 12 13
  10 11 12 13 14 15 16       14 15 16 17 18 19 20       14 15 16 17 18 19 20
  17 18 19 20 21 22 23       21 22 23 24 25 26 27       21 22 23 24 25 26 27
  24 25 26 27 28 29 30       28                         28 29 30 31
  31

            April                      May                       June
  Mo Tu We Th Fr Sa Su       Mo Tu We Th Fr Sa Su       Mo Tu We Th Fr Sa Su
               1  2  3                         1               1  2  3  4  5
   4  5  6  7  8  9 10        2  3  4  5  6  7  8        6  7  8  9 10 11 12
  11 12 13 14 15 16 17        9 10 11 12 13 14 15       13 14 15 16 17 18 19
  18 19 20 21 22 23 24       16 17 18 19 20 21 22       20 21 22 23 24 25 26
  25 26 27 28 29 30          23 24 25 26 27 28 29       27 28 29 30
                             30 31

            July                     August                    September
  Mo Tu We Th Fr Sa Su       Mo Tu We Th Fr Sa Su       Mo Tu We Th Fr Sa Su
               1  2  3        1  2  3  4  5  6  7               1  2  3  4
   4  5  6  7  8  9 10        8  9 10 11 12 13 14        5  6  7  8  9 10 11
  11 12 13 14 15 16 17       15 16 17 18 19 20 21       12 13 14 15 16 17 18
  18 19 20 21 22 23 24       22 23 24 25 26 27 28       19 20 21 22 23 24 25
  25 26 27 28 29 30 31       29 30 31                   26 27 28 29 30

           October                   November                   December
  Mo Tu We Th Fr Sa Su       Mo Tu We Th Fr Sa Su       Mo Tu We Th Fr Sa Su
                  1  2           1  2  3  4  5  6               1  2  3  4
   3  4  5  6  7  8  9        7  8  9 10 11 12 13        5  6  7  8  9 10 11
  10 11 12 13 14 15 16       14 15 16 17 18 19 20       12 13 14 15 16 17 18
  17 18 19 20 21 22 23       21 22 23 24 25 26 27       19 20 21 22 23 24 25
  24 25 26 27 28 29 30       28 29 30                   26 27 28 29 30 31
  31
```

实践图 7-1　2022 年日历运行结果

提示:

参考代码如实践图 7-2 所示。

```
import calendar
import locale
textcal = calendar.TextCalendar()    #创建文本日历
textcal.pryear(2022)                  #打印2022年一年的日历
loc = locale.getlocale()                              #获取当前系统的locale(本地化配置)
localtextcal = calendar.LocaleTextCalendar(locale=loc) #返回指定locale的月份和星期信息
```

实践图 7-2　2022 年日历参考代码

3. 编写程序,定义一个返回指定年月的天数的函数 ndays(y,m),并编写测试代码。运行结果如实践图 7-3 所示。

```
请输入年份（>=1），否则为1: 2021
请输入月份（1~12），否则<1为1、>12为12: 10
31
```
实践图 7-3　返回指定年月的天数运行结果

提示:

（1）可以使用 calendar 模块的 isleap()函数来判断闰年。

（2）参考代码如实践图 7-4 所示。

```
from calendar import *
def ndays(y,m):
    #每个月的正常天数
    monthDay=[31,28,31,30,31,30,31,31,30,31,30,31]
    days = monthDay[m-1]
    if (m==2 and isleap(y)):
        days+=1
    return(days)
#测试代码
y=int(input("请输入年份（>=1），否则为1: "))
m=int(input("请输入月份（1~12），否则<1为1、>12为12: "))
if y<1: y=1
if m<1: m=1
if m>12: m=12
print(ndays(y,m))
```
实践图 7-4　返回指定年月天数的参考代码

4. 编写程序,定义一个返回从公元 1 年 1 月 1 日(含)到 y 年 m 月 d 日(含)的天数的函数 caldays(y,m,d),并编写测试代码。运行结果如实践图 7-5 所示。

```
请输入年份（>=1），否则为1: 2021
请输入月份（1~12），否则<1为1、>12为12: 5
请输入日期（1~31），否则<1为1、>ndays(y,m)为ndays(y,m): 10
从1年1月1日到 2021 年 5 月 10 日共 737920 天
```
实践图 7-5　返回总天数的运行结果

提示:

计算从公元 1 年 1 月 1 日到 y 年 m 月 d 日的天数,可以分为三部分计算。

（1）计算从公元 1 年到 y−1 年的天数,每年是 365 天或 366 天(闰年)。

（2）对于第 y 年,先计算 1～m−1 月整月的天数。此处可以利用上一题返回指定年月的天数的函数 ndays(y,m)。

（3）最后加上零头(第 m 月的 d 天)。

5. 编写程序,定义一个返回指定年月日的星期的函数 weekday(y,m,d),结果为星期一、…、星期日,并编写测试代码。运行结果如实践图 7-6 所示。

```
请输入年份（>=1），否则为1: 2021
请输入月份（1~12），否则<1为1、>12为12: 10
请输入日期（1~31），否则<1为1、>ndays(y,m)为ndays(y,m): 1
2021 年 10 月 1 日是 星期五
```
实践图 7-6　返回星期的运行结果

提示:

要求指定年月日是星期几,只需调用上一题返回从公元 1 年 1 月 1 日到 y 年 m 月 d 日的天数的函数 caldays(y,m,d),再除以 7 的余数即为星期几,余 0 就是星期日。

第 8 章

1. 完成本章中的例 8.1～例 8.22，熟悉 Python 语言中字符串和文本处理的程序设计。

2. 从键盘输入一个用于填充的图符、一个字符串以及一个要显示的字符串的总长度；编程将输入的字符串居中输出显示在屏幕上，用填充图符补齐到输入的总长度。如果总长度输入的不是正整数，则提示"请输入一个正整数"，并重新提示输入，直至输入一个正整数。程序的运行结果如实践图 8-1 所示。

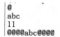

实践图 8-1　填充图符输出字符串运行结果

3. 统计输入的字符串中单词的个数，单词之间用空格分隔。运行结果如实践图 8-2 所示。

```
请输入字符串: The quick brown fox jumps over the lazy dog.
其中的单词总数有:  9
```

实践图 8-2　统计单词运行结果

4. 统计输入的字符串中英文字母、数字、空格和其他字符出现的次数。程序运行结果如实践图 8-3 所示。

```
请输入字符串: This is   a test. 123  45678~ End?
所有字母的总数为:      33
英文字母出现的次数:   13
数字出现的次数:        8
空格出现的次数:        9
其他字符出现的次数:    3
```

实践图 8-3　统计字符运行结果

提示：

本实践题使用实践表 8-1 所示的字符串对象的方法、str 类方法确定字符/字符串是否为字母、数字、空格等。

实践表 8-1　本实践题所使用的字符串对象的方法/str 类方法

方　　法	功　　能
isalpha	判断字符/字符串是否全为字母
isdigit	判断字符/字符串是否全为数字(0～9)
isspace	判断字符/字符串是否只包含空白字

5. 编写程序，分别输入三个字符串，依次验证其是否为有效的中华人民共和国电话号码、中华人民共和国邮政编码和网站网址格式，运行结果如实践图 8-4 所示。

提示：

(1) 中华人民共和国电话号码(电话号码必须是 8 位号码，如果有区号，区号必须 3 位)的正则表达式为"^(\(\d{3}\)|\d{3}－)? \d{8} $"。

```
请输入中国电话号码：021-12345678
021-12345678 是有效的电话号码格式吗？ True
请输入中国邮政编码：200062
200062 是有效的邮政编码格式吗？ True
请输入网站网址：http://www.ibm.com
http://www.ibm.com 是有效的网站网址格式吗？ True
```

(a) 有效格式

```
请输入中国电话号码：123456789
123456789 是有效的电话号码格式吗？ False
请输入中国邮政编码：123456789
123456789 是有效的邮政编码格式吗？ False
请输入网站网址：http@ecnu.edu.cn
http@ecnu.edu.cn 是有效的网站网址格式吗？ False
```

(b) 无效格式

实践图 8-4　验证有效格式运行结果

（2）中华人民共和国邮政编码（必须 6 位数字）的正则表达式为"^\d{6}$"。

（3）网站网址（Internet URL）的正则表达式为"^https?://\w+(?:\.[^\.]+)+(?:/.+)*$"。

（4）验证函数参考代码如实践图 8-5 所示。

```python
def check_phone(strPhone):  #中华人民共和国电话号码
    regex_phone = re.compile(r'^(\(\d{3}\)|\d{3}-)?\d{8}$')
    result = True if regex_phone.match(strPhone) else False
    return result
def check_ZIP(strZIP):      #中华人民共和国邮政编码
    regex_ZIP = re.compile(r'^\d{6}$')
    result = True if regex_ZIP.match(strZIP) else False
    return result
def check_URL(strURL):      #网站网址
    regex_URL = re.compile(r'^https?://\w+(?:\.[^\.]+)+(?:/.+)*$')
    result = True if regex_URL.match(strURL) else False
    return result
```

实践图 8-5　验证有效格式参考代码

6. 从键盘输入一个中文字符串变量 s，内部包含中文逗号和句号。使用 jieba 分词后，显示分词的结果，用"/"分隔，并显示输出分词后的中文词语的个数和中文字符数，不包含逗号和句号。程序运行结果如实践图 8-6 所示。

```
懦夫把困难当成沉重的包袱，勇士把困难当作前进的阶梯。
Building prefix dict from the default dictionary ...
Loading model from cache C:\Users\jh\AppData\Local\Temp\jieba.cache
Loading model cost 1.034 seconds.
Prefix dict has been built successfully.
懦夫/ 把/ 困难/ 当成/ 沉重/ 的/ 包袱/ 勇士/ 把/ 困难/ 当作/ 前进/ 的/ 阶梯/
中文词语数为14。
中文字符数为24。
```

实践图 8-6　中文词语和中文字符数运行结果

7.《西游记》是中国古典四大名著之一，是由明代小说家吴承恩所创作的中国古代第一部浪漫主义的长篇神魔小说，小说部分内容由文本文件"xiyouji.txt"给出。使用 jieba 分词，将分词结果保存到文件"西游记词汇.txt"中，并且统计输出"八戒"出现的次数。

8.《西游记》是中国古典四大名著之一，是由明代小说家吴承恩所创作的中国古代第一部浪漫主义的长篇神魔小说，小说部分内容由文本文件"xiyouji.txt"给出。对前一题目的分词结果（保存于文件"西游记词汇.txt"中）进行分析，输出词频排名前 5 名。

9. 附件文件 question.txt 中有一道 Python 选择题，第 1 行的第一个数据为题号，后续的 4 行是 4 个选项。示例内容如实践图 8-7 所示。

读取其中的内容，提取题干和四个选项的内容，利用 jieba 分词并统计出现频率最高的 3 个词，其中要删除以下的常用字和符号，即"的　,。可以是和中以下"，作为该题目的主题标签，显示输出在屏幕上。程序运行结果如实践图 8-8 所示。

1. 以下关于循环结构的描述，错误的是（   ）。
A.遍历循环使用for <循环变量> in <循环结构>语句，其中循环结构不能是文件
B.使用 range()函数可以指定for 循环的次数
C.for i in range(5)表示循环 5 次，i 的值是从 0 到 4
D.用字符串做循环结构的时候，循环的次数是字符串的长度

实践图 8-7   Python 选择题题号和选项示例

第1题的主题是：
循环:9
结构:4
for:3

实践图 8-8   选择题涉及主题的运行结果

10. 附件文件 questions.txt 中有若干道 Python 选择题目，第 1 行的第 1 个数据为题号，后续的 4 行是 4 个选项，接下来是第二道题。示例内容如实践图 8-9 所示。

1.以下关于字典类型的描述，错误的是_____。

A.字典类型中的数据可以进行分片和合并操作

B.字典类型是一种无序的对象集合，通过键来存取

C.字典类型可以在原来的变量上增加或缩短

D.字典类型可以包含列表和其他数据类型，支持嵌套的字典

2.以下程序设计语言中，Python 语言属于_____的编程语言。

A.面向过程

B.面向对象

C.函数式

D.逻辑式

实践图 8-9   Python 两道选择题题号和选项示例

读取该文件，提取题干和四个选项的内容，利用 jieba 分词并统计出现频率最高的 3 个词，其中要删除以下的常用字和符号。

的,，　:：.。""可以是和中或一个以下了其时产生通过来上

将每道题目涉及的主题(出现频率最高的 3 个词)，显示输出在屏幕上。程序运行结果如实践图 8-10 所示。

第 1 题的主题是：
字典:6
类型:5
关于:1
第 2 题的主题是：
语言:2
式:2
程序设计:1

实践图 8-10   每道题目涉及主题的运行结果

第 9 章

1. 完成本章中的例 9.1~例 9.17,熟悉 Python 语言面向对象的程序设计。

2. 编写程序,创建类 MyMath,计算圆的周长、面积和球的表面积和体积,并编写测试代码,结果均保留 2 位小数。运行结果参见实践图 9-1 所示。

3. 编写程序,创建类 Temperature,包含成员变量 degree(表示温度)以及实例方法 ToFahrenheit()(将摄氏温度转换为华氏温度)和 ToCelsius()(将华氏温度转换为摄氏温度),并编写测试代码。运行结果参见实践图 9-2 所示。

```
请输入半径: 5
圆的周长 = 31.42
圆的面积 = 78.54
球的表面积 = 314.16
球的体积 = 523.60
```

```
请输入摄氏温度: 30
摄氏温度 = 30.0, 华氏温度 = 86.0
请输入华氏温度: 86
华氏温度 = 86.0, 摄氏温度 = 30.0
```

实践图 9-1 求圆的周长和面积以及球的   实践图 9-2 摄氏华氏温度相互
表面积和体积的运行结果   转换运行结果

第 10 章

1. 完成本章中的例 10.1～例 10.16,熟悉 Python 语言模块和模块化程序设计。

2. 编写程序,创建一个实现＋、－、＊、/和 ＊＊(幂)运算的模块 MyMath.py,并编写测试代码。运行结果参见实践图 10-1 所示。

3. 编写程序,创建一个求圆的面积和球体体积的模块 AreaVolume.py,并编写只有独立运行时才执行的测试代码,要求输入半径,输出结果保留两位小数。运行结果参见实践图 10-2 所示。

```
123 + 100 = 223
123 - 100 = 23
123 * 100 = 12300
123 / 100 = 1.23
2 ** 10 = 1024
```

```
请输入半径: 5.1
圆面积=81.67
球体体积=555.37
```

实践图 10-1 运算程序的运行结果   实践图 10-2 求面积和体积程序的运行结果

4. 编写程序,创建输出命令行参数个数以及各参数内容的模块 SysArgvs.py,并编写测试代码。运行结果参见实践图 10-3 所示。

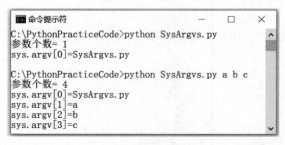

实践图 10-3 输出命令行参数个数及内容的程序的运行结果

5. 请编写程序,使用字典和列表变量完成学生通讯录管理,名单由考生目录下文件 address.csv 给出,每行是一个学生的信息,示例如下:

```
学号,姓名,电话号码,地址
101,aa,12345678,Beijing
```

```
102,bb,23456781,Shanghai
...
```

要求学生通讯录管理系统提供如下功能：在屏幕上显示功能菜单，接收用户输入数字 1
或者 2 或者 3 或者 4 来选择功能，如果输入错误，则要求用户重新输入。当用户选择 1 的时
候，从通讯录文件读取信息，显示所有信息。当用户选择 2 的时候，将新学生的信息添加到
通讯录文件中。当用户选择 3 的时候，要求输入学生学号，然后从通讯录文件中删除该学生
的所有信息。当用户选择 4 的时候，退出学生通讯录管理系统。程序运行结果如实践图 10-4
所示。

```
1. 显示信息
2. 追加信息
3. 删除信息
4. 退出系统
请输入数字1-4选择功能: 1
101,aa,12345678,Beijing
102,bb,23456781,Shanghai
103,cc,34567,tianjin
1. 显示信息
2. 追加信息
3. 删除信息
4. 退出系统
请输入数字1-4选择功能: 3
请输入要删除的信息（示例: 103）: 103
1. 显示信息
2. 追加信息
3. 删除信息
4. 退出系统
请输入数字1-4选择功能: 2
请输入要插入的信息，以逗号隔开（示例: 103,cc,34567,tianjin）: 103,cc,34567,tianjin
```

实践图 10-4　学生通讯录管理系统的运行结果

6. 请利用模块化程序设计编写程序，假设文件 chinadaily.html 保存了网页源代码，请
将该页面中图片的 URL 提取出来，并输出所有图像的 URL。

第 11 章

完成本章中的例 11.1～例 11.4，熟悉 Python 语言中数据库访问的程序设计。

第 12 章

完成本章中的例 12.1～例 12.7，熟悉 Python 标准库和第三方库的程序设计。

附录

上海市高等学校计算机等级考试(二级)《Python程序设计》考试大纲(2016年修订版)

一、考试性质

上海市高等学校计算机等级考试是上海市教育委员会组织的全市高校统一的教学考试,是检测和评价高校计算机基础教学水平和教学质量的重要依据之一。该项考试旨在规范和加强上海高校的计算机基础教学工作,提高学生的计算机应用能力。考试对象主要是上海市高等学校学生,每年举行一次,通常安排在当年的十月下旬、十一月上旬的星期六或星期日。凡考试成绩达到合格者或优秀者,由上海市教育委员会颁发相应的证书。

本考试由上海市教育委员会统一领导,聘请有关专家组成考试委员会,委托上海市教育考试院组织实施。

二、考试目标

Python 语言是一种解释运行、面向对象、扩展性强的程序设计语言,是大学生学习计算机编程能力、理解计算机解决问题的方法的有效工具。学生通过对该语言程序设计的学习,应能掌握 Python 语言的基本语法和基本编程方法,理解程序设计中的计算思维,并能上机调试运行解决简单的实际问题。

《Python 程序设计》的考试目标是测试考生掌握 Python 语言知识的程度和对 Python 语言的编程能力、调试能力和综合应用能力。

三、考试细则

1. 考试时间:120 分钟。
2. 考试方式:考试采用基于网络环境的无纸化上机考试。
3. 考试环境:

> 上海市高校计算机等级考试通用平台。
> 操作系统：Windows 7 中文版。
> 程序开发环境：Python 3.4 及以上（2016 年试题兼容 2.7 版本），可选装 PyScripter、Pycharm、Wingide 等 IDE 编程环境。

四、试卷结构

序　　号	题　　型	题　　量	计　　分	考 核 目 标
一	单选题	10 题	15 分	基本概念 基本语句 语义知识
二	程序填空题	2 题	20 分	常用表达方法 特征数据类型 函数与文件
三	程序完成题	3 题	30 分	常用算法 程序实现
四	编程题	2 题	35 分	界面设计 图形绘制 综合应用
合计		17 题	100 分	

五、考试内容和要求

序号	内　　容	要点和考点	要求
1	Python 程序的组成、结构及书写规则		
	Python 语言源程序结构	• 模块结构与布局	理解
	程序的书写格式	• 基本词法单位、标识符/常量/运算符等构成规则、关键字	理解
		• 程序的书写格式与基本规则	掌握
	Python 语言程序设计步骤	• Python 编程环境的操作使用	掌握
		• 程序的编辑/保存/运行	掌握
	Python 语言输入输出	• 输入语句	掌握
		• 输出语句	掌握
2	Python 基本数据类型		
	数字类型	• 整型、浮点型、复数型、字符串	掌握
	字符串	• 字符串界定符	掌握
		• 字符串操作的相关方法	掌握
	变量	• 变量的定义	掌握
		• 变量的初始化和赋值	掌握
		• 变量类型的转换	掌握

续表

序号	内　　容	要点和考点	要求
3	基本运算和表达式		
	运算符	• 运算符种类、功能、优先级、结合性	理解
	算术运算	• 自动类型转换规则	掌握
		• 常用函数	知道
	比较、赋值和逻辑运算	• 比较运算规则	掌握
		• 赋值运算规则	掌握
		• 逻辑运算规则	掌握
		• 运算的优先级	理解
	表达式	• 表达式组成规则、各类表达式	理解
		• 各类型数据混合运算中的求值顺序	理解
		• 混合模式运算中的自动类型转换	掌握
		• 基本运算执行顺序、表达式结果类型	理解
4	结构和语句		
	基本语句及顺序结构语句	• 赋值语句、复合赋值语句	掌握
		• 输入和输出方式	掌握
	选择结构语句	• if 语句	掌握
		• if…elif…else 语句	掌握
		• 选择语句嵌套	掌握
	循环结构语句	• while 语句	掌握
		• for 循环和 range()内建函数	掌握
		• 循环语句嵌套	掌握
		• 死循环与半路循环	理解
	转移语句	• break、continue、return 语句	掌握
5	Python 的特征数据类型及操作		
	列表	• 列表的概念和特点、对元组操作的相关方法	掌握
	元组	• 元组的概念和特点、对元组操作的相关方法	掌握
	字典	• 字典的概念和特点、对元组操作的相关方法	理解
6	Python 中正则表达式的使用(选考)		
	正则表达式	• 基本语法规则	理解
	re 模块的内置方法	• 匹配、搜索、替换	掌握
7	文件		
	基本概念	• 文件的编码	理解
		• 文本文件和二进制文件	理解
	文件操作	• 文件的打开和关闭	掌握
		• 定位	理解
		• 文件的读取、写入、追加	掌握

续表

序号	内　　容	要点和考点	要求
8	函数与模块		
	函数的定义	• 函数名、形式参数、函数返回值、函数体	掌握
	函数的调用	• 形参、实参及其传递	掌握
	函数的递归调用	• 递归函数的定义和调用	知道
		• 递归函数的执行过程	理解
	库的安装	• 模块化架构和包的管理	理解
		• pip、wheel 和 exe 安装方法	知道
	库的引用	• import 和 from 方式	掌握
9	面向对象设计		
	面向对象概念	• 类与实例、属性与方法	理解
	类与实例	• 创建类、创建子类	理解
		• 创建类实例	理解
	面向对象的特征	• 封装、继承、多态	知道
10	SQLite 数据库操作(选考)		
	SQLite 数据库和简单 SQL 语句	• SQLite 数据库的创建与简单查询	理解
	数据库连接对象	• 数据库的连接与关闭、创建游标	理解
	游标对象	• execute( )、fetchone( )、fetchmany( )、fetchall()、scroll()和 close()方法	掌握
11	使用 tkinter 的 GUI 设计		
	tkinter 常见控件	• 按钮、标签、输入框、文本框、单选按钮、复选框等	掌握
		• 共同属性和特有属性设置	掌握
	窗体控件布局	• 窗体设计	掌握
		• 控件布局	掌握
	事件响应	• 用户事件响应与自定义函数绑定	掌握
12	使用 Turtle 的图形绘制		
	位置	• 绘图区域和坐标位置	掌握
	画笔	• 画笔的属性,颜色、画线的宽度	掌握
	画笔控制和运动	• 抬笔和落笔	掌握
		• 位置移动、左右旋转角度、移动速度	掌握
	图形绘制	• 绘制简单形状图形	掌握
		• 绘制函数图形	掌握
	文字与颜色填充	• 打印文字标签	知道
		• 颜色填充	知道

六、说明

1. 建议学时数:48～64 学时,其中 16～32 学时为实验课。

2. 参考教材:

➤《Python 核心编程》(Wesley J. Chun(美)编著),北京:人民邮电出版社,2008。

➤《程序设计基础(Python 语言)》(嵩天,黄天羽,礼欣编著),北京:高等教育出版社,
2014 年。

附录

全国计算机等级考试·二级Python语言程序设计(2018年版)

B.1 考试大纲

B.1.1 基本要求

1. 掌握 Python 语言的基本语法规则。
2. 掌握不少于两个基本的 Python 标准库。
3. 掌握不少于两个 Python 第三方库,掌握获取并安装第三方库的方法。
4. 能够阅读和分析 Python 程序。
5. 熟练使用 IDLE 开发环境,能够将脚本程序转变为可执行程序。
6. 了解 Python 计算生态在以下方面(不限于)的主要第三方库名称:网络爬虫、数据分析、数据可视化、机器学习、Web 开发等。

B.1.2 考试内容

一、Python 语言基本语法元素

1. 程序的基本语法元素:程序的格式框架、缩进、注释、变量、命名、保留字、数据类型、赋值语句、引用。
2. 基本输入输出函数:input()、eval()、print()。
3. 源程序的书写风格。
4. Python 语言的特点。

二、基本数据类型

1. 数字类型:整数类型、浮点数类型和复数类型。
2. 数字类型的运算:数值运算操作符、数值运算函数。
3. 字符串类型及格式化:索引、切片、基本的 format()格式化方法。
4. 字符串类型的操作:字符串操作符、处理函数和处理方法。

5．类型判断和类型间的转换。

三、程序的控制结构

1．程序的三种控制结构。

2．程序的分支结构：单分支结构、二分支结构、多分支结构。

3．程序的循环结构：遍历循环、无限循环、break 和 continue 循环控制。

4．程序的异常处理：try…except。

四、函数和代码复用

1．函数的定义和使用。

2．函数的参数传递：可选参数传递、参数名称传递、函数的返回值。

3．变量的作用域：局部变量和全局变量。

五、组合数据类型

1．组合数据类型的基本概念。

2．列表类型：定义、索引、切片。

3．列表类型的操作：列表的操作函数、列表的操作方法。

4．字典类型：定义、索引。

5．字典类型的操作：字典的操作函数、字典的操作方法。

六、文件和数据格式化

1．文件的使用：文件打开、读写和关闭。

2．数据组织的维度：一维数据和二维数据。

3．一维数据的处理：表示、存储和处理。

4．二维数据的处理：表示、存储和处理。

5．采用 CSV 格式对一、二维数据文件的读写。

七、Python 计算生态

1．标准库：turtle 库（必选）、random 库（必选）、time 库（可选）。

2．基本的 Python 内置函数。

3．第三方库的获取和安装。

4．脚本程序转变为可执行程序的第三方库：PyInstaller 库（必选）。第三方库：jieba（必选）、wordcloud 库（可选）。

5．更广泛的 Python 计算生态,只要求了解第三方库的名称,不限于以下领域：网络爬虫、数据分析、文本处理、数据可视化、用户图形界面、机器学习、Web 开发、游戏开发等。

B.1.3　考试方式

上机考试,考试时长 120 分钟,满分 100 分。

1．题型及分值

单项选择题 40 分(含公共基础知识部分 10 分)。

操作题 60 分(包括基本编程题和综合编程题)。

2．考试环境

Windows 7 操作系统,建议 Python 3.4.2～Python 3.5.3 版本,IDLE 开发环境。

B.2　样卷

<h1 style="text-align:center">全国计算机等级考试二级
Python 语言程序设计样题及参考答案</h1>

一、单项选择题（40 分）

1. 下列程序设计语言描述不正确的是（　　　）。
   A. 程序设计语言是计算机能够理解和识别用户操作意图的一种交互体系
   B. 程序设计语言按照特定规则组织计算机指令，使计算机能够自动进行各种运算处理
   C. 程序设计语言也叫编程语言
   D. 计算机程序是按照计算机指令组织起来的程序设计语言

2. 下列说法不正确的是（　　　）。
   A. 静态语言采用解释方式执行，脚本语言采用编译方式执行
   B. C 语言是静态语言，Python 语言是脚本语言
   C. 编译是将源代码转换成目标代码的过程
   D. 解释是将源代码逐条转换成目标代码同时逐条运行目标代码的过程

3. 在屏幕上打印输出"Hello World"的代码正确的是（　　　）。
   A. print(Hello World)　　　　　　　　B. print('Hello World')
   C. printf("Hello World")　　　　　　D. printf('Hello World')

4. 下面不属于 Python 语言的特点的是（　　　）。
   A. 强制可读：Python 语言通过强制缩进来体现语句间的逻辑关系，显著提高了程序的可读性，进而增加了 Python 程序的可维护性
   B. 变量声明：Python 语言具有使用变量需要先定义后使用的优点，变量声明不但对于编译器处理更方便，调用使用不容易出错，程序也更加清晰可读
   C. 平台无关：作为脚本语言，Python 程序可以在任何安装了解释器的计算机环境中执行。因此，用该语言编写的程序可以不经修改地实现跨平台运行
   D. 黏性扩展：Python 语言具有优异的扩展性，体现在它可以集成 C、C++、Java 等语言编写的代码，通过接口和函数库方式将它们"黏起来"

5. IDLE 环境的退出命令是（　　　）。
   A. >>> exit()　　　　B. >>> esc()　　　　C. >>> close()　　　　D. >>>回车键

6. 下面不符合 Python 语言命名规则的是（　　　）。
   A. name_2　　　　B. name2_　　　　C. 2_name　　　　D. _2name

7. 下列不是 Python 语言保留字的是（　　　）。
   A. for　　　　B. while　　　　C. continue　　　　D. goto

8. Python 语言中代码注释使用的符号是（　　　）。
   A. //　　　　B. /* … */　　　　C. !　　　　D. #

9. Python 语言中，变量可以（　　　）。

    A. 随时命名、随时赋值、随时变换类型

    B. 随时声明、随时使用、随时释放

    C. 随时命名、随时赋值、随时使用

    D. 随时声明、随时赋值、随时变换类型

10. Python 语言的三个基本数字类型是(　　　)。

    A. 整数类型、二进制类型、浮点数类型

    B. 整数类型、浮点数类型、复数类型

    C. 整数类型、十进制类型、浮点数类型

    D. 整数类型、二进制类型、复数类型

11. 下面不是 IPO 模式一部分的是(　　　)。

    A. Input   B. Program   C. Process   D. Output

12. 在 Python 3.X 版本中语句输出正确的是(　　　)。

    A. >>> 3/2   B. >>> 3/2   C. >>> 3//2   D. >>> 3//2

       1.50   1   1   1.5

13. 下面语句输出正确的是(　　　)。

```
>>> TempStr = "105C"
>>> eval(TempStr[0:-1])
```

    A. 105   B. 105C   C. C   D. 1

14. Python 语言中表示八进制的是(　　　)。

    A. 0b1708   B. 0O1010   C. 0B1019   D. 0bC3F

15. 1.23e−4+5.67e+8j.real 语句的输出结果正确的是(　　　)。

    A. 0.000123   B. 1.23   C. 5.67e+8   D. 1.23e−4

16. 下面对 Python 语言浮点数类型描述不正确的是(　　　)。

    A. 浮点数类型与数学中实数的概念一致

    B. 浮点数类型表示带有小数的类型

    C. Python 语言要求所有浮点数必须带有小数部分

    D. 小数部分不可以为 0

17. 下面对 Python 语言内置操作符描述不正确的是(　　　)。

    A. x/y 表示 x 与 y 之商

    B. x//y 表示 x 与 y 之整数商,即不大于 x 与 y 之商的最大整数

    C. x%y 表示 x 与 y 之整数商,即不大于 x 与 y 之商的最大整数

    D. x%y 表示 x 与 y 之商的余数,也称为模运算

18. 在 Python 语言中,如果 x=3,则执行语句+x 的结果是(　　　)。

    A. 0   B. 3   C. 6   D. 9

19. 下面语句输出正确的是(　　　)。

```
>>> abs(-3+4j)
```

    A. 3   B. 4   C. 5   D. 5.0

20. 假设 x=1,x * =3+5 * * 2 的运算结果是(　　　)。

A. 13　　　　　　B. 14　　　　　　C. 28　　　　　　D. 29

21. 如果 name＝"全国计算机等级考试二级 Python"，下面输出错误的是（　　　）。

    A. >>> print(name[0], name[8], name[−1])

       全试

    B. >>> print(name[:])

       全国计算机等级考试二级 Python

    C. >>> print(name[11:])

       Python

    D. >>> print(name[:11])

       全国计算机等级考试二级

22. 下列表达式的结果返回 Flase 的是（　　　）。

    A. 'abcd'<'ad'　　　　　　　　　　B. 'ab'<'abed'

    C. ''<'a'　　　　　　　　　　　　D. 'Hello'> 'hello'

23. 下列程序运行结果正确的是（　　　）。

```
>>> s = 'PYTHON'
>>>"{0:3}".format(s)
```

    A. 'PYT'　　　　　B. 'PYTH'　　　　　C. 'PYTHON'　　　D. 'PY'

24. 程序的基本结构不包括（　　　）。

    A. 顺序结构　　　　B. 分支结构　　　　C. 循环结构　　　D. 跳转结构

25. 下列可以结束一个循环的保留字是（　　　）。

    A. if　　　　　　B. continue　　　　C. break　　　　D. exit

26. 下面关于分支结构的描述不正确的是（　　　）。

    A. if 语句中语句块执行与否依赖于条件判断

    B. if 语句中条件部分可以使用任何能够产生 True 和 False 的语句和函数

    C. Python 通过 if、else 保留字来实现单分支、二分支和多分支结构

    D. 多分支结构是二分支结构的扩展，用于设置同一个判断条件的多条执行路径

27. 下面关于函数的描述不正确的是（　　　）。

    A. 函数是一段具有特定功能的语句组

    B. 函数是一段可重用的语句组

    C. 函数通过函数名进行调用

    D. 每次使用函数需要提供相同的参数作为输入

28. Python 中定义函数的关键字是（　　　）。

    A. define　　　　B. return　　　　C. def　　　　D. function

29. 下面关于递归的描述不正确的是（　　　）。

    A. 函数定义中调用函数自身的方式称为递归

    B. 递归只能存在一个基例

    C. 默认情况下，当递归调用到 1000 层时，Python 解释器将终止程序

    D. 递归不是循环

30. 下列不属于组合数据类型的是( )。

    A. 序列类型   B. 集合类型   C. 字典类型   D. 映射类型

31. 下面对元组的描述不正确的是( )。

    A. 元组是一种集合类型

    B. 元组一旦被创建就不能被修改

    C. 一个元组可以作为另外一个元组的元素

    D. Python 语言中元组可以采用逗号和圆括号来表示

32. 列表 ls=[[1,2,3],[[4,5],6],[7,8]],则 len(ls)的值是( )。

    A. 1   B. 3   C. 4   D. 8

33. 下面的字典创建方式错误的是( )。

    A. d={1:[1,2],3:[3,4]}   B. d={[1,2]:1,[3,4]:3}

    C. d={(1,2):1,(3,4):3}   D. d={'张三':1,'李四':2}

34. 下列不属于 Python 对文件的读操作方法的是( )。

    A. read   B. readline   C. readall   D. readtext

35. 下面对文件的描述错误的是( )。

    A. 文件是一个存在辅助存储器上的数据序列

    B. 文件中可以包含任何数据内容

    C. 文本文件和二进制文件都是文件

    D. 文本文件不能用二进制文件方式读入

36. 假设 ls=[3.5,"Python",[10,"LIST"],3.6],则执行 ls[2][-1][1]的结果为( )。

    A. L   B. I   C. P   D. Y

37. 不改变绘制方向的 turtle 命令是( )。

    A. turtle.fd()   B. turtle.seth()

    C. turtle.right()   D. turtle.circle()

38. 在 turtle 绘图中表示颜色值不正确的是( )。

    A. "grey"   B. (190,190,190)

    C. BEBEBE   D. ♯BEBEBE

39. 关于 random 库的描述不正确的是( )。

    A. 生成随机数之前必须指定随机数种子

    B. 设定相同种子,每次调用随机函数生成的随机数相同

    C. 通过 from random import * 可以引入 random 随机库

    D. 通过 import random 可以引入 random 随机库

40. 下面不属于 Python 中开发用户界面的第三方库的是( )。

    A. turtle   B. PyQt   C. wxPython   D. PyGTK

二、基本操作题(16 分)

1. 根据斐波那契数列的定义,F(0)=0,F(1)=1,F(n)=F(n-1)+F(n-2),(n≥2),输出不大于 100 的序列元素,请补充横线处的代码。

```
>>> a,b =    (1)
>>> while    (2)    :
```

```
print(a, end = ',')
a, b = (3) , (4)
```

2. 写出下列操作的代码。

(1) 建立字典 D={"数学":101,"语文":202,"英语":203,"物理":204,"生物":2061}。

(2) 向字典中添加键值对""化学":205"。

(3) 修改"数学"对应的值为 201。

(4) 删除"生物"对应的键值对。

三、简单应用题（14 分）

1. 请将下列数学表达式用 Python 程序写出来，并计算结果。

$$x = \frac{3^4 + 5 - 6 \times 7}{8}$$

2. 使用 turtle 库中的 turtle.fd()函数和 turtle.seth()函数绘制一个等边三角形，边长为 200，效果如下图所示。

四、综合应用题（20 分）

1. 重量计算。月球上航天员的体重是地球上的 16.5%，假如航天员第一年在地球上体重为 50kg，以后每年增长 0.5kg，编写程序输出未来 10 年航天员在地球和月球上的体重状况。

2. 随机密码生成。编写程序，在 26 个字母大小写和 9 个数字组成的列表中随机生成 10 个 8 位密码。

参考答案

一、单项选择题

1. D	2. A	3. B	4. B	5. A	6. C	7. D	8. D	9. C
10. B	11. B	12. C	13. A	14. B	15. A	16. D	17. C	18. B
19. D	20. C	21. A	22. D	23. C	24. D	25. C	26. C	27. D
28. C	29. B	30. D	31. A	32. B	33. B	34. D	35. D	36. B
37. A	38. C	39. A	40. A					

二、基本操作题

1.

(1) 0,1

(2) a<100

(3) b

(4) a+b

2.

(1) D={"数学":101,"语文":202,"英语":203,"物理":204,"生物":206}

(2) D["化学"]=205

(3) D["数学"]=201

（4）del D["生物"]

三、简单应用题

1. x＝(3 ** 4＋5－6 * 7)/8

2.

```
# 绘制等边三角形
import turtle
turtle.fd(200)
turtle.seth(120)
turtle.fd(200)
turtle.seth(240)
turtle.fd(200)
```

四、综合应用题

1.

```
# 体重计算
weight = 50
increment = 0.5
coefficient = 0.165
for year in range(1, 11):
    weight = weight + increment
    moonw = weight * coefficient
    print("%d year(s) later: %0.2f %0.2f" % (year,weight,moonw))
```

2.

```
# 随机密码生成
chars = ['0', '1', '2', '3', '4', '5', '6', '7', '8', '9', 'a', 'b', 'c', 'd', 'e', 'f', 'g', 'h', 'i',
'j', 'k', 'l', 'm', 'n', 'o', 'p', 'q', 'r', 's', 't', 'u', 'v', 'w', 'x', 'y', 'z', 'A', 'B', 'C', 'D', 'E',
'F', 'G', 'H', 'I', 'J', 'K', 'L', 'M', 'N', 'O', 'P', 'Q', 'R', 'S', 'T', 'U', 'V', 'W', 'X', 'Y', 'Z']
from random import choice
for i in range(10):
    print(''.join([choice(chars) for i in range(8)]))
```

附录

江苏省高等学校计算机等级考试·二级 Python语言

 C.1 考试大纲

考核要求

1. 掌握程序设计的一般步骤与方法,特别是掌握 Python 中各类数据结构相关的函数/方法以及常用标准库及第三方库中的函数的使用。

2. 能熟练运用 Python 语言进行程序设计,能有效利用 Python 进行简单的数据获取、表示和处理分析,具有一定分析问题和解决问题的能力和计算思维能力。

考试范围

1. 认识 Python。

(1) Python 语言的特性和分支。

(2) Python 语言程序集成开发环境。

2. Python 基础知识。

(1) Python 语言的基本知识。

① 注释。

② 缩进。

③ 输入输出函数。

(2) Python 语法基础。

① 标识符的要求,Python 中的关键字。

② 对象变量的使用方式(类型、动态机制、引用)和初始化。

③ 基本运算。

④ 表达式,包括赋值表达式、算术表达式、逻辑表达式和条件表达式的组成和功能。

(3) Python 数据类型。

① Python 标准数据类型,包括整型、布尔型、浮点型、复数型。

② 函数、模块和包。理解 Python 中内建函数、标准函数、第三方库、模块、包和库的基本概念。

（4）面向对象的基本概念,包括简单的面向对象的基本思想,类、对象、抽象和继承的概念。

3. 序列。

（1）序列基本知识,包括序列的种类,序列的标准类型运算,序列的序列类型操作,序列类型的常用函数。

（2）字符串,包括字符串的形式及基本操作,字符串的常用函数和方法,转义字符。

（3）列表,包括列表的形式及基本操作,列表的常用函数和方法。

（4）元组,包括元组的形式及基本操作,元组的常用函数和方法。

（5）range 对象,包括 range()函数生成数据的方法和特点。

4. 字典与集合。

（1）字典,包括字典的功能,创建字典,生成字典,字典的基本操作,字典的常用函数和方法,字典作为函数的形式参数——可变长关键字参数。

（2）集合,包括集合的功能,可变集合和不可变集合的创建,集合的标准类型运算,面向所有集合和可变集合的常用函数和方法。

5. 结构化控制。

（1）顺序结构语句,包括增量、链式、多重赋值表达式语句,函数调用语句,input()函数,print()函数和格式化输出。

（2）选择结构语句,包括 if…else…elif 语句,嵌套的 if 结构。

（3）循环结构语句,包括 while 语句、for 语句,for 语句不同的迭代方式（主要是序列迭代和序列索引迭代以及字典和文件等对象的迭代）,循环中的跳转语句 break、continue 和 else,列表解析和生成器表达式。

6. 函数。

（1）自定义函数,包括自定义函数的创建和调用,默认参数和关键字参数。

（2）递归的定义及调用。

（3）变量作用域,包括全局变量和局部变量,global 语句。

7. 文件。

（1）文件系统库函数,包括 open()、read()、write()、readline()、readlines()、writelines()、seek()和 close()函数。

（2）文件的常见异常处理（with 语句）。

8. Python 常用标准库。

（1）os 模块,主要包括 getcwd()、chdir()、mkdir()、rmdir()、remove()和 rename()函数。

（2）time 模块,主要包括 localtime()、gmtime()、time()、mktime()、sleep()、ascitime()、ctime()、strftime()和 strptime()函数。

（3）datetime 模块,主要包括 date()、time()、datetime()和 timedelta()函数。

（4）random 模块,主要包括 random()、uniform()、randint()、randrange()、choice()、shuffle()和 sample()函数。

9. 异常处理。

（1）Python 中的常见异常类。

（2）try…except 语句,包括 else 子句和 finally 子句。

10. 掌握 Python 中各类常见问题的一般算法。

11. 对科学计算和数据分析生态系统 SciPy 中的核心库 NumPy、Pandas 和 Matplotlib 中的数据结构、常用科学计算函数和功能、数据分析方法和图形绘制方法有基本了解，等时机成熟后加入课程考试范围内。

考试说明

1. 考试方式为无纸化网络考试，考试时间为 120 分钟。

2. 软件环境：Windows 7/Windows 8/Windows 10 操作系统，Python 3.5.2 IDLE 及以上（Python 编辑器）或 Anaconda（基于 Python 3.5 及以上的 32/64 位 Python IDE）。

3. 考试题型及分值分布见样卷。

 C.2　样卷

江苏省高等学校计算机等级考试
二级 Python 语言考试（样卷）

（本试卷完成时间 120 分钟）

第一部分　计算机信息技术基础知识

选择题（共 20 分，每题 2 分）

1. 在下列有关信息、信息技术、信息产业、信息化的叙述中，错误的是_____。
   A. 信息、物质和能量是客观世界的三大构成要素，没有信息则任何事物都没有意义
   B. 信息技术是随着计算机技术的发展而发展的，没有计算机的出现则没有信息技术
   C. 信息产业具有高投入、高风险和增长快、变动大等特点
   D. 信息化是一个推动人类社会从工业社会向信息社会转变的社会转型过程

2. 一个 8 位二进制带符号整数，其取值范围为_____。
   A. −256～256
   B. −255～255
   C. −127～127
   D. −128～127

3. 迄今为止，我们所使用的计算机大多数是根据_____提出的"存储程序控制"的原理进行工作的。
   A. 控制论创始人维纳（N. Wiener）
   B. 信息论创始人香农（C. E. Shannon）
   C. 计算机科学之父图灵（A. M. Turing）
   D. 计算机之父冯·诺依曼（John von Neumann）

4. 主机上用于连接 I/O 设备的各种插头、插座，统称为 I/O 接口。下列 I/O 接口中，理论上数据传输速率最快的是_____。
   A. ATA
   B. IEEE 1394
   C. PS/2
   D. USB 3.0

5. 下列有关程序与软件的叙述中，错误的是_____。
   A. 所有的程序都是采用机器语言编写的，用于描述如何完成某一确定的任务

B. 人们通常将程序及其相关的数据和文档统称为软件,其中程序是软件的主体

C. 软件是智力活动的成果,与书籍等一样受到知识产权(版权)保护

D. 目前许多软件产品是免费的,用户可以从有关网站下载和使用

6. 大多数数据文件的类型名在不同的操作系统中是通用的,因而PC、平板电脑、智能手机等之间可以交换文档、图片、音乐等各种数据,而可执行程序(应用程序)的文件类型名称则通常不同。例如,在智能手机使用的Android系统中,应用程序的类型名通常是_____。

A. APK　　　　　　B. APP　　　　　　C. EXE　　　　　　D. DLL

7. 在现代通信系统中,为了能有效地提高数据链路的利用率、降低通信成本,一般使用多路复用技术让多路信号同时共用一条传输线进行传输。FDM是指_____。

A. 频分多路复用　　　　　　　　B. 时分多路复用

C. 波分多路复用　　　　　　　　D. 码分多路寻址

8. IP协议规定,网络中所有计算机必须使用一种统一格式的地址进行标识,这就是IP地址。IP地址分为A~E类,下列IP地址中属于A类地址的是_____。

A. 26.10.35.48　　　　　　　　B. 130.108.18.11

C. 193.191.23.204　　　　　　　D. 202.119.23.12

9. 字符集及其编码是计算机中表示、存储、处理和交换文本信息的基础。从目前来看,在下列字符集及其编码标准中包含汉字最多的是_____。

A. GB 2312　　　　　　　　　　B. GB 18030

C. GBK　　　　　　　　　　　　D. Unicode

10. 下列MIDI与计算机合成音乐的叙述中,错误的是_____。

A. MIDI是计算机和数字乐器使用的音乐描述语言

B. 目前音乐合成器(简称"音源")大多使用一种称为"波表合成器"的软件音源

C. 使用音序器软件制作MIDI音乐时,普通的ASCII键盘可以用于输入和修改乐谱

D. 与MP3音乐相比,MIDI音乐的数据量较大,且不易于编辑修改

参考答案:

1. B　　2. C　　3. D　　4. D　　5. A

6. A　　7. A　　8. A　　9. D　　10. D

第二部分　Python程序设计

一、选择题(共10分,每题2分)

1. 以下不能在Python 3.x的环境中实现在屏幕上输出字符串"HelloWorld"的语句是_____。

A. print('HelloWorld')　　　　B. print 'HelloWorld'

C. print("HelloWorld")　　　　D. print('''HelloWorld''')

2. 以下4个选项中,均是合法常量的选项是_____。

A. 160,−0xffff,0o11　　　　　B. 0xcdf,3e−5,0xz

C. '0',abc,0o668　　　　　　　D. −0x48a,2e1.5,65536

3. 对于序列numbers=[1,2,3,4,5,6,7,8,9,10],以下相关操作得到的结果中包含数字6的是_____。

A. >>> numbers[0:5]　　　　　　B. >>> numbers[6]

C. >>> numbers[5:-1]　　　　　 D. >>> numbers[-4:-1]

4. Python 语言定义函数的过程中，以下可以没有的部分是_____。

A. return 语句　　　　　　　　B. def 关键字

C. 函数名后的一对圆括号　　　 D. 函数名

5. 以下 4 个赋值操作中，可以得到一个字典类型的数据的操作是_____。

A. data=('Zhangsan',18)　　　B. data=['Zhangsan',18]

C. data={'Zhangsan':18}　　　 D. data="'Zhangsan',18"

二、填空题（共 20 分，每空 2 分）

1. 执行如下代码，则程序运行后，屏幕上显示的结果中的第一行是____(1)____，第二行是____(2)____。

```
for i in range(3,10,3):
    if i % 2: print(i)
```

2. 执行如下代码，输出结果是____(3)____。

```
>>> tax = 8.5/100
>>> price = 100.0
>>> value = int(price * tax)
>>> print(value)
```

3. 有如下的函数定义：

```
def concat( * args, sep = "/"):
    return sep.join(args)
```

执行函数调用 concat("earth","mars","venus",sep=".")的返回值是____(4)____。

4. 执行如下代码，结果是'____(5)____'。（提示：字符'? '的 ASCII 值是 63。）

```
>>> words = ['Do', 'you', 'like', 'Python', '? ']
>>> words.sort()
>>> words.pop()
```

5. 若输入"34567"，则以下程序的运行结果是____(6)____。（提示：字符'1'的 ASCII 值是 49。）

```
s = input()
count = 0
for char in s:
    if ord(char) % 2:
        count + = 1
print(count)
```

6. 执行如下代码，则程序运行后，屏幕上显示的结果中的第一行是{____(7)____}，第二行是{____(8)____}。

```
aSet = {1,2,3}
bSet = {2,3,4}
```

```
cSet = {3,4,5}
aSet. update(bSet)
print(aSet)
aSet. intersection_update(cSet)
print(aSet)
```

7. 有如下函数定义,执行函数调用 func(5)的返回值是＿＿＿＿(9)＿＿＿＿。

```
def func(n):
    if n <= 1:
        return n
    else:
        return(func(n-1) + func(n-2))
```

8. 执行如下代码,则程序的运行结果是＿＿＿(10)＿＿＿。

```
names = ["xiaoma","xiaoliu","xiaowang","xiaozhang","xiaoxue"]
numbers = [8321234,111222,323232,66666,123456]
data = dict(zip(names,numbers))
xx = sorted(data.values())
print(xx[3])
```

三、操作题(共 50 分)

1. 完善程序(共 12 分,每空 3 分)

第 1 题(共 6 分)

【要求】

(1) 打开 T 盘中的文件 myf0.py,按以下程序功能完善文件中的程序,只补充下画线部分的程序,请勿改动程序的其他部分。

(2) 修改后的源程序仍保存在 T 盘 myf0.py 文件中。

【程序功能】

完善函数 proc(),该函数的功能是求列表 arr 的平均值,并对所得结果进行四舍五入(保留两位小数)。例如,当 arr＝[6.6,9.9,9.7,55.2,7.3,9.5,12.8,7.9,16.0,16.8]时,结果为 avg＝15.17。

【待完善的源程序】

```
def proc(arr):
    avg = 0
    sum = 0
    for i in arr:
        ____(1)____
    avg = sum/10
    avg = avg * 100
    t = int(____(2)____)
    avg = t/100
    return avg

if __name__ == "__main__":
    arr = [6.6, 9.9, 9.7, 55.2, 7.3, 9.5, 12.8, 7.9, 16.0, 16.8]
    print("average = ",proc(arr))
```

第 2 题（共 **6** 分）

【要求】

（1）打开 T 盘中的文件 myf1.py，按以下程序功能完善文件中的程序，只补充下画线部分的程序，请勿改动程序的其他部分。

（2）修改后的源程序仍保存在 T 盘 myf1.py 文件中。

【程序功能】

从键盘输入一组正整数并保存在列表 xx 中，以整数 0 结束输入。完善函数 proc()，该函数的功能是从列表中找出十位和百位的数字之和大于 5 的所有正整数，结果保存到 myf.out 文件中。

【测试数据与运行结果】

测试数据：

```
134
58
3456
238
567
0
```

保存到文件的数据：

```
[3456, 567]
```

【待完善的源程序】

```python
def proc(xx):
    yy = []
    for num in xx:
        g = _____(3)_____
        s = num//10 % 10
        if g + s > 5:
            yy.append(num)
    return yy


if __name__ == "__main__":
    xx = []
    print("Please input numbers:\n")
    while True:
        n = int(input())
        if n == 0:
            break
        else:
            xx.append(n)
    with open("T:\\myf.out", ____(4)____) as fp:
        fp.writelines(repr(proc(xx)))
```

2. 改错（共 16 分，每个错 4 分）

【要求】

（1）打开 T 盘中的文件 myf2.py，按以下程序功能改正文件中程序的错误。

（2）可以修改语句中的一部分内容，调整语句次序，增加少量的变量赋值或模块导入命令，但不能增加其他语句，也不能删去整条语句。

（3）修改后的源程序仍保存在 T 盘 myf2.py 中。

【程序功能】

下列给定程序中函数 proc() 的功能是将正整数 m 的各位上的数字按照从小到大的顺序重新排列从而构造一个新的数字。例如，输入"947821"，则输出应该是"124789"。

【测试数据与运行结果】

测试数据：

```
Please input a number: 947821
```

屏幕输出：

```
The new number is: 124789
```

【含有错误的源程序】

```python
def proc(n):
    xx = []
    yy = 0
    while True:
        if n != 0:
            xx.append(n//10)
        n = n//10
        if n == 0:
            continue
    sort(xx)
    for i in xx:
        yy = yy + i
    return yy


if __name__ == "__main__":
    print("Please input a number:")
    n = int(input())
    print("The new number is:", proc(n))
```

3. 编程（共 22 分）

第 1 题（共 8 分）

【要求】

打开 T 盘中的文件 myf3.py，在其中输入所编写的程序。

【程序功能】

统计给定的字符串中各个单词出现的次数，要求在屏幕上输出单词及单词出现的次数。

【编程要求】

尽量使用 Python 标准库中的函数来实现本程序功能。

【测试数据与运行结果】

测试数据：

str1 = "Python C++Java VB Java Foxpro Python Java"

屏幕输出（顺序可不一致）：

Python 2
C++1
Java 3
VB 1
Foxpro 1

第 2 题（共 14 分）

【要求】

打开 T 盘中的文件 myf4.py,在其中输入所编写的程序。

【程序功能】

从键盘上输入两个正整数,编写程序输出两个数之间存在的所有素数的平方和。

【编程要求】

(1) 编写函数 isprime(x),函数功能为判断整数 x 是否是素数,如果是则返回 True,否则返回 False。

(2) 编写函数 func(a,b),返回 a 和 b 之间(不包含 a 和 b)的所有素数。

(3) 在主函数中调用以上函数,求 a 和 b 之间所有素数的平方和。

(4) 输出格式不限,但至少要输出满足条件的素数和素数的平方和。

【测试数据与运行结果】

测试数据：

20 30

屏幕输出：

23 * 23 + 29 * 29 = 1370

测试数据：

2 10

屏幕输出：

3 * 3 + 5 * 5 + 7 * 7 = 83

参考答案：

一、选择题

1. B   2. D   3. C   4. A   5. C

二、填空题

(1) 3   (2) 9   (3) 8   (4) earth. mars. venus   (5) you

(6) 3   (7) 1,2,3,4   (8) 3,4   (9) 5   (10) 323232

三、操作题

1. 完善程序

第 1 题

(1) sum+=i

(2) avg+0.5

第 2 题

(3) num//100%10

(4) "w"

2. 改错

```
def proc(n):
    xx = []
    yy = 0
    while True:
        if n!= 0:
            xx.append(n % 10)
        n = n//10
        if n == 0:
            break
    xx.sort()
    for i in xx:
        yy = yy * 10 + i
    return yy


if __name__ == "__main__":
    print("Please input a number:")
    n = int(input())
    print("The new number is:",proc(n))
```

3. 编程

第 1 题

```
x = "Python C++ Java VB Java Foxpro Python Java"
xx = x.split()
set_xx = set(xx)
for item in set_xx:
    count = xx.count(item)
    print(item,count)
```

第 2 题

```
import math
def isprime(x):
    if x == 1:
        return False
    k = int(math.sqrt(x))
    for j in range(2,k + 1):
        if x % j == 0:
            return False
```

```python
        return True

def func(a, b):
    x = []
    for i in range(a + 1, b):
        if isprime(i):
            x.append(i)
    return x

if __name__ == "__main__":
    sum = 0
    yy = []
    a, b = input().split()
    results = func(int(a), int(b))
    for n in results:
        sum += n * n
        yy.append(str(n) + " * " + str(n))
    print(" + ".join(yy) + " = " + str(sum))
```

图书资源支持

感谢您一直以来对清华版图书的支持和爱护。为了配合本书的使用,本书提供配套的资源,有需求的读者请扫描下方的"书圈"微信公众号二维码,在图书专区下载,也可以拨打电话或发送电子邮件咨询。

如果您在使用本书的过程中遇到了什么问题,或者有相关图书出版计划,也请您发邮件告诉我们,以便我们更好地为您服务。

我们的联系方式:

地　　址:北京市海淀区双清路学研大厦 A 座 714

邮　　编:100084

电　　话:010-83470236　　010-83470237

客服邮箱:2301891038@qq.com

QQ:2301891038(请写明您的单位和姓名)

- -

资源下载:关注公众号"书圈"下载配套资源。

资源下载、样书申请

书 圈

获取最新书目

观看课程直播

目　　录

第1章

一、选择题

1. Python 语言属于_____。
   A. 机器语言　　　　　B. 汇编语言　　　　　C. 高级语言　　　　　D. 以上都不是
2. 下列选项中,不属于 Python 特点的是_____。
   A. 面向对象　　　　　B. 运行效率高　　　　C. 可移植性　　　　　D. 免费和开源
3. 下列选项中,_____实现是最常用的 Python 版本,也称之为 ClassicPython。
   A. CPython　　　　　B. Jython　　　　　　C. IronPython　　　　D. PyPy
4. Python 内置的集成开发工具是_____。
   A. PythonWin　　　　B. Pydev　　　　　　C. IDE　　　　　　　D. IDLE
5. Python 解释器的提示符为_____。
   A. >　　　　　　　　B. >>　　　　　　　C. >>>　　　　　　　D. ♯
6. Python 解释器环境中,用于表示上一次运算结果的特殊变量为_____。
   A. :　　　　　　　　B. _　　　　　　　　C. >　　　　　　　　D. ♯
7. _____是 Python 官方的扩展库索引,所有人都可以下载第三方库或上传自己开发的库到其中。
   A. PyPI　　　　　　　B. PyPy　　　　　　C. Pydev　　　　　　D. pip
8. 以下程序设计语言中,Prolog 属于_____的编程语言。
   A. 面向过程　　　　　B. 面向对象　　　　　C. 函数式　　　　　　D. 逻辑式
9. 以下程序设计语言中,Java、C♯、C++等属于_____的编程语言。
   A. 面向过程　　　　　B. 面向对象　　　　　C. 函数式　　　　　　D. 逻辑式
10. 以下程序设计语言中,C 语言属于_____的编程语言。
    A. 面向过程　　　　　B. 面向对象　　　　　C. 函数式　　　　　　D. 逻辑式
11. 以下程序设计语言中,_____属于脚本语言。
    A. Python　　　　　　B. Java　　　　　　　C. C++　　　　　　　D. C♯
12. 在 Python 解释器中交互式执行 Python 代码的过程一般称为_____。
    A. FIFO　　　　　　　B. REPT　　　　　　C. IPO　　　　　　　D. REPL
13. 在 Python 解释器中同时运行多个以逗号分隔的表达式,返回结果为_____。
    A. 列表　　　　　　　　　　　　　　　　B. 元组
    C. 逗号分隔的结果　　　　　　　　　　　D. 空格分隔的结果

二、填空题

1. Python 语言是一种解释型、面向_____的计算机程序设计语言。
2. 用户编写的 Python 程序(避免使用依赖于系统的特性),无须修改就可以在任何支持 Python 的平台上运行,这是 Python 的_____特性。
3. Python 3.4 以后的版本中,_____库用于安装管理 Python 扩展包,_____库用于发布 Python 包。

— 1 —

4. 要关闭 Python 解释器，可以使用＿＿＿＿＿＿＿＿命令或者快捷键＿＿＿＿＿＿＿＿。

5. 在 Python 内置集成开发环境 IDLE 中，可以使用快捷键＿＿＿＿＿＿＿＿，运行当前打开的源代码程序。

6. Python 注释以符号＿＿＿＿＿＿＿＿开始，到行尾结束。

7. 在 Python 程序中导入 sys 模块后，可以通过列表＿＿＿＿＿＿＿＿访问命令行参数。＿＿＿＿＿＿＿＿表示 Python 脚本名；＿＿＿＿＿＿＿＿表示第一个参数。

8. 在 Python 解释器中使用＿＿＿＿＿＿＿＿函数可以进入帮助系统；输入＿＿＿＿＿＿＿＿命令，可以退出帮助系统。

9. Python 程序打包和发布最常用的是第三方的扩展包＿＿＿＿＿＿＿＿，它是用于将 Python 源代码生成直接运行的程序。

10. 编程语言分为低级语言和高级语言两类，其中，机器语言和汇编语言属于＿＿＿＿＿＿＿＿，Python 属于＿＿＿＿＿＿＿＿。

11. 结构化程序设计通常采用＿＿＿＿＿＿＿＿、＿＿＿＿＿＿＿＿的程序设计方法。

12. 计算思维的本质是＿＿＿＿＿＿＿＿和＿＿＿＿＿＿＿＿。

13. 将源代码转换成机器语言一般有以下两种转换方法：＿＿＿＿＿＿＿＿和＿＿＿＿＿＿＿＿。

14. 高级编程语言根据执行机制不同可以分成静态语言和脚本语言两类。采用编译方式执行的语言属于＿＿＿＿＿＿＿＿，采用解释方式执行的语言属于＿＿＿＿＿＿＿＿。

15. 高级编程语言根据执行的机制不同可以分成静态语言和脚本语言两类。C、C++、C♯、Java 等程序设计语言属于＿＿＿＿＿＿＿＿，Python 程序设计语言属于＿＿＿＿＿＿＿＿。

16. 利用 pip 命令查看 pip 常用帮助信息的选项是＿＿＿＿＿＿＿＿。

17. 开发和运行 Python 程序一般包括＿＿＿＿＿＿＿＿和＿＿＿＿＿＿＿＿两种方式。

三、思考题

1. 简述 Python 语言的主要特点。

2. 简述 Python 语言的应用范围。

3. 简述 Python 2 和 Python 3 的主要区别。

4. Python 语言包括哪些实现？

5. Python 语言主要包括哪些集成开发环境？

6. 简述下载和安装 Python 的主要步骤。

7. 请问如何安装和管理 Python 扩展包？

8. 什么是 Python 解释器？如何使用 Python 解释器交互式测试 Python 代码？

9. Python 解释器环境中的特殊变量"_"表示什么含义？

10. 什么是 Python 源代码程序？如何运行 Python 源代码程序？

11. 如何使用文本编辑器和命令行编写和执行 Python 源文件？

12. 如何使用 Python 内置集成开发环境 IDLE 编写和运行 Python 源文件？

13. 如何使用 Python 交互式帮助系统获取相关资源？

14. 如何使用 Python 文档以获取 Python 语言及标准库的详细参考信息？

第 2 章

一、选择题

1. 在 Python 中,合法的标识符是_____。
   A. _   B. 3C   C. it's   D. str

2. Python 表达式中,可以使用_____控制运算的优先顺序。
   A. 圆括号()   B. 方括号[]   C. 花括号{}   D. 尖括号<>

3. 下列 Python 语句中,非法的是_____。
   A. x = y = 1   B. x = (y = 1)   C. x, y = y, x   D. x = 1;y=1

4. 以下 Python 注释代码,不正确的是_____。
   A. ♯ Python 注释代码
   B. ♯Python 注释代码 1 ♯Python 注释代码 2
   C. """ Python 文档注释"""
   D. // Python 注释代码

5. 关系式 'a'≤aChar≤'z'表示成正确的 Python 表达式为_____。
   A. 'a'<=aChar && aChar <= 'z'   B. 'a'<=aChar and aChar <= 'z'
   C. 'a'<=aChar & aChar <= 'z'   D. aChar >= 'a' or aChar <= 'z'

6. 在 Python 中,正确的赋值语句为_____。
   A. x+y=10   B. x=2y   C. x=y=30   D. 3y=x+1

7. 为了给整型变量 x、y、z 赋初值 10,下面正确的 Python 赋值语句是_____。
   A. xyz=10   B. x=10 y=10 z=10
   C. x=y=z=10   D. x=10,y=10,z=10

8. 为了给整型变量 x、y、z 赋初值 5,下面正确的 Python 赋值语句是_____。
   A. x=5;y=5;z=5   B. xyz=5
   C. x,y,z=5   D. x=5,y=5,z=5

9. 已知 x = 2 并且 y = 3,复合赋值语句 x *= y + 5 执行后,x 变量中的值是_____。
   A. 11   B. 16   C. 13   D. 26

10. 整型变量 x 中存放了一个两位数,要将这个两位数的个位数字和十位数字交换位置,例如,13 变成 31,正确的 Python 表达式是_____。
    A. (x % 10) * 10 + x // 10   B. (x % 10) // 10 + x // 10
    C. (x / 10) % 10 + x // 10   D. (x % 10) * 10 + x % 10

11. 与数学表达式 $\frac{cd}{2ab}$ 对应的 Python 表达式中,不正确的是_____。
    A. c * d/(2 * a * b) B. c/2 * d/a/b
    C. c * d/2 * a * b   D. c * d/2/a/b

12. 下面 Python 代码的运行结果是_____。

— 3 —

```
a = 10.99
print(complex(a))
```

    A. (10.99+0j)   B. 10.99+j   C. 10.99   D. 0.99

13. 下列数据类型中,Python 不支持的是_____。

    A. char   B. int   C. float   D. list

14. Python 语句"print(type(1J))"的运行结果是_____。

    A. < class 'complex'>   B. < class 'int'>

    C. < class 'float'>   D. < class 'dict'>

15. Python 语句"print(type(1/2))"的运行结果是_____。

    A. < class 'int'>   B. < class 'number'>

    C. < class 'float'>   D. < class 'double'>

16. Python 语句"print(type(1//2))"的运行结果是_____。

    A. < class 'int'>   B. < class 'number'>

    C. < class 'float'>   D. < class 'double'>

17. Python 语句序列"a=121+1.21;print(type(a))"的运行结果是_____。

    A. < class 'int'>   B. < class 'float'>

    C. < class 'double'>   D. < class 'long'>

18. Python 语句"print(0xA + 0xB)"的运行结果是_____。

    A. 0xA + 0xB   B. A + B   C. 0xA0xB   D. 21

19. Python 语句序列"x='car';y=2;print(x+y)"的运行结果是_____。

    A. 语法错   B. 2   C. 'car2'   D. 'carcar'

20. Python 表达式 sqrt(4) * sqrt(9)的值为_____。

    A. 36.0   B. 1296.0   C. 13.0   D. 6.0

21. 关于 Python 中的复数,下列说法错误的是_____。

    A. 表示复数的语法是 real+ image j

    B. 实部和虚部都是浮点数

    C. 虚部必须后缀 j,且必须是小写

    D. 方法 conjugate 返回复数的共轭复数

22. Python 语句"print(chr(65))"的运行结果是_____。

    A. 65   B. 6   C. 5   D. A

23. 关于 Python 字符串,下列说法错误的是_____。

    A. 字符即长度为 1 的字符串

    B. 字符串以\0 标志字符串的结束

    C. 用户既可以用单引号,也可以用双引号创建字符串

    D. 在三引号字符串中可以包含换行回车等特殊字符

二、填空题

1. Python 语句分为_____语句和复合语句。

2. Python 使用_____格式划分语句块。

3. Python 中如果语句太长，可以使用_____作为续行符。

4. Python 中在一行书写两条语句时，语句之间可以使用_____作为分隔符。

5. Python 使用符号_____标示注释。

6. 在 Python 中要表示一个空的代码块，可以使用空语句_____。

7. 计算 $2^{32}-1$ 的 Python 表达式可以书写为_____。

8. Python 表达式 4.5/2、4.5//2 和 4.5%2 的值分别为_____。

9. Python 表达式 12/4−2+5 * 8/4%5/2 的值为_____。

10. Python 大部分对象均为不可变对象，例如_____等。_____等则为可变对象。

11. Python 提供了两个对象身份比较运算符_____和_____来测试两个变量是否指向同一个对象；通过内置函数_____来测试对象的类型；通过_____运算符判断两个变量指向的对象的值是否相同。

12. Python 语句序列"a,b=3,4;a,b = b,a;print(a,b)"的运行结果是_____。

13. Python 四种内置的数值类型为：_____。

14. Python 内置的序列数据类型包括：_____。

15. Python 表达式 10 + 5 // 3−True+False 的值为_____。

16. Python 表达式 3 ** 2 ** 3 的值为_____。

17. Python 表达式 17.0 / 3 ** 2 的值为_____。

18. Python 表达式 0 and 1 or not 2 < True 的值为_____。

19. Python 语句"print(pow(−3, 2), round(18.67, 1) , round(18.67, −1))"的运行结果是_____。

20. Python 语句"print(round(123.84,0), round(123.84,−2), floor(15.5))"的运行结果是_____。

21. Python 语句"print(int('20', 16), int('101', 2))"的运行结果是_____。

22. Python 语句"print(hex(16), bin(10))"的运行结果是_____。

23. Python 语句"print(2.5.as_integer_ratio())"的运行结果是_____。

24. Python 语句"print(float.as_integer_ratio(1.5))"的运行结果是_____。

25. Python 语句"print(gcd(12, 16),divmod(7,3))"的运行结果是_____。

26. Python 语句"print((2 − 3j).conjugate() * complex(2, 3))"的运行结果是_____。

27. Python 语句"print(sum((1, 2, 3)), sum((1, 2, 3), 10))"的运行结果是_____。

28. Python 语句"print(abs(−3.2), abs(1−2j))"的运行结果是_____。

29. Python 的标准随机数生成器模块是_____。

30. 数学表达式 $\sin 15° + \dfrac{e^x - 5x}{\sqrt{x^2+1}} - \ln(3x)$ 的 Python 表达式为：_____。

31. 数学表达式 $\dfrac{\dfrac{1}{2}cd}{\dfrac{c+d}{a+b} - \dfrac{4\pi}{c-d}}$ 的 Python 表达式为：_____。

32. Python 的内置字典数据类型为_____。

33. Python 语句序列"x＝True；y＝False；z＝False；print(x or y and z)；"的运行结果是_____。

34. Python 语句序列"x＝0；y＝True；print(x＞＝y and 'A'<'B')；"的运行结果是_____。

35. 在直角坐标系中，x、y 是坐标系中任意点的位置，用 x 和 y 表示第一象限或者第二象限的 Python 表达式为_____。

36. 判断整数 i 能否同时被 3 和 5 整除的 Python 表达式为_____。

37. 已知"a＝3；b＝5；c＝6；d＝True"，则表达式 not d or a ＞＝0 and a＋c＞b＋3 的值是_____。

38. Python 表达式 16-2 * 5＞7 * 8/2 or "XYZ"！＝"xyz" and not(10-6＞18/2)的值为_____。

39. 执行下列 Python 语句将产生的结果是_____。

```
m = True;n = False;p = True
b1 = m | n ^ p; b2 = n | m ^ p
print(b1,b2)
```

40. Python 语句"print(chr(ord('B')))"的运行结果是_____。

41. Python 语句"print("hello" 'world')"的运行结果是_____。

三、思考题

1. Python 语句的主要作用是什么？Python 主要包含哪些语句？

2. Python 中 pass 语句的作用是什么？

3. Python 中 type(1)的含义是什么？

4. Python 中有哪几种注释方式？

5. Python 语句的主要书写规则是什么？

6. Python 表达式遵循哪些主要的书写规则？

7. 假设有 a＝10，写出下面表达式运算后 a 的值：

(1) a ＋＝ a   (2) a －＝ 2   (3) a * ＝ 2 ＋ 3

(4) a /＝ 2 ＋ 3   (5) a ％＝ a － a ％ 4   (6) a //＝ a － 3

8. 当运行测试输入 6789 时，写出下面 Python 程序的运行结果。

```
num = int(input("请输入一个整数: "))
while (num != 0):
        print(num % 10,end = ' ')
        num = num // 10
```

9. 下列 Python 语句的运行结果是_____。

```
def f(): pass
print(type(f()))
```

10. 下列 Python 语句的运行结果是_____。

```
x = y = [1, 2]; x.append(3)
```

```
print(x is y, x == y,end = '')
z = [1, 2, 3]
print(x is z,x == z,y == z)
```

11. 阅读下面 Python 程序,请问运行结果是什么?

```
from decimal import *
ctx = getcontext(); ctx.prec = 2;print(Decimal('1.78'))
print(Decimal('1.78') + 0);ctx.rounding = ROUND_UP
print(Decimal('1.65') + 0); print(Decimal('1.62') + 0); print(Decimal('-1.45') + 0)
print(Decimal('-1.42') + 0); ctx.rounding = ROUND_HALF_UP
print(Decimal('1.65') + 0);print(Decimal('1.62') + 0); print(Decimal('-1.45') + 0)
ctx.rounding = ROUND_HALF_DOWN; print(Decimal('1.65') + 0);print(Decimal('-1.45') + 0)
```

12. 阅读下面 Python 语句,请问运行结果是什么?程序的功能是什么?

```
import random
a = random.randint(100,999)      # 随机产生一个 3 位整数
b = (a % 10) * 100 + (a // 10 % 10) * 10 + a // 100
print("原数 = ", a,",变换后 = ", b)
```

13. 阅读下面 Python 语句,请问运行结果是什么?程序的功能是什么?

```
aInt = int(input('请输入一个三位数: '))
a, b = divmod(aInt, 100)
b, c = divmod(b, 10)
print(a, b, c)
```

14. 下列 Python 语句的运行结果是_____。

```
print("数量{0},单价{1}".format(100, 285.6))
print(str.format("数量{0},单价{1:3.2f}", 100, 285.6))
print("数量%4d,单价%3.3f" % (100, 285.6))
```

15. 下列 Python 语句的运行结果是_____。

```
print("1".rjust(20," "))
print(format("121", " > 20"))
print(format("12321", " > 20"))
```

16. 下列 Python 语句的运行结果是_____。

```
x = False; y = True; z = False
if x or y and z: print("yes")
else: print("no")
```

17. 下列 Python 语句的运行结果是_____。

```
x = True; y = False; z = True;
if not x or y: print(1)
elif not x or not y and z: print(2)
elif not x or y or not y and x: print(3)
else: print(4)
```

18. 阅读下面 Python 程序，请问运行结果是什么？

```
print(1 or 2, 0 or 2, False or True, True or False, False or 2, sep = '')
print(1 and 2, 0 and 2, False and 2, True and 2, False and True, sep = '')
```

19. 阅读下面 Python 程序，请问运行结果是什么？

```
print("T", end = '') ifnot 0 else print('F', end = '')
print("T", end = '') if 6 else print('F', end = '')
print("T", end = '') if "" else print('F', end = '')
print("T", end = '') if "abc" else print('F', end = '')
print("T", end = '') if () else print('F', end = '')
print("T", end = '') if (1,2) else print('F', end = '')
print("T", end = '') if [] else print('F', end = '')
print("T", end = '') if [1,2] else print('F', end = '')
print("T", end = '') if {} else print('F', end = '')
print("T", end = '') if {1,2} else print('F', end = '')
```

20. 阅读下面 Python 程序，请问绘制的图形是什么？

```
import turtle as t
for i in range(1,5):
    t.fd(50)
    t.left(90)
```

第3章

一、选择题

1. 下面 Python 循环体执行的次数与其他不同的是＿＿＿＿＿＿＿。

    A. i ＝ 0

        while(i <=10)：

            print(i)

            i ＝ i ＋ 1

    B. i ＝ 10

        while(i > 0)：

            print(i)

            i＝ i － 1

    C. for i in range(10)：

            print(i)

    D. for i in range(10，0，－1)：

            print(i)

2. 执行下列 Python 语句将产生的结果是＿＿＿＿＿＿＿。

```
x = 2; y = 2.0
if(x == y)：print("Equal")
else: print("Not Equal")
```

    A. Equal   B. Not Equal   C. 编译错误   D. 运行时错误

3. 执行下列 Python 语句将产生的结果是＿＿＿＿＿＿＿。

```
i = 1
if (i): print (True)
else: print (False)
```

    A. 输出 1   B. 输出 True   C. 输出 False   D. 编译错误

4. 用 if 语句表示如下分段函数 f(x)，下面不正确的程序是＿＿＿＿＿＿＿。

$$f(x) = \begin{cases} 2x＋1 & x \geqslant 1 \\ 3x/(x－1) & x < 1 \end{cases}$$

    A. if(x>=1)：f＝2 * x＋1

        f＝3 * x/(x－1)

    B. if (x>=1)：f＝2 * x＋1

        if (x<1)：f＝3 * x/(x－1)

    C. f＝2 * x＋1

        if (x<1)：f＝3 * x/(x－1)

    D. if (x<1)：f＝3 * x/(x－1)

        else：f＝2 * x＋1

5. 下面 if 语句统计满足"性别(gender)为男、职称(rank)为教授、年龄(age)小于 40 岁"条件的人数，正确的语句为＿＿＿＿＿＿＿。

    A. if (gender ＝＝ "男" or age < 40 and rank ＝＝ "教授")：n＋＝1

    B. if (gender ＝＝"男" and age < 40 and rank＝＝"教授")：n＋＝1

    C. if (gender ＝＝"男" and age < 40 or rank＝＝"教授")：n＋＝1

    D. if (gender ＝＝"男" or age < 40 or rank＝＝"教授")：n＋＝1

6. 下面程序段求两个数 x 和 y 中的大数，＿＿＿＿＿＿＿是不正确的。

    A. maxNum＝ x if x > y else y

    B. maxNum＝math. max(x,y)

    C. if (x > y)：maxNum＝x

    D. if (y >＝x)：maxNum＝y

7. 下面 if 语句统计"成绩（score）优秀的男生以及不及格的男生"的人数，正确的语句为_____。

    A. if（gender＝＝"男" and score＜60 or score＞＝90）：n＋＝1

    B. if（gender ＝＝"男" and score＜60 and score＞＝90）：n＋＝1

    C. if（gender ＝＝"男" and （score＜60 or score＞＝90））：n＋＝1

    D. if（gender ＝＝"男" or score＜60 or score＞＝90）：n＋＝1

8. 用 if 语句表示如下分段函数：

$$y = \begin{cases} x^2 - 2x + 3 & x < 1 \\ \sqrt{x-1} & x >= 1 \end{cases}$$

下面不正确的程序段为_____。

    A. if(x＜1)：y＝x＊x－2＊x＋3   B. if(x＜1)：y＝x＊x－2＊x＋3

        else：y＝math. sqrt(x－1)   y＝math. sqrt(x－1)

    C. y＝x＊x－2＊x＋3   D. if(x＜1)：y＝x＊x－2＊x＋3

        if(x＞＝1)：y＝math. sqrt(x－1)   if(x＞＝1)：y＝math. sqrt(x－1)

9. 以下 for 语句结构中，_____不能完成 1～10 的累加功能。

    A. for i in range(10,0)：total ＋＝ i

    B. for i in range(1,11)：total ＋＝ i

    C. for i in range(10,0,－1)：total ＋＝ i

    D. for i in (10,9,8,7,6,5,4,3,2,1)：total ＋＝ i

10. 如果 Python 程序中没有导入相关的模块（例如，import random、import math）时，解释器将在运行时抛出_____错误。

    A. 语法   B. 运行时   C. 逻辑   D. 不报错

11. 如果 Python 程序中包括零除运算，解释器将在运行时抛出_____错误信息。

    A. NameError   B. FileNotFoundError

    C. SyntaxError   D. ZeroDivisionError

12. 如果 Python 程序中试图打开不存在的文件，解释器将在运行时抛出_____错误信息。

    A. NameError   B. FileNotFoundError

    C. SyntaxError   D. ZeroDivisionError

13. Python 程序中对于表达式 123 ＋ 'xyz'，解释器将抛出_____错误信息。

    A. NameError   B. FileNotFoundError

    C. SyntaxError   D. TypeError

14. Python 程序中假设列表 s＝［1,2,3］，如果语句中使用 s［3］，则解释器将抛出_____错误信息。

    A. NameError   B. IndexError   C. SyntaxError   D. TypeError

15. Python 程序中假设字典 d＝{'1':'male', '2':'female'}，如果语句中使用 d［3］，则解释器将抛出_____错误信息。

A. NameError   B. IndexError   C. KeyError   D. TypeError

16. 以下关于异常处理 try 语句块的说法,不正确的是_____。

    A. finally 语句中的代码段始终要保证被执行

    B. 一个 try 块后接一个或多个 except 块

    C. 一个 try 块后接一个或多个 finally 块

    D. try 块必须与 except 或 finally 块一起使用

二、填空题

1. 迭代器是一个对象,表示可迭代的数据集合,包括方法_____和_____,可实现迭代功能。

2. 在 Python 无穷循环"while True:"的循环体中,可以使用_____语句退出循环。

3. Python 语句"for i in range(1,21,5): print(i, end=' ')"的运行结果是_____。

4. Python 语句"for i in range(10,1,−2): print(i, end=' ')"的运行结果是_____。

5. 循环语句"for i in range(−3,21,4)"的循环次数为_____。

6. 要使语句"for i in range(_,−4,−2)"循环执行 15 次,则循环变量 i 的初值应当为_____。

7. 执行下列 Python 语句后的运行结果是_____,循环执行了_____次。

```
i = −1;
while (i < 0): i * = i
print(i)
```

8. Python 语言采用结构化的异常处理机制。在程序运行过程中,如果产生错误,则抛出异常;通过_____语句来定义代码块,以运行可能抛出异常的代码;通过_____语句,可以捕获特定的异常并执行相应的处理;通过_____语句,可以保证即使产生异常(处理失败),也可以在事后清理资源等。

9. 在某种特殊条件下,Python 代码中也可以创建一个异常对象,并通过_____语句,抛出给系统运行时处理。

10. 使用关键字_____可以声明断言。

11. Python 解释器有调试模式和优化模式两种运行模式。使用选项_____运行时为优化模式,此时内置只读变量__debug__为_____。

12. 自定义异常类一般继承于_____或其子类。

三、思考题

1. 说明以下 3 个 if 语句的区别:

(1) if (i > 0):

       if (j > 0): n = 1

       else: n = 2

(2) if (i > 0):

       if (j > 0):n = 1

   else: n = 2

(3) if (i > 0): n = 1
    else:
        if (j > 0): n = 2

2. 下列 Python 语句的运行结果为_____。

```python
for i in range(3): print(i, end = ' ')
for i in range(2,5): print(i, end = ' ')
```

3. 阅读下面 Python 程序,请问程序的功能是什么?

```python
import math; n = 0
for m in range(101, 201, 2):
    k = int(math.sqrt(m))
    for i in range(2, k + 2):
        if m % i == 0: break
    if i == k + 1:
        if n % 10 == 0:print()
        print('%d' % m, end = '')
        n += 1
```

4. 阅读下面 Python 程序,请问运行结果是什么?

```python
n = int(input("请输入图形的行数:"))
for i in range(0, n):
    for j in range(0, 10 - i): print(" ",end = '')
    for j in range(0, 2 * i + 1): print(" * ", end = '')
    print("\n")
```

5. 阅读下面 Python 程序,请问运行结果是什么? 程序的功能是什么?

```python
from math import *
print("三位数中所有的水仙花数为:")
for i in range(100,1000):
    n1 = i//100; n2 = (i % 100)//10; n3 = i % 10
    if(pow(n1,3) + pow(n2,3) + pow(n3,3) == i): print(i, end = '')
```

6. 阅读下面 Python 程序,请问运行结果是什么? 程序的功能是什么?

```python
print("1~1000 之间所有的完数有,其因子为:")
for n in range(1,1001):
    total = 0;j = 0;factors = []
    for i in range(1,n):
        if(n % i == 0):
            factors.append(i); total += i
    if(total == n): print("{0}: {1}".format(n, factors))
```

7. 阅读下面 Python 程序,请问运行结果是什么? 程序的功能是什么?

```python
m = int(input("请输入整数 m: ")); n = int(input("请输入整数 n: "))
while(m!= n):
    if (m > n): m = m - n
    else: n = n - m
print(m)
```

第 4 章

一、选择题

1. Python 语句"print(type(lambda:None))"的运行结果是_____。
   - A. < class 'NoneType'>
   - B. < class 'tuple'>
   - C. < class 'type'>
   - D. < class 'function'>

2. Python 语句序列"f = lambda x,y: x * y; f(12, 34)"的运行结果是_____。
   - A. 12
   - B. 22
   - C. 56
   - D. 408

3. Python 语句序列"f1=lambda x:x * 2; f2= lambda x:x ** 2; print(f1(f2(2)))"的运行结果是_____。
   - A. 2
   - B. 4
   - C. 6
   - D. 8

4. Python 中,若有"def f1(p, ** p2): print(type(p2))",则"f1(1, a=2)"的运行结果是_____。
   - A. < class 'int'>
   - B. < class 'type'>
   - C. < class 'dict'>
   - D. < class 'list'>

5. Python 中,若有"def f1(a,b,c):print(a+b)",则语句序列"nums=(1,2,3);f1(* nums)"的运行结果是_____。
   - A. 语法错
   - B. 6
   - C. 3
   - D. 1

二、填空题

1. Python 表达式 eval("5 / 2 + 5 % 2 + 5//2")的结果是_____。

2. 如果要为定义在函数外的全局变量赋值,可以使用_____语句,表明变量是在外面定义的全局变量。

3. 变量按其作用域大致可以分为_____、_____和_____。

4. Python 的 sys 模块中,函数_____和_____分别用于获取和设置最大递归次数。

5. 在 Python 中,使用内置函数_____和_____,可以查看并输出局部变量和全局变量列表。

三、思考题

1. Python 如何定义一个函数?

2. 什么是 lambda 函数?

3. 什么是递归函数? 在递归函数使用过程中,为什么需要设置终止条件?

4. 下列 Python 语句的运行结果是_____。

```
d = lambda p: p * 2; t = lambda p: p * 3
x = 2;x = d(x);x = t(x);x = d(x);print(x)
```

5. 下列 Python 语句的运行结果是_____。

```
i = map(lambda x: x ** 2, (1, 2, 3))
for t in i: print(t, end = '')
```

6. 下列 Python 语句的运行结果是_____。

```python
def f1():
    "simple function"
    pass
print(f1.__doc__)
```

7. 下列 Python 语句的运行结果是_____。

```python
counter = 1;num = 0
def TestVariable():
    global counter
    for i in (1, 2, 3): counter += 1
    num = 10
TestVariable(); print(counter,num)
```

8. 下面 Python 程序的功能是什么？运行结果是什么？

```python
def f(a, b):
    if b == 0: print(a)
    else: f(b, a % b)
print(f(9,6))
```

9. 下列 Python 语句的运行结果是_____。

```python
def aFunction():
    "精诚所至,金石为开"
    return 1
print(aFunction.__doc__[5:10])
```

10. 下列 Python 语句的运行结果是_____。

```python
def judge(param1, * param2):
    print(type(param2))
    print(param2)
judge(1, 2, 3, 4, 5)
```

11. 下列 Python 语句的运行结果是_____。

```python
def judge(param1, ** param2):
    print(type(param2))
    print(param2)
judge(1, a = 2, b = 3, c = 4, d = 5)
```

12. 阅读下面 Python 语句,请问如果输入 278,则输出结果是什么？程序的功能是什么？

```python
aInt = input('请输入一个三位数：')
a, b, c = map(int,aInt)
print(a, b, c)
```

13. 阅读下面 Python 语句,请问如果输入"3 4 90",则输出结果是什么？程序的功能是什么？

```python
import math
x = input('输入两边长及夹角(度)：')
```

```
a, b,alpha = map(float, x.split())
c = math.sqrt(a ** 2 + b ** 2 - 2 * a * b * math.cos(alpha * math.pi/180))
print(c)
```

14. 阅读下面 Python 程序，请问绘制的图形是什么？

```
import turtle as t
def DrawCctCircle(n):
    t.penup()
    t.goto(0, - n)
    t.pendown()
    t.circle(n)
for i in range(20,80,20):
    DrawCctCircle(i)
```

第 5 章

一、选择题

1. Python 语句"print(type([1，2，3，4]))"的运行结果是_____。
   A. < class 'tuple'>   B. < class 'dict'>
   C. < class 'set'>   D. < class 'list'>

2. Python 语句"print(type((1，2，3，4)))"的运行结果是_____。
   A. < class 'tuple'>   B. < class 'dict'>
   C. < class 'set'>   D. < class 'list'>

3. Python 语句"print(type({1，2，3，4}))"的运行结果是_____。
   A. < class 'tuple'>   B. < class 'dict'>
   C. < class 'set'>   D. < class 'list'>

4. Python 语句序列"a = (1,2,3,None,(),[],)；print(len(a))；"的运行结果是_____。
   A. 4   B. 5   C. 6   D. 7

5. Python 语句序列"nums = set([1,2,2,3,3,3,4])；print(len(nums))；"的运行结果是_____。
   A. 1   B. 2   C. 4   D. 7

6. Python 语句序列"s= 'hello'；print(s[1:3])；"的运行结果是_____。
   A. hel   B. he   C. ell   D. el

7. Python 语句序列"s1=[4,5,6]；s2=s1；s1[1]=0；print(s2)；"的运行结果是_____。
   A. [4,5,6]   B. [0,5,6]   C. [4,0,6]   D. 以上都不对

8. Python 语句序列"d={1:'a',2:'b',3:'c'}；print(len(d))；"的运行结果是_____。
   A. 0   B. 1   C. 3   D. 6

9. Python 语句序列"a = [1,2,3,None,(),[],]；print(len(a))；"的运行结果是_____。
   A. 语法错   B. 4   C. 5   D. 6

10. Python 语句序列"s={'a',1,'b',2}；print(s['b'])；"的运行结果是_____。
    A. 语法错   B. 'b'   C. 1   D. 2

11. Python 语句"print(type({}))"的运行结果是_____。
    A. < class 'tuple'>   B. < class 'dict'>
    C. < class 'set'>   D. < class 'list'>

12. Python 语句"print(type([]))"的运行结果是_____。
    A. < class 'tuple'>   B. < class 'dict'>
    C. < class 'set'>   D. < class 'list'>

13. Python 语句"print(type(()))"的运行结果是_____。

A. < class 'tuple'>   B. < class 'dict'>

C. < class 'set'>   D. < class 'list'>

14. 以下不能创建字典的 Python 语句是_____。

     A. dict1 = {}   B. dict2 = {2:6}

     C. dict3 = {[1,2,3]: "users"}   D. dict4 = {(1,2,3): "users"}

15. 以下不能创建字典的 Python 语句是_____。

     A. dict1 = {}   B. dict2 = {1:8}

     C. dict3 = dict([2,4],[3,6])   D. dict4 = dict(([2,4],[3,6]))

16. Python 语句序列"ss= list(set("banana")); ss. sort();print(ss)"的运行结果是_____。

     A. ['n', 'b', 'a']   B. ['a', 'b', 'n']

     C. ['b','a', 'n', 'a', 'n', 'a']   D. ['a','a', 'a', 'b', 'n', 'n']

17. 假设将单词保存在变量 words 中,使用一个字典类型 counts={},统计单词出现的次数可以采用以下_____代码。

     A. counts[words] = counts[words] + 1

     B. counts[words] = 1

     C. counts[words] = counts. get(words,1) + 1

     D. counts[words] = counts. get(words,0) + 1

二、填空题

1. Python 语句序列"fruits=['apple','banana','pear'];print(fruits[−1][−1]);"的运行结果是_____。

2. Python 语句序列"fruits=['apple','banana','pear'];print(fruits. index('apple'));"的运行结果是_____。

3. Python 语句序列"fruits=['apple','banana','pear'];print('Apple' in fruits);"的运行结果是_____。

4. Python 语句"print(sum(range(10)))"的运行结果是_____。

5. 对长度为 n 的线性表进行顺序查找,在最坏的情况下所需要的比较次数是_____次。

6. Python 语句序列"s = [1, 2, 3, 4];s. append([5,6]);print(len(s));"的运行结果是_____。

7. Python 语句序列"s1=[1,2,3,4];s2=[5,6,7];print(len(s1+s2));"的运行结果是_____。

8. Python 语句序列"print(tuple(range(2)), list(range(2)));"的运行结果是_____。

9. Python 语句序列"print(tuple([1,2,3]), list([1,2,3]));"的运行结果是_____。

10. Python 列表解析表达式[i for i in range(5) if i%2! =0]和[i ** 2 for i in range(3)]的值分别为_____。

11. Python 语句"first, * middles, last = range(6)"执行后,middles 的值为_____;语句"first, second, third, * lasts = range(6)"执行后,lasts 的值为_____;

语句" * firsts, last3, last2, last1 = range(6)"执行后, firsts 的值为_____;语句"first, * middles, last = sorted([86, 85, 99, 88, 60, 95, 96])"执行后, sum(middles)/len(middles)的值为_____。

12. 在 Python 中,设有 s=('a','b','c','d','e'),则 s[2]值为_____;s[2:4]值为_____;s[:3]值为_____;s[3:]值为_____;s[1::2]值为_____;s[-2]值为_____;s[::-1]值为_____;s[-2:-1]值为_____;s[-2:]值为_____;s[-99:-5]值为_____;s[-99:-3]值为_____;s[::]值为_____;s[1:-1]值为_____。

13. 在 Python 中,设有 s=[1,2,3,4,5,6],则 max(s)值为_____;min(s)值为_____;语句序列"s[:1]=[];s[:2]='a';s[2:]='b';s[2:3]=['x','y'];del s[:1]"执行后,s 值为_____。

14. 在 Python 中,设有 s=['a', 'b'],则语句序列"s.append([1,2]); s.extend('34'); s.extend([5,6]); s.insert(1,7); s.insert(10,8); s.pop(); s.remove('b'); s[3:]=[]; s.reverse();"执行后,s 值为_____。

15. Python 语句"print(len({}))"的运行结果是_____。

16. Python 语句序列"d={1:'x',2:'y',3:'z'};del d[1];del d[2];d[1]='A';print(len(d))"的运行结果是_____。

17. Python 语句"print(set([1, 2, 1, 2, 3]))"的运行结果是_____。

18. Python 语句"fruits={'apple':3,'banana':4,'pear':5};fruits['banana']=7;print(sum(fruits.values()))"的运行结果是_____。

19. Python 语句"d1={1:'food'};d2={1:'食品',2:'饮料'};d1.update(d2);print(d1[1])"的运行结果是_____。

20. Python 语句"names = ['Amy', 'Bob', 'Charlie', 'Daling'];print(names[-1][-1])"的运行结果是_____。

21. 在 Python 中,设有 s1={1,2,3}、s2={2,3,5},则 s1.update(s2)、s1.intersection_update(s2)、s1.difference_update(s2)、s1.symmetric_difference_update(s2)、s1.add('x')、s1.remove(1)、s1.discard(3)、s1.clear()分别执行后,s1 的结果分别为_____。

22. 对于如下 Python 程序代码,其运行时间为_____,算法的时间复杂度(增长量级)为_____。

```
for i in range(1,n):
    s = ""
    for j in range(1,n):
        s += str.format("{0:1} * {1:1} = {2:<2} ", i, j, i * j)
    print(s)
```

23. 在 Python 中使用函数_____,可以返回一个内置数据类型 x 在系统中所占用的字节数。

24. 数据结构通常由三个部分组成:数据的_____结构,数据的_____结构和数据的_____结构。

25. 在深度为 7 的满二叉树中,结点个数总共是_____个,叶子结点总个数是

— 18 —

_____个。

三、思考题

1. 阅读下面 Python 语句，请问运行结果是什么？

```
daysOfWeek = ['Monday','Tuesday','Wednesday','Thursday','Friday','Saturday','Sunday']
months = ['Jan','Feb','Mar','Apr','May','Jun','Jul','Aug','Sep','Oct','Nov','Dec']
print("DAYS: % s, MONTHS % s" % (daysOfWeek, months))
```

2. 阅读下面 Python 语句，请问运行结果是什么？

```
names1 = ['Amy', 'Bob', 'Charlie', 'Daling']
names2 = names1; names3 = names1[:]
names2[0] = 'Alice';names3[1] = 'Ben'
sum = 0
for ls in (names1, names2, names3):
    if ls[0] == 'Alice': sum += 1
    if ls[1] == 'Ben': sum += 2
print(sum)
```

3. 阅读下面 Python 语句，请问运行结果是什么？

```
list1 = {};list1[1] = 1;list1['1'] = 3;list1[1] += 2; sum = 0
for k in list1: sum += list1[k]
print(sum)
```

4. 阅读下面 Python 语句，请问运行结果是什么？

```
d = {1:'a', 2:'b', 3:'c'};
del d[1];d[1] = 'x';del d[2];print(d)
```

5. 阅读下面 Python 语句，请问运行结果是什么？

```
item_counter = {}
def addone(item):
    if item in item_counter: item_counter[item] += 1
    else: item_counter[item] = 1
addone('Apple');addone('Pear');addone('apple')
addone('Apple');addone('kiwi');addone('apple')
print(item_counter)
```

6. 阅读下面 Python 语句，请问运行结果是什么？

```
numbers = {};numbers[(1,2,3)] = 1;
numbers[(2,1)] = 2;numbers[(1,2)] = 3; sum = 0
for k in numbers: sum += numbers[k]
print(len(numbers),' ',sum,' ',numbers)
```

7. 阅读下面 Python 语句，请问运行结果是什么？

```
d1 = {'a':1, 'b':2};d2 = d1;d1['a'] = 6
sum = d1['a'] + d2['a']
print(sum)
```

8. 阅读下面 Python 语句,请问运行结果是什么?

```python
d1 = {'a':1, 'b':2};d2 = dict(d1);d1['a'] = 6
sum = d1['a'] + d2['a']
print(sum)
```

9. 下列 Python 语句的运行结果是_____。

```python
from collections import *
m1 = {1:'a', 2:'b'}; m2 = {2:'a', 3:'x', 4:'y'}; m = ChainMap(m1, m2)
print(m.maps,m.parents,m.new_child())
print(m[1],m[3]); m[1] = 'A';m[3] = 'X';print(m)
```

10. 下列 Python 语句的运行结果是_____。

```python
from collections import *
c1 = Counter();print(c1); c2 = Counter('banana');print(c2)
c3 = Counter({'R': 4, 'B': 2});print(c3)
c4 = Counter(birds = 2, cats = 4, dogs = 8);print(c4)
print(c4['flowers'],c4['cats']); print(list(c3.elements()))
print(c4.most_common(2)); c3.subtract('RGB');print(c3)
```

11. 下列 Python 语句的运行结果是_____。

```python
from collections import *
dq = deque(); dq.append('a'); dq.append(2); dq.append('c'); data = iter(dq)
while True:
    try: i = next(data)
    except StopIteration: break
    print(i, end = '')
print(dq.pop(),dq.pop(),dq.pop())
```

12. 下列 Python 语句的运行结果是_____。

```python
from collections import *
dq = deque(); dq.append('a'); dq.append(2); dq.append('c')
print(dq.popleft(),dq.popleft(),dq.popleft())
```

13. 下列 Python 语句的运行结果是_____。

```python
from collections import defaultdict
s = [('r', 3), ('g', 2), ('b', 1)]; dd = defaultdict(int, s); print(dd['b'],dd['w'])
s1 = [('r', 3), ('g', 2), ('b', 1), ('r', 5), ('b', 4)]; dd1 = defaultdict(list)
for k, v in s1: dd1[k].append(v)
print(list(dd1.items()))
```

14. 下列 Python 语句的运行结果是_____。

```python
from collections import *
d = {'red':3,'green':4,'blue':1}; print(d.items(),sorted(d.items()))
od = OrderedDict(sorted(d.items())); print(od.popitem(),od.popitem(False))
```

15. 下列 Python 语句的运行结果是_____。

```
from collections import *
p = namedtuple('Point', ['x', 'y']); p.x = 1; p.y = 2; print(p._fields,p.x,p.y)
t = [10, 20]; p1 = p._make(t);print(p1._asdict())
print(p1._replace(x = 100),p1.x,p1.y)
```

16. 下列 Python 语句的运行结果是_____。

```
import array; arr1 = array.array('i', (1, 2, 3, 4, 5))
arr1[1] = 22; print(arr1,arr1[2:],type(arr1[1]))
del arr1[2:]; print(arr1,arr1.typecode, arr1.itemsize)
```

17. 下列 Python 语句的运行结果是_____。

```
import array; a = array.array('b', (3,2)); a.append(3);a.extend((3,5))
print(a,a.count(3)); a.frombytes(b'A1');a.fromlist([8,9])
print(a,a.index(3));a.insert(0,1);a.pop()
a.remove(2);a.reverse();print(a.tolist())
```

18. 一棵二叉树共有 25 个结点,其中 5 个是叶子结点,则度为 1 的结点数有多少个?

第 6 章

一、选择题

1. 以下关于文件的描述,错误的是_____。
    - A. 二进制文件和文本文件的操作步骤都是"打开-操作-关闭"
    - B. open()打开文件之后,文件的内容并没有在内存中
    - C. open()只能打开一个已经存在的文件
    - D. 文件读写之后,需要调用 close()才能确保文件被保存在磁盘中

2. 以下关于 CSV 文件的描述,错误的选项是_____。
    - A. CSV 文件可用于不同工具间进行数据交换
    - B. CSV 文件格式是一种通用的、相对简单的文件格式,应用于程序之间转移表格数据
    - C. CSV 文件通过多种编码表示字符
    - D. CSV 文件的每一行是一维数据,可以使用 Python 中的列表类型表示

3. 关于 Python 文件的'+'打开模式,以下选项正确的描述是_____。
    - A. 追加写模式
    - B. 与 r/w/a/x 一同使用,在原功能基础上增加同时读写功能
    - C. 只读模式
    - D. 覆盖写模式

4. 以下关于文件的描述错误的选项是_____。
    - A. readlines()函数读入文件内容后返回一个列表,元素划分依据是文本文件中的换行符
    - B. read()一次性读入文本文件的全部内容后,返回一个字符串
    - C. readline()函数读入文本文件的一行,返回一个字符串
    - D. 二进制文件和文本文件都是可以用文本编辑器编辑的文件

5. 以下关于 Python 文件的描述,错误的是_____。
    - A. open()函数的参数处理模式'b'表示以二进制数据处理文件
    - B. open()函数的参数处理模式'+'表示可以对文件进行读和写操作
    - C. readline()函数表示读取文件的下一行,返回一个字符串
    - D. open()函数的参数处理模式'a'表示追加方式打开文件,删除已有内容

6. Python 文件读取方法 read(size)的含义是_____。
    - A. 从头到尾读取文件所有内容
    - B. 从文件中读取一行数据
    - C. 从文件中读取多行数据
    - D. 从文件中读取指定 size 大小的数据,如果 size 为负数或者空,则读取到文件结束

二、填空题

1. Python 语句"print(1,2,3,4,5,sep='-',end='!')"的运行结果是_____。

2. Python 语句"for i in range(10)：print(i, end=' ')"的运行结果是_____。

3. 在 Python 程序中,可以通过列表_____访问命令行参数。_____为 Python 脚本名,_____为第一个参数名,_____为第二个参数名。

4. Python 程序使用_____模块解析命名的命令行参数。

5. 如果在程序运行时,需要提示用户输入密码,则可以使用模块_____,以保证用户输入的密码在控制台中不回显。

6. Python 语言使用_____语句实现上下文管理协议。

7. Python 语言中,使用 sys 模块中的_____、_____和_____,可以查看对应的标准输入、标准输出和标准错误流文件对象。

8. 当键盘输入"3"的时候,以下程序的运行结果是_____。

```
r = float(input("请输入半径："))
area = 3.1415 * r * r
print("{:.0f}".format(area))
```

9. Python 可以使用函数_____打开文件。

10. 文件操作可以使用_____方法关闭流,以释放资源。通常采用_____语句,以保证系统自动关闭打开的流。

11. 打开随机文件后,可以使用实例方法_____进行定位。

12. _____模块提供处理用于循环处理输入、输入重定向、管道或一个或多个文本文件的函数和辅助对象。

13. 可以使用_____模块中提供的函数,实现 Python 对象的系列化。

三、思考题

1. Python 程序通常可以使用哪几种方式实现交互功能?

2. Python 中使用 argparse 模块解析命名的命令行参数的主要步骤是什么?

3. Python 内置的输入函数 input() 的语法格式是什么? 其具体的参数含义各是什么?

4. Python 内置的输出函数 print() 的语法格式是什么? 其具体的参数含义各是什么?

5. Python 使用 open() 函数时,可以指定哪些打开文件的模式? 默认的打开模式是什么?

6. 文本文件的读取和写入基本步骤是什么?

7. 请简述 JSON 格式文件的读取和写入基本步骤。

8. 如何随机访问文件? 其打开模式是什么?

第 7 章

一、选择题

1. Random 模块的 seed(a)函数的作用是_____。
   A. 生成一个[0.0，1.0)之间的随机小数　　B. 生成一个 k 比特长度的随机整数
   C. 设置初始化随机数种子 a　　　　　　　　D. 生成一个随机整数

2. 运行以下程序不可能产生的运行结果是_____。

   ```
   from random import *
   x = [30,45,50,90]
   print(choice(x))
   ```

   A. 30　　　　　　　B. 45　　　　　　　C. 90　　　　　　　D. 55

3. 以下关于 random 模块的描述,正确的是_____。
   A. 设定相同种子,每次调用随机函数生成的随机数不相同
   B. 通过 from random import * 引入 random 随机模块的部分函数
   C. uniform(0,1)与 uniform(0.0,1.0)的输出结果不同,前者输出随机整数,后者输出随机小数
   D. randint(a,b)是生成一个[a,b]之间的随机整数

4. 运行以下程序不可能产生的运行结果是_____。

   ```
   from random import *
   print(round(random(),2))
   ```

   A. 0.47　　　　　　B. 0.54　　　　　　C. 0.27　　　　　　D. 1.87

5. 运行以下程序产生的运行结果是_____。

   ```
   import time
   t = time.gmtime()
   print(time.strftime("%Y-%m-%d %H:%M:%S",t))
   ```

   A. 系统当前的日期与时间　　　　　　　B. 系统当前的日期
   C. 系统当前的时间　　　　　　　　　　D. 系统出错

6. 运行以下程序不可能产生的运行结果是_____。

   ```
   from random import *
   print(sample({1,2,3,4,5},2))
   ```

   A. [5, 1]　　　　　B. [1, 2]　　　　　C. [4, 2]　　　　　D. [1, 2, 3]

7. 如果当前时间是 2021 年 5 月 1 日 10 点 10 分 9 秒,则下面代码的运行结果是_____。

   ```
   import time
   print(time.strftime("%Y=%m-%d@%H>%M>%S", time.gmtime()))
   ```

A. $2021 = 05 - 01@10 > 10 > 09$ B. $2021 = 5 - 1\ 10 > 10 > 9$

C. True@True   D. $2021 = 5 - 1@10 > 10 > 9$

8. 执行如下代码后,描述错误的是_____。

```
import time
print(time.time());time.sleep(5)
```

A. 输出自 1970 年 1 月 1 日 00:00:00 AM 以来的秒数

B. time 模块是 Python 的标准库

C. 可以使用 time.ctime() 代替 time.time(),显示为更具可读性的日期时间格式

D. time.sleep(5) 推迟调用线程的运行,单位为毫秒

二、填空题

1. Python 中的_____模块包含各种用于日期和时间处理的类。_____模块包含用于处理日历的函数和类;_____模块包含用于处理时间的函数。

2. datetime 模块包含用于表示日期的_____对象、表示时间的_____对象和表示日期时间的_____对象,表示日期或时间之间差值的_____对象,表示时区信息的_____对象和_____对象。

3. 使用 time 模块的_____函数可以获取当前系统的起始点。

4. time 模块中的_____属性用于判定是否使用夏令时。

5. time 模块中的_____函数将字符串解析为 struct_time 对象,_____函数将 struct_time 对象格式化为字符串。

6. datetime 模块包括两个常量:_____和_____,表示最小年份和最大年份,分别为_____和_____。

7. date、time 和 datetime 对象的_____方法将 struct_time 对象格式化为字符串,datetime 类方法_____将字符串解析为 datetime 对象。

8. timedelta 对象 td 的属性_____获取天数,_____获取秒数,_____获取毫秒数。

9. Python 中"calendar.isleap(2000)"的结果为_____。

10. 以 123 为随机数种子,随机生成 10 个 1~999(含)之间的随机数,以逗号分隔打印输出,请补充横线处代码。

```
import random
_____
for i in range(_____):
print(_____,end = ",")
```

三、思考题

1. 下列 Python 语句的运行结果是_____。

```
from datetime import * ; import time,datetime
print(date.min,date.max,date.fromordinal(32))
d = date(2019, 10, 1);print(d.year, d.month, d.day);d.replace(month = 12)
print(d.toordinal(),d.weekday(),d.ctime(),d.strftime("%Y/%m/%d(%a)"))
```

2. 下列 Python 语句的运行结果是_____。

```
import datetime; t = datetime.time(19, 30, 45,196)
print(datetime.time.min,datetime.time.max)
print(t.hour, t.minute, t.second,t.microsecond)
t.replace(hour = 23);print(t.strftime("%H时%M分%S秒"))
```

3. 下列 Python 语句的运行结果是_____。

```
import datetime; dt = datetime.datetime(2019, 5, 1, 9, 35, 46)
print(datetime.datetime.min,datetime.datetime.max)
print(dt.year, dt.month, dt.day, dt.hour, dt.minute, dt.second)
print(dt.date(),dt.time(),dt.strftime("%Y/%m/%d(%A),%H时%M分%S秒"))
```

4. 下列 Python 语句的运行结果是_____。

```
from datetime import * ; td1 = timedelta(minutes = 10)
td2 = timedelta(minutes = 15);print(td1 + td2,(td2 − td1).seconds,td1 * 10,td1 < td2)
```

5. 下列 Python 语句的运行结果是_____。

```
from datetime import * ; dt1 = date(2019, 6, 1); dt2 = date(2019,5,1)
td = timedelta(days = 10); print((dt1 − dt2).days,dt1 + td,dt1 − td,dt1 > dt2)
```

第 8 章

一、选择题

1. Python 语句"print('\x48\x41!')"的运行结果是_____。

    A. '\x48\x41!'   B. 4841!   C. 4841   D. HA!

2. Python 语句"print(r"\nGood")"的运行结果是_____。

    A. 新行和字符串 Good   B. r"\nGood"

    C. \nGood   D. 字符 r、新行和字符串 Good

3. Python 语句"print('{:*^10.4}'.format('Flower'))"的运行结果是_____。（其中，"␣"表示空格）

    A. Flow   B. Flower

    C. ␣␣␣␣Flower   D. ***Flow***

4. Python 语句"print("{:.2f}".format(20−2**3+10/3**2*5))"的运行结果是_____。

    A. 17.55   B. 67.56   C. 12.22   D. 17.56

5. 下列 Python 语句的运行结果是_____。（其中，"␣"表示空格）

```
s1 = "猎豹"
s2 = "超级奔跑健将"
print("{0:^4}:{1:!<9}".format(s1,s2))
```

    A. 猎豹:超级奔跑健将!!!   B. 猎豹␣:超级奔跑健将!!!

    C.猎豹␣:!超级奔跑健将!!   D. ␣猎豹␣:超级奔跑健将!!!

6. 下列 Python 语句的运行结果是_____。（其中，"␣"表示空格）

```
>>> s = '百花齐放'
>>>"{0:3}".format(s)
```

    A. '百花'   B. '百花齐'

    C. '百花齐放'   D. '␣␣百花齐放'

7. 下列 Python 语句的运行结果是_____。

```
a = "Python 等级考试"
b = " = "
c = ">"
print("{0:{1}{3}{2}}".format(a,b,25,c))
```

    A. ==============Python 等级考试

    B. Python 等级考试==============

    C. >>>>>>>>>>>>>> Python 等级考试

    D. Python 等级考试>>>>>>>>>>>>>>

二、填空题

1. Python 语句"print('%d%%%d' %(3/2，3%2))"的运行结果是_____。

2. Python 语句序列"s1＝'red hat';print(str.upper(s1))"的运行结果是_____,str. swapcase(s1)的结果是_____,s1.title()的结果是_____,s1.replace('hat','cat')的结果是_____。

3. 在 Python 中,设有 s＝'abc',则 s.zfill(7)、s.center(7,' ')、s.ljust(7)、s.rjust(7,'0')的结果分别为_____。

4. 在 Python 中,设有 s＝'a,b,c'、s2＝('x','y','z')以及 s3＝':',则 s.split(',')、s.rsplit(',',1)、s.partition(',')、s.rpartition(',')、s3.join('abc')、s3.join(s2)的结果分别为_____。

5. Python 语句"re.match('back','text.back')"的运行结果是_____。

6. Python 语句"re.findall("to","Tom likes to swim too")"的运行结果是_____。

7. Python 语句"re.findall("bo[xy]","The boy is sitting on the box")"的运行结果是_____。

8. 中华人民共和国邮政编码由 6 位数字组成,使用重复限定符_____,表示数字字母重复 6 次。

9. 正则表达式引擎均支持不同的匹配模式,也称之为匹配选项,其中,_____使正则表达式对大小写不敏感,_____开启多行模式。

10. Python 语句"re.sub('hard','easy','Python is hard to learn.')"的运行结果是_____。

11. Python 语句"re.split('\W＋','go,went,gone')"的运行结果是_____。

12. Python 语句"re.split('\d','a1b2c3')"的运行结果是_____。

13. 以论语中一句话作为字符串变量 s,补充程序,分别输出字符串 s 中汉字和标点符号的个数。

```
s = "学而时习之,不亦说乎?有朋自远方来,不亦乐乎?人不知而不愠,不亦君子乎?"
n = 0            #汉字个数
m = 0            #标点符号个数
m = _____
n = _____
print("字符数为{},标点符号数为{}".format(n,m))
```

14. 输入一个正整数 n 作为财务数据,输出一个宽度为 20 字符,n 右对齐显示,带千位分隔符的效果,使用减号字符"－"填充。如果输入正整数超过 20 位,则按照真实长度输出。例如,输入正整数 n 为 1234,则输出如下结果"--------------1,234"。

```
n = int(input("请输入整数:"))
print(_____)        #按要求输出财务数据
```

15. 以十三届全国人大三次会议报告中一句话"防范化解重大疫情和突发公共卫生风险,事关国家安全和发展,事关社会政治大局稳定。"作为字符串变量 s,完善以下 Python 程序,分别使用 Python 内置函数及 jieba 库中已有函数统计字符串 s 的中文字符个数及中文词语个数。注意,中文字符包含中文标点符号。

```
import jieba
s = "防范化解重大疫情和突发公共卫生风险,事关国家安全和发展,事关社会政治大局稳定."
```

```
n = _____
m = _____
print("中文字符数为{},中文词语数为{}".format(n, m))
```

16. 从键盘输入一个由 1 和 0 组成的二进制字符串 s(例如：1101),转换为十进制数输出显示在屏幕上(例如：13)。

```
s = input()       # 请输入一个由 1 和 0 组成的二进制数字字符串
d = 0
while _____:
    d = _____ + (ord(s[0]) - ord('0'))
    s = _____
print("转换成十进制数是：{}".format(d))
```

三、思考题

1. 阅读下面 Python 语句,请问运行结果是什么?

```
n = int(input("请输入图形的行数："))
for i in range(n,0,-1):
    print(" ".rjust(20-i),end='')
    for j in range(2 * i-1):print(" * ",end='')
    print("\n")
for i in range( 1, n):
    print(" ".rjust(19 - i),end='')
    for j in range(2 * i+1):print(" * ",end='')
    print("\n")
```

2. 阅读下面 Python 语句,请问运行结果是什么?

```
n = int(input("请输入上(或下)三角的行数："))
for i in range(0,n):
    print(" ".rjust(19-i),end='')
    for j in range(2 * i+1):print(" * ",end='')
    print("\n")
for i in range(n-1, 0, -1):
    print(" ".rjust(20 - i),end='')
    for j in range(2 * i-1):print(" * ",end='')
    print("\n")
```

3. 阅读下面 Python 语句,请问运行结果是什么?

```
s1 = "QQ"
s2 = "Wechat"
print("{:*<10}{:=>10}".format(s1,s2))
```

4. 阅读下面 Python 语句,请问运行结果是什么?

```
fruits = ['pear', 'apple', 'kiwi', 'avocado', 'orange']
print("\n".join(fruits))
```

5. 阅读下面 Python 语句,请问运行结果是什么?

```
name = "happy birthday"
```

```
print(" % s" % name[6:11])
name1 = name.replace(name[6],'B')
print(name1)
```

6. 下列 Python 语句的运行结果是_____。

```
import re; sum = 0; pattern = 'boy'
if re.match(pattern, 'boy and girl'): sum += 1
if re.match(pattern, 'girl and boy'): sum += 2
if re.search(pattern, 'boy and girl'): sum += 3
if re.search(pattern, 'girl and boy'): sum += 4
print(sum)
```

7. 下列 Python 语句的运行结果是_____。

```
import re; re.match("to", "Tom likes to swim too")
re.search("to", "Tom likes to swim too");
re.findall("to", "Tom likes to swim too")
```

8. 下列 Python 语句的运行结果是_____。

```
import re; m = re.search("to", "Tom likes to swim too")
print(m.group(),m.span())
```

9. 请使用各种方法判断字符变量 c 是否为字母字符(不区分大小写字母)。

10. 请使用各种方法判断字符变量 c 是否为数字字符。

11. 请使用各种方法判断字符变量 c 是否为大写字母。

12. 请使用各种方法判断字符变量 c 是否为小写字母。

第 9 章

一、填空题

1. 面向对象的程序设计具有三个基本特征：_____、_____和_____。

2. Python 语句序列"x＝'书到用时方恨少';print(isinstance(x,int))"的运行结果是_____。

3. 在 Python 中创建对象后,可以使用_____运算符来调用其成员。

4. Python 类体中,_____是一个类方法,创建对象时调用,返回当前对象的一个实例,一般无须重载该方法。_____方法即构造函数(构造方法),用于执行类的实例的初始化工作。对象创建后调用,初始化当前对象的实例,无返回值。_____方法即析构函数,用于实现销毁类的实例所需的操作,如释放对象占用的非托管资源。

5. 在 Python 中,实例变量在类的内部通过_____访问,在外部通过对象实例访问。

二、思考题

1. 下列 Python 语句的运行结果是_____。

```python
class parent:
    def __init__(self, param):
        self.v1 = param
class child(parent):
    def __init__(self, param):
        parent.__init__(self, param)
        self.v2 = param
obj = child(100); print ("%d %d" % (obj.v1, obj.v2))
```

2. 下列 Python 语句的运行结果是_____。

```python
class Account:
    def __init__(self, id):
        self.id = id; id = 888
acc = Account(100); print(acc.id)
```

3. 下列 Python 语句的运行结果是_____。

```python
class account:
    def __init__(self, id, balance):
        self.id = id; self.balance = balance
    def deposit(self, amount): self.balance += amount
    def withdraw(self, amount): self.balance -= amount
acc1 = account('1234', 100); acc1.deposit(500)
acc1.withdraw(200); print(acc1.balance)
```

4. 下列 Python 语句的运行结果是_____。

```python
class A:
    def __init__(self, a, b, c): self.x = a + b + c
a = A(6,2,3); b = getattr(a, 'x'); setattr(a, 'x', b+1);print(a.x)
```

5. 阅读下面 Python 语句，请问运行结果是什么？

```
d1 = {'a':[1,2], 'b':2}; d2 = d1.copy(); d1['a'][0] = 6
sum = d1['a'][0] + d2['a'][0]; print(sum)
```

6. 阅读下面 Python 语句，请问运行结果是什么？

```
from copy import *
d1 = {'a':[1,2], 'b':2}; d2 = deepcopy(d1); d1['a'][0] = 6
sum = d1['a'][0] + d2['a'][0]; print(sum)
```

7. 下列 Python 语句的运行结果是_____。

```
list1 = [1,2,3]; list2 = [3,4,5];dict1 = {'1':list1, '2':list2};dict2 = dict1.copy()
dict1['1'][0] = 15; print(dict1['1'][0] + dict2['1'][0])
```

8. 下列 Python 语句的运行结果是_____。

```
import copy
list1 = [1,2,3]; list2 = [3,4,5]; dict1 = {'1':list1, '2':list2}
dict2 = copy.deepcopy(dict1); dict1['1'][0] = 15
print(dict1['1'][0] + dict2['1'][0])
```

9. 下列 Python 语句的运行结果是_____。

```
class Person:
    def __init__(self, id): self.id = id
mary = Person(123); mary.__dict__['age'] = 18
mary.__dict__['gender'] = 'female'; print(mary.age + len(mary.__dict__))
```

第 10 章

一、填空题

1. Python 包含了数量众多的模块,通过 _____ 语句,可以导入模块,并使用其定义的功能。

2. Python 中假设有模块 m,如果希望同时导入 m 中的所有成员,则可以采用 _____ 的导入形式。

3. Python 中使用内置函数 _____ 也可以导入模块。

4. Python 中 sys 模块的 _____ 属性返回一个路径列表。

5. Python 中每个模块都有一个名称,通过特殊变量 _____ 可以获取模块的名称。特别地,当一个模块被用户单独运行时,模块名称为 _____ 。

6. Python 模块中定义的所有成员,包括变量、函数和类,可以通过内置的函数 _____ 查询,也可以通过 _____ 函数查询其帮助信息。

二、思考题

1. 什么是模块,模块是如何导入解释器的,分别有哪几种方法?

2. Python 包和模块是什么关系?包和模块组成的层次组织结构分别对应于什么?

3. Python 中创建包的基本步骤和内容是什么?如何导入和使用包?

4. Python 中导入模块时一般采用什么搜索顺序?

5. Python 中名称空间与名称查找顺序是什么?

第 11 章

一、选择题

1. 在 DBMS 中,如果一个国家只能有一个总统,而一个总统只能在一个国家任职,则国家和总统为_____的联系。
   - A. 一对一　　　　　B. 一对多　　　　　C. 多对多　　　　　D. 多对一

2. 在 DBMS 中,如果一个部门有多名员工,而一名员工只能在一个部门工作,则部门和员工为_____的联系
   - A. 一对一　　　　　B. 一对多　　　　　C. 多对多　　　　　D. 多对一

3. 在 DBMS 中,如果一名学生可以选修多门课程,而一门课程可以有多名选修的学生,则学生和课程是_____的联系。
   - A. 一对一　　　　　B. 一对多　　　　　C. 多对多　　　　　D. 多对一

4. 设有表示学生选课的三张表,其中学生 S(学号,姓名,性别,年龄,身份证号),课程 C(课号,课名),选课 SC(学号,课号,成绩),则选课表 SC 的关键字(键或码)为_____。
   - A. 学号,课号　　　　　　　　　B. 学号,成绩
   - C. 课号,成绩　　　　　　　　　D. 学号,姓名,成绩

5. 设有表示公司和职员及工作的三张表,职员可在多家公司兼职。其中公司 C(公司号,公司名,地址,注册资本,法人代表,员工数),职员 S(职员号,姓名,性别,年龄,学历),工作 W(公司号,职员号,工资),则工作表 W 的关键字(键或码)为_____。
   - A. 公司号,职员号,工资　　　　　B. 职员号
   - C. 职员号,工资　　　　　　　　D. 公司号,职员号

二、填空题

1. 数据库管理系统的主要功能包括_____、_____和_____。
2. 现实世界的数据可以抽象为_____,也称为_____。
3. 实体是指现实世界中具有一定特征或属性并与其他实体有联系的对象,在关系模型中实体通常是以_____的形式来表现。
4. SQLite 是遵守_____的关系数据库管理系统。
5. 在 E-R 图中,用来表示实体联系的图形是_____。

三、思考题

1. 数据库管理系统主要包括哪些功能?
2. 目前有哪些流行的数据库管理系统产品?
3. 常用的数据库模型是什么?目前流行的 DBMS 主要基于哪一类数据库模型?
4. Python 提供哪几类数据库访问模块?
5. SQLite 支持哪几类数据类型?分别对应于 Python 的哪些数据类型?
6. sqlite3 模块主要包括哪些常量、函数和对象?
7. 使用 sqlite3 模块操作数据的典型步骤是什么?
8. Python 在数据库表中查询、插入、更新和删除记录的一般步骤是什么?

```
          i = _____(3)_____
      A[ i + 1 ] = key
    return _____(4)_____
A = [31,45,35,56,37,69,310,21,12]
sortA = _____(5)_____
print (sortA)
```

（3）程序运行结果如下图所示：

```
[12, 21, 31, 35, 37, 45, 56, 69, 310]
```

四、程序编写(40 分，第 1 题 15 分，第 2 题 25 分)

1. 按照下列要求，设计完成一个 Python 程序。具体要求如下：

（1）编写函数 get_birthday()，参数为身份证号码，根据身份证号码获得这个人的生日，并返回列表[year,month,day]。

（2）在主程序中调用函数 get_birthday()，给出列表对象['3101011990005052115'，'310104199607076128'，'310117199309235133']中的身份证号码的生日，并在主程序中显示并输出。

（3）程序运行结果如下图所示：

```
310101199005052115 的生日为：1990 - 5 - 5
310104199607076128 的生日为：1996 - 7 - 7
310117199309235133 的生日为：1993 - 9 - 23
```

2. 按照下列要求，设计完成一个 Python 程序。具体要求如下：

（1）程序功能：计算某地区月最大降水量和对应降水月份。

（2）文本文件 rainfall. txt 存放着某些地区某年降水量的数据，每行为一个地区 12 个月的降水量（单位：mm），数据间的分隔符为制表符。内容如下：

地区	1月	2月	3月	4月	5月	6月	7月	8月	9月	10月	11月	12月
上海	52	20	104	60	199	167	158	211	14	92	2	14
北京	0	2	7	5	46	69	196	120	116	10	0	3
天津	0	0	4	13	60	115	216	199	51	44	4	0
喀什	1	0	2	41	3	4	6	1	3	5	0	3
西安	4	1	43	32	22	20	71	24	24	64	8	0
重庆	30	21	21	27	118	225	167	51	77	101	46	39
广州	42	71	78	104	71	219	275	316	168	305	6	5
韶关	67	140	115	136	134	470	128	120	17	128	22	30
海口	36	14	63	37	198	273	252	272	190	313	125	19
```
```

```
                return True
        else:
                return False
def get_Dict(L):                              # 对 L 中的自幂数建立字典,字典元素形
                                              # {4:[1634],3:[370,407],7:[9800817,4210818]}
        Dict_NarNumber = {}
        for x in L:
                if _____(2)_____ :
                        n = len(str(x))
                        if not n in Dict_NarNumber:
                                Dict_NarNumber[n] = [x]
                        else:
                                Dict_NarNumber[n]_____(3)_____
        return _____(4)_____

def main():                                   # 识别 nums 列表中的各种自幂数并按类别输出
        nums = [845,1634, 7201, 370, 673712,9800817 ,916, 548834,12128, 407,11192,
54748,324, 92727, 143,4210818]
        dic = get_Dict(nums)
        for x in dic.items():
                print(_____(5)_____,x[1])
main()
```

(4)程序运行结果示例如下图所示:

```
四叶玫瑰数 [1634]
水仙花数   [370, 407]
北斗七星数 [9800817, 4210818]
六合数     [548834]
五角星数   [54748, 92727]
```

2. 按下列要求在 Python 源程序文件中的横线处进行填空(用填空内容代替横线,除此之外,不能改动其他任何地方),调试并运行之。

(1)程序的功能:对给出的列表数据进行排序,要求使用插入排序算法,对列表中的数据按从小到大排序。

(2)原始程序如下图所示:

```
def InsertionSort(A):
        for j in range(1,_____(1)_____):
                key = A[j]
                i = j - 1
                # 向前查找插入位置
                while i >= 0 and _____(2)_____ :
                        A[i + 1] = A[i]
```

期 末 试 卷

（本试卷答卷时间为 90 分钟，满分 100 分）

一、选择题（每小题 1 分，20 题，共 20 分）

1. 下面说法不正确的是_____。
   A. Python 是一种面向对象的语言　　　B. Python 是一种高级通用语言
   C. Python 是一种脚本语言　　　　　　D. Python 采用编译执行

2. 以下 Python 数据类型中不属于序列的是_____。
   A. list　　　　　　B. str　　　　　　C. tuple　　　　　　D. int

3. 下列选项中不是合法的 Python 变量名的是_____。
   A. abc　　　　　　B. Abc　　　　　　C. a-bc　　　　　　D. a_bc

4. 在 Python 中，有 a＝100，b＝False，则表达式 a ** b ＝＝1 的计算结果是_____。
   A. False　　　　　　B. True　　　　　　C. 0　　　　　　D. 1

5. 在 Python 中，当键盘输入"3"的时候，语句序列"r＝input()；print(3.0 * r)"的运行结果是_____。
   A. 8　　　　　　B. 333　　　　　　C. TypeError　　　　　　D. 27

6. 在 Python 循环语句中，_____语句的作用是提前结束当前循环体。
   A. while　　　　　　B. for　　　　　　C. break　　　　　　D. continue

7. _____是 Python 中唯一的映射类型。
   A. list　　　　　　B. turple　　　　　　C. dict　　　　　　D. set

8. 在 Python 中，设有变量定义：h＝['abc','de','fjk']，则 h[2][1]为'_____'。
   A. d　　　　　　B. e　　　　　　C. f　　　　　　D. j

9. 以下关于 Python 字典变量 d 的定义错误的是_____。
   A. d = {1:[1,2], 3:[3,4]}
   B. d = dict(1=""张三"", 2=""李四"")
   C. d = {(1,2):1, (3,4):3}
   D. d = {'张三':1, '李四':2}

10. 设有 a＝{'1.py','2.py','3.py'}，b＝{'1.py','3.py','5.py'}，求在 a 中出现过但在 b 中没有出现过的所有文件名的 Python 运算为_____。
    A. a－b　　　　　　B. a|b　　　　　　C. a&b　　　　　　D. a^b

11. 在 Python 中，假设字符串变量 s 中有 100 个字符，则 s[:89]表示_____。
    A. 前 89 个字符　　　　　　　　　　B. 前 88 个字符
    C. 后 89 个字符　　　　　　　　　　D. 前 89 个字节所存放的字符

12. 在 Python 中，假设有 s＝"Python String"，则执行语句"(s. upper()). replace('ING',

```
10132150106,总成绩:221,平均成绩:73.67
10132150107,总成绩:203,平均成绩:67.67
10132150108,总成绩:174,平均成绩:58.00
10132150109,总成绩:136,平均成绩:45.33
10132150110,总成绩:200,平均成绩:66.67
…
…
```

2. 按下列要求在如下源程序文件中的横线处进行填空(用填空内容代替横线,除此之外,不能改动其他任何地方),调试并运行之。

```
x = dict(a = 1, b = 2, c = 3, d = 2, e = 4, f = 3)
y = _____(1)_____                           # 存放无重复值的新字典初始化
for key, value in x._____(2)_____():         # 遍历字典 x 的键值对
    for v in y._____(3)_____():              # 遍历 y 的各个值
        if v == value:                             # 比较值是否相等
            _____(4)_____
        else:
            y[key] = _____(5)_____           # y 字典追加新键值对
print(y)
```

(1) 程序的功能是:根据已有字典 x,生成一个新的字典,新字典是字典 x 去除重复值的键值对后的结果。

(2) 程序运行结果如下图所示:

```
{'a': 1, 'b': 2, 'c': 3, 'e': 4}
```

四、程序编写(35 分,第 1 题 15 分,第 2 题 20 分)

1. 按照下列要求,设计完成一个 Python 程序。

(1) 程序功能:将用户从键盘输入的十进制正整数转换为二进制显示输出。

(2) 程序运行结果如下图所示:

```
请输入一个十进制正整数: 25
十进制数 25,转换为二进制数为:11001
```

2. 打开 program.py,按照下列要求设计完成程序。program.py 的初始内容如下:

```
scores = [98,67,88,34,95,88,88,83,78,79,86,30,77,95,95,89,81,70,80,90,66,60,33,86,
45,90,99,100,75,86]
```

(1) 程序功能:program.py 文件中已给出了某小学三年级三班 30 名学生的数学成绩列表,统计该班级数学成绩中"优秀""良好""合格"和"不合格"学生的人数并输出结果。

(2) 程序运行结果如下图所示:

```
优秀:8 人, 良好:10 人, 合格:8 人,不合格:4 人
```

期 中 试 卷

（本试卷答卷时间为 90 分钟，满分 100 分）

一、选择题（每小题 1 分，15 题，共 15 分）

1. 关于 Python 中的复数，下列说法错误的是_____。

   A. 表示复数的语法是 real ＋ image j　　B. 实部和虚部都是浮点数

   C. 虚部必须后缀 j，且必须是小写　　　　D. 方法 conjugate 返回复数的共轭复数

2. 设有变量 BRICs＝{'B':'Brazil','R':'Russia','I':'India','C':'China'}，则删除条目（'I':'India'）的命令正确的是_____。

   A. del BRICs['I']　　　　　　　　　　　B. del BRICs['India']

   C. del BRICs['I':'India']　　　　　　　D. del BRICs{'I':'India'}

3. s1 和 s2 都是集合，s1|s2 代表_____操作。

   A. 异或　　　　　B. 并集　　　　　C. 交集　　　　　D. 差集

4. 关于字典，正确的说法是_____。

   A. 是无序的列表

   B. 是有序的集合

   C. 由键和值组成的键值对构成，是无序的

   D. 由键和值组成的键值对构成，是有序的

5. "x＝1,2"语句执行后，x 即为一个_____。

   A. 列表　　　　　B. 元组　　　　　C. 字典　　　　　D. 集合

6. 设有变量 a＝[""Me""]，则变量 a 属于_____。

   A. 列表　　　　　B. 元组　　　　　C. 字符串　　　　D. 集合

7. 下列选项中，_____是错误的 Python 标识符。

   A. name　　　　B. 2name　　　　C. _name　　　　D. name2"

8. continue 短语用于_____。

   A. 退出循环程序　　　　　　　　　　　B. 结束本轮循环

   C. 空操作　　　　　　　　　　　　　　D. 根据 if 语句的判断进行选择

9. Python 源程序的扩展名是_____。

   A. exe　　　　　B. python　　　　C. py　　　　　D. com

10. Python 中的 split() 是属于_____的方法。

    A. 列表　　　　B. 字符串　　　　C. 集合　　　　D. 元组

11. 下列选项中，_____不是流程图常用的图框。

    A. 三角形框　　　B. 平行四边形框　　C. 矩形框　　　D. 菱形框

12. 列表 a 为[[1，2]，[2，4]，[3，6]，[4，8]]，执行了 a[1:1]＝[]后，列表 a 中的内容为_____。

    A. [[1，2]，[2，4]，[3，6]，[4，8]]

B. [[1, 2], [3, 6], [4, 8]]

C. [[1, 2], [], [2, 4], [3, 6], [4, 8]]

D. [[1, 2], , [2, 4], [3, 6], [4, 8]]

13. Python 的数值类型不包括_____。

  A. 整数   B. 浮点型   C. 布尔类型   D. 列表类型

14. 设有变量定义：x=[1,2,3]和y=x,则执行语句"x[1]=0"后,y=_____。

  A. [ ]   B. [1,2,3]   C. [0,2,3]   D. [1,0,3]

15. 假设 Sport 模块中有 Run()函数,则在执行了语句"from Sport import Run"后,若要调用 Sport 中的 Run()函数,应该使用_____。

  A. Sport(Run)   B. Sport. Run() C. Run()   D. Sport()

二、程序改错题(每题 10 分,2 题,共 20 分)

1. 按下列要求改错,使如下程序能正确执行。

```
import math
m = int(input("m = "))
sum = 0
i = 1
while i <= m:
        sum = sum + sqrt(i)
        i = i + 2
print(sum)
```

(1) 程序功能：输入 m(整数),输出从 2 到小于等于 m 的所有偶数的平方根之和。

(2) 在第一行添加注释语句,注释内容为"你的学号和姓名"。

(3) 程序中有两处错误(语法错误或者逻辑错误),请改正(不能增删行),使程序能正常运行并输出结果。

(4) 正确的程序运行示例如下图所示：

```
m = 51
121.10445346229315
```

2. 按下列要求改错,使如下程序能正确执行。

```
ss = input("请输入字符串:")
while ss = '':
    n = 0
    for x in ss:
        if 'a' < and < 'z':
            n = n + 1
    print('小写字母的数量为:',n)
    ss = int(input("请输入字符串:"))
```

(1) 程序功能：用户输入一串字符,统计其中小写字母的数量,并输出统计结果。不断重复上述过程,直到用户输入"stop"为止。

(2) 程序中有三处错误(语法错误或者逻辑错误),请改正,使程序能正常运行并输出结果。

（3）正确的程序运行结果如下图所示：

```
请输入字符串:48djdj
小写字母的数量为：4
请输入字符串:48FYTF
小写字母的数量为：0
请输入字符串:stop
```

三、程序填空（每题 15 分,2 题,共 30 分）

1. 按下列要求在如下源程序文件中的横线处进行填空（用填空内容代替横线,除此之外,不能改动其他任何地方）,调试并运行之。

```
from studentscores import *
scorelst = stu_scores.split(_____(1)_____)
for item in _____(2)_____:
    lst = item._____(3)_____
    stuno = _____(4)_____
    score1 = int(lst[1])
    score2 = int(lst[2])
    score3 = int(lst[3])
    allscore = _____(5)_____
    average = allscore / 3
    show = "{:s},总成绩:{:d},平均成绩:{:.2f}".format(stuno, allscore, average)
    print(show)
```

（1）程序功能：文件 studentscores.py 中给出了某班学生语文、数学和英语成绩的字符串 stu_scores,请使用 import 命令读入字符串 stu_scores,计算并输出每个学生的总成绩和平均成绩。

文件 studentscores.py 的（部分）内容如下：

```
stu_scores = '''
10132150101    82    78    78;
10132150102    72    71    71;
10132150103    82    32    32;
10132150104    62    72    72;
10132150105    62    70    70;
10132150106    61    80    80;
10132150107    65    69    69;
10132150108    74    50    50;
10132150109    80    28    28;
10132150110    80    60    60;
… …
'''
```

（2）程序运行结果示例如下图所示：

```
10132150101,总成绩:238,平均成绩:79.33
10132150102,总成绩:214,平均成绩:71.33
10132150103,总成绩:146,平均成绩:48.67
10132150104,总成绩:206,平均成绩:68.67
10132150105,总成绩:202,平均成绩:67.33
```

'GNI')"后,s 的值为_____。

    A. 'PYTHON STRGNI'　　　　　　B. 'PYTHON STR'

    C. 'Python String'　　　　　　　　D. 语法错误"

13. 在 Python 中,假设有函数定义"def abc(d=0):(换行并缩进)print(d * 10)",则以下函数调用语句错误的是_____。

    A. abc()　　　　B. abc(50)　　　　C. abc(d=50)　　　　D. abc(50)+5

14. 下面说法不正确的是_____。

    A. 函数可以一次定义多次使用

    B. 使用函数可以避免重复代码,使程序精炼,便于阅读维护代码

    C. 使用函数不一定会减小内存开支

    D. Python 程序从第一个函数开始执行

15. 在 Python 中,函数定义为 def vfun(a, * b)…… ,则可变参数 b 的类型是_____。

    A. str　　　　B. tuple　　　　C. dict　　　　D. int

16. 在 Python 读写文件之前,打开文件使用的函数是_____。

    A. file　　　　B. fopen　　　　C. open　　　　D. openfile

17. 若 Python 代码中缺少":",会产生_____错误。

    A. RuntimeError　　B. SyntaxError　　C. TypeError　　D. LogicalError

18. 关于 Python 程序的异常处理,以下选项中描述正确的是_____。

    A. Python 通过 try、except 等保留字提供异常处理功能

    B. 程序异常发生后,一定无法继续执行

    C. 异常语句可以与 if 和 elif 保留字配合使用

    D. 编程语言中的异常和错误是完全相同的概念

19. 下面选项不属于面向对象程序设计特征的是_____。

    A. 继承性　　　　B. 相似性　　　　C. 多态性　　　　D. 封装性

20. 下面对对象概念的描述正确的是_____。

    A. 对象是属性和方法的封装体　　　　B. 任何对象都必须有继承的子类

    C. 对象间的通信靠参数传递　　　　　D. 操作是对象的静态属性

二、程序改错题(1题,共 10 分)

按下列要求对如下程序进行改错编辑,使其能正确执行。

```
def LessThanAvg(L):
    s,count = 0,0
    for x in L:
        s += x[1] + x[2]
        count = 1
    avg = round(s/count,2)
    print("Avg = ",avg)
    for x in L
```

```
        if x[1] + x[2]< avg:
                print(x[0],x[2])
        #姓名,上半年业绩,下半年业绩
Ls = [['Holland',254.89,390.99],['Robbie',550.26,310.88],['Watson',119.75,523.62],['Ronan',
982.14,264.75],['Lawrence',518.27,278.96],['Alex',1200.37,893.53]]
LessThanAvg(Ls)
```

(1) 程序功能：在程序中有一个列表,存放着某单位 6 名员工的销售业绩(姓名,上半年业绩,下半年业绩)。要求通过调用函数 LessThanAvg(),找出一年业绩低于年平均业绩(保留小数点后 2 位)的所有员工并输出。

(2) 程序的函数部分有一个语法错误和两个逻辑错误,请改正(不能增删行),使程序能正常运行并输出结果。

(3) 正确的程序运行示例如下图所示：

```
Avg =  1048.07
Holland 645.88
Robbie 861.14
Watson 643.37
Lawrence 797.23
```

三、程序填空(每题 15 分,2 题,共 30 分)

1. 按下列要求在 Python 源程序文件中的横线处进行填空(用填空内容代替横线,除此之外,不能改动其他任何地方),调试并运行之。

(1) 程序功能：自幂数是指一个 n 位数,它的每个位上的数字的 n 次幂之和等于它本身。例如,当 n 为 3 时,有 $1^3+5^3+3^3=153,153$ 即是 n 为 3 时的一个自幂数,3 位数的自幂数被称为水仙花数。程序中给出了一个 nums 列表中有 16 个整数,请找出其中的自幂数,并按字典 dname 的分类输出自幂数列表。程序中已经定义了若干独立功能函数,需要调用这些函数实现程序功能。

(2) 输入输出要求如下：本题无输入;输出：每行显示 10 个,输出格式见运行示例。

(3) 原始程序如下图所示：

```
dname = {3:"水仙花数 ",4:"四叶玫瑰数",5:"五角星数 ",6:"六合数 ",7:"北斗七星数",8:"八
仙数 ",9:"九九重阳数",10:"十全十美数"}
def isNarNumber(num):  #用于判断一个数是否为一个自幂数
        strNum = str(num)
        n = len(strNum )
        s = 0
        for i in strNum:
                s = s + pow(int(i), n)

        if _____(1)_____:
```

（3）编写函数 getMaxPos(L)，形参 L 为一组含有数值型数据的列表（某地区各月份的降水量），计算列表中数据的最大值和对应下标，并将最大值和下标以元组形式（作为元组的两个元素）返回。

（4）在主程序中读取 rainfall.txt 中的数据，将每行数据中的月降水量转换为数值型数据，利用函数 getMaxPos(L)计算并屏幕输出各地区月最大降水量（显示宽度 8 位）和对应降水月份（显示宽度 6 位），各数据之间以制表符相隔。

（5）程序运行结果如下图所示：

地区	最大月降水量（mm）	对应降水月份
上海	211	8 月
北京	196	7 月
天津	216	7 月
喀什	41	4 月
西安	71	7 月
重庆	225	6 月
广州	316	8 月
韶关	470	6 月
海口	313	10 月

第 12 章

一、选择题

1. Python 开源程序的理念就是_____。
   A. DIY   B. DRY   C. TRY   D. DRD

2. 在 Python 文本处理相关的主要模块中，_____模块主要提供处理正则表达式的对象和函数。
   A. re   B. string   C. textwrap   D. stringprep

3. 在 Python 二进制数据服务的主要模块中，_____模块主要提供编解码器注册和相关基类功能。
   A. struct   B. binary   C. codecs   D. unicodedata

4. 在 Python 数据结构相关的主要模块中，_____模块提供对枚举的支持功能。
   A. enum   B. copy   C. types   D. collections

5. 在 Python 数据结构相关的主要模块中，_____模块提供数组二分查找算法功能。
   A. bisect   B. heapq   C. array   D. collections

6. 在 Python 数值计算相关的主要模块中，_____模块支持使用任意精度算术的十进制数精确表示功能。
   A. numbers   B. cmath   C. statistics   D. decimal

7. 在 Python 数值计算相关的主要模块中，_____模块提供分数及其运算功能。
   A. numbers   B. fractions   C. random   D. decimal

8. 在 Python 函数式编程相关的主要模块中，_____模块提供标准运算符替代函数功能。
   A. operator   B. itertools   C. functools   D. statistics

9. 在 Python 文件和目录访问相关的主要模块中，_____模块提供面向对象的文件系统路径功能。
   A. fileinput   B. glob   C. pathlib   D. os.path

10. 在 Python 文件和目录访问相关的主要模块中，_____模块提供文件及目录的比较功能。
    A. fileinput   B. filecmp   C. pathlib   D. fileinput

11. 在 Python 数据持久化相关的主要模块中，_____模块提供将内部 Python 对象序列化功能。
    A. marshal   B. pickle   C. shelve   D. dbm

12. 在 Python 数据压缩和存档相关的主要模块中，_____模块提供使用 ZIP 存档功能。
    A. zlib   B. gzip   C. tarfile   D. zipfile

13. 在 Python 解析不同文件格式相关的主要模块中，_____模块提供配置文件解析器功能。

A. netrc   B. csv   C. configparser   D. xdrlib

14. 在 Python 加密服务相关的主要模块中，_____模块提供基于密钥的消息验证功能。

A. hmac   B. hashlib   C. secrets   D. crypt

15. 在 Python 通用操作系统服务相关的主要模块中，_____模块提供处理流的核心工具功能。

A. os   B. io   C. time   D. argparse

16. 在 Python 通用操作系统服务相关的主要模块中，_____模块提供命令行选项、参数和子命令解析器功能。

A. os   B. io   C. logging   D. argparse

17. 在 Python 多线程和并行计算相关的主要模块中，_____模块提供基于进程的并行功能。

A. multiprocessing   B. threading   C. concurrent   D. queue

18. 在 Python 多线程和并行计算相关的主要模块中，_____模块提供底层多线程 API 功能。

A. _thread   B. threading   C. concurrent   D. queue

19. 在 Python 网络和进程间通信相关的主要模块中，_____模块提供底层网络接口功能。

A. asyncio   B. ssl   C. socket   D. signal

20. 在 Python 网络和进程间通信相关的主要模块中，_____模块提供设置异步事件处理程序功能。

A. asyncio   B. ssl   C. socket   D. signal

21. 在 Python 互联网数据处理相关的主要模块中，_____模块提供电子邮件与 MIME 处理包功能。

A. email   B. json   C. mailcap   D. mailbox

22. 在 Python 结构化标记相关的主要模块中，_____模块提供超文本标记语言支持功能。

A. html   B. xml   C. sgml   D. htm

23. 在 Python 互联网协议和支持相关的主要模块中，_____模块提供公共网关接口支持功能。

A. cgitb   B. cgi   C. urllib   D. webbrowser

24. 在 Python 国际化相关的主要模块中，_____模块提供多语种国际化服务功能。

A. gettext   B. locale   C. global   D. international

25. 在 Python 程序框架相关的主要模块中，_____模块提供海龟绘图函数功能。

A. shlex   B. cmd   C. turtle   D.

26. 在 Python Tk 图形用户界面编程接口相关的主要模块中，_____模块提供 Tcl/Tk 的 Python 接口功能。

A. tkinter   B. tkinter. ttk

C. tkinter. tix   D. tkinter. scrolledtext

27. 在 Python 开发工具相关的主要模块中，_____模块提供文档生成器和在线帮助系统功能。

      A. typing   B. pydoc   C. doctest   D. unittest

28. 在 Python 调试和性能分析相关的主要模块中，_____模块提供 Python 的调试器功能。

      A. bdb   B. timeit   C. pdb   D. trace

29. 在 Python 软件打包和分发相关的主要模块中，_____模块提供构建和安装 Python 模块功能。

      A. venv   B. zipapp   C. ensurepip   D. distutils

30. 在 Python 解释器及其环境交互服务相关的主要模块中，_____模块提供为 with 语句上下文提供工具的功能。

      A. contextlib   B. sys   C. sysconfig   D. inspect

31. 在 Python 用于导入其他模块和定制导入过程的钩子的相关模块中，_____模块提供定位和执行 Python 模块功能。

      A. pkgutil   B. runpy   C. importlib   D. modulefinder

32. 在 Python 语言服务相关的主要模块中，_____模块提供访问 Python 解析树功能。

      A. ast   B. parser   C. symbol   D. token

33. 在 Python 语言服务相关的主要模块中，_____模块提供编译 Python 源文件功能。

      A. py_compile   B. parser   C. compileall   D. keyword

34. 在 Python 用于 Windows 平台相关的主要模块中，_____模块提供读写 Microsoft 安装文件功能。

      A. msilib   B. msvcrt   C. winreg   D. winsound

35. 在 Python 用于 UNIX/Linux 平台相关的主要模块中，_____模块提供用户密码数据库功能。

      A. crypt   B. posix   C. spwd   D. pwd

36. _____是 Python 中的图像处理库，提供了广泛的文件格式支持，强大的图像处理能力，主要包括图像储存、图像显示、格式转换以及基本的图像处理操作等。

      A. Pillow   B. Django   C. Flask   D. SimpleCV

37. 以下关于 TensorFlow 库应用领域的描述，正确的选项是_____。

      A. 机器学习   B. 数据可视化   C. Web 开发   D. 文本分析

38. 以下属于 Python 文本处理第三方库的选项是_____。

      A. Matplotib   B. openpyxl   C. wxPython   D. Pandas

39. 以下_____属于 Python 的 HTML 和 XML 第三方库。

      A. mayavi   B. VTK   C. pygame   D. Beautiful Soup

40. 用于将 Python 程序打包成可执行文件的常用工具是_____。

      A. Panda3D   B. Cocos2d   C. pip   D. PyInstaller

41. 以下属于 Python Web 开发框架第三方库的是_____。

A. WeRoBot   B. Wheel   C. Pygame   D. Django

42. 以下属于 Python 机器学习第三方库的是_____。

A. sklearn   B. NLTK   C. Wordcloud   D. jieba

43. 以下 Python 图像处理第三方库的是_____。

A. mayavi   B. PIL   C. Pygame   D. TVTK

44. 以下选项中,_____属于 Python 网络爬虫方向的第三方库。

A. Scrapy   B. NumPy   C. openpyxl   D. PyQt5

45. Python 数据分析的第三方库是_____。

A. NumPy   B. Pdfminer   C. Beautifulsoup4   D. time

二、填空题

1. Python 第三方库的编译版本一般后缀为_____。

2. _____是一个基于 Python Shell 的交互式解释器,比默认 Shell 增加了强大的编辑和交互功能,主要包括 Tab 键自动补全、获得对象信息、调用系统 Shell 命令、历史记录等。

3. 在 IPython 交互式解释器中,可以使用"_____"命令快速测量代码运行时间,使用"_____"命令运行脚本,使用"_____"进行交互式计算。

4. Jupyter Notebook 浏览器的界面中使用单元格(Cell)输入保存各种信息,Cell 主要有_____和_____两种类型。

5. Python 的_____模块主要提供数组和矩阵处理功能以及一些高级功能,例如傅立叶变换等。

6. Pandas 提供两种最基本的数据类型_____和_____,分别表示一维数组和二维数组类型。

7. Python 中文分词组件 jieba 支持三种分词模式:_____、_____和_____。

8. 在 Python 中,最简单最直接的方法是使用_____(或者 requests)库请求网页得到结果,然后使用正则表达式匹配分析并抽取信息。

9. _____是 Python 标准库中自带的正则表达式库。无须安装,即可以使用正则表达式来匹配使用 requests 抓取的网页以获取相应的信息。

10. _____是谷歌公司基于神经网络算法库 DistBelief 研发的人工智能学习系统,也是用来支撑著名的 AlphaGo 系统的后台框架,被广泛应用于各类机器学习(machine learning)算法的编程实现。